应用型高校产教融合系列教材

智能制造与机器人技术系列

智能生产系统

周俊 ◎ 主编

张海峰　王军 ◎ 副主编

清华大学出版社

北京

内 容 简 介

本书系统地阐述了智能生产系统的理论、技术及应用。全书共分 7 章,主要内容有智能制造技术的基础、智能生产管理系统、智能制造生产线布局规划、车间作业计划与智能生产调度、智能装配工艺、数字孪生与智能化车间,以及实验案例及应用等内容。在编写过程中注重基础理论和应用实践相结合,突出"产教融合"的思想,在对每种关键理论与方法进行阐述后,均附以典型的企业案例,对理论与方法进行分析和验证,力图使读者进一步加深对理论的理解与掌握。

为增强本书的工程实用性,便于读者更好地学习和掌握要领,书中附有例题和习题。本书可作为普通高等院校智能制造专业方向的核心教材,也可作为相关专业学科的选修教材,还可作为从事相关专业工程技术人员的参考用书。

图书在版编目(CIP)数据

智能生产系统 / 周俊主编. -- 北京:清华大学出版社,2025.6.
(应用型高校产教融合系列教材). -- ISBN 978-7-302-68966-9

Ⅰ. TH166
中国国家版本馆 CIP 数据核字第 2025EM8341 号

责任编辑:刘　杨
封面设计:何凤霞
责任校对:薄军霞
责任印制:刘　菲

出版发行:清华大学出版社
　　　　网　　　址:https://www.tup.com.cn,https://www.wqxuetang.com
　　　　地　　　址:北京清华大学学研大厦 A 座　　　邮　　编:100084
　　　　社　总　机:010-83470000　　　　　　　　　邮　　购:010-62786544
　　　　投稿与读者服务:010-62776969,c-service@tup.tsinghua.edu.cn
　　　　质量反馈:010-62772015,zhiliang@tup.tsinghua.edu.cn
印　装　者:涿州汇美亿浓印刷有限公司
经　　　销:全国新华书店
开　　　本:185mm×260mm　　印　张:14.5　　　　　字　　数:349 千字
版　　　次:2025 年 6 月第 1 版　　　　　　　　　　印　　次:2025 年 6 月第 1 次印刷
定　　　价:52.00 元

产品编号:105819-01

教材是知识传播的主要载体、教学的根本依据、人才培养的重要基石。《国务院办公厅关于深化产教融合的若干意见》明确提出，要深化"引企入教"改革，支持引导企业深度参与职业学校、高等学校教育教学改革，多种方式参与学校专业规划、教材开发、教学设计、课程设置、实习实训，促进企业需求融入人才培养环节。随着科技的飞速发展和产业结构的不断升级，高等教育与产业界的紧密结合已成为培养创新型人才、推动社会进步的重要途径。产教融合不仅是教育与产业协同发展的必然趋势，更是提高教育质量、促进学生就业、服务经济社会发展的有效手段。

上海工程技术大学是教育部"卓越工程师教育培养计划"首批试点高校、全国地方高校新工科建设牵头单位、上海市"高水平地方应用型高校"试点建设单位，具有40多年的产学合作教育经验。学校坚持依托现代产业办学、服务经济社会发展的办学宗旨，以现代产业发展需求为导向，学科群、专业群对接产业链和技术链，以产学研战略联盟为平台，与行业、企业共同构建了协同办学、协同育人、协同创新的"三协同"模式。

在实施"卓越工程师教育培养计划"期间，学校自2010年开始陆续出版了一系列卓越工程师教育培养计划配套教材，为培养出具备卓越能力的工程师作出了贡献。时隔10多年，为贯彻国家有关战略要求，落实《国务院办公厅关于深化产教融合的若干意见》，结合《现代产业学院建设指南（试行）》《上海工程技术大学合作教育新方案实施意见》文件精神，进一步编写了这套强调科学性、先进性、原创性、适用性的高质量应用型高校产教融合系列教材，深入推动产教融合实践与探索，加强校企合作，引导行业企业深度参与教材编写，提升人才培养的适应性，旨在培养学生的创新思维和实践能力，为学生提供更加贴近实际、更具前瞻性的学习材料，使他们在学习过程中能够更好地适应未来职业发展的需要。

在教材编写过程中，始终坚持以习近平新时代中国特色社会主义思想为指导，全面贯彻党的教育方针，落实立德树人根本任务，质量为先，立足于合作教育的传承与创新，突出产教融合、校企合作特色，校企双元开发，注重理论与实践、案例等相结合，以真实生产项目、典型工作任务、案例等为载体，构建项目化、任务式、模块化、基于实际生产工作过程的教材体系，力求通过与企业的紧密合作，紧跟产业发展趋势和行业人才需求，将行业、产业、企业发展的新技术、新工艺、新规范纳入教材，使教材既具有理论深度，能够反映未来技术发展，又具有实践指导意义，使学生能够在学习过程中与行业需求保持同步。

系列教材注重培养学生的创新能力和实践能力。通过设置丰富的实践案例和实验项目，引导学生将所学知识应用于实际问题的解决中。相信通过这样的学习方式，学生将更加具备竞争力,成为推动经济社会发展的有生力量。

  本套应用型高校产教融合系列教材的出版,既是学校教育教学改革成果的集中展示,也是对未来产教融合教育发展的积极探索。教材的特色和价值不仅体现在内容的全面性和前沿性上,更体现在其对于产教融合教育模式的深入探索和实践上。期待系列教材能够为高等教育改革和创新人才培养贡献力量,为广大学生和教育工作者提供一个全新的教学平台,共同推动产教融合教育的发展和创新,更好地赋能新质生产力发展。

朱高峰

中国工程院院士、中国工程院原常务副院长

2024 年 5 月

　　随着新一轮科技革命和产业变革的深入发展,智能制造成为全球制造业科技创新的制高点。数字化、网络化、智能化技术与先进制造技术深度融合形成的智能制造技术,特别是新一代人工智能技术与先进制造技术,深度融合形成的新一代智能制造技术,成为新一轮工业革命的核心技术,也成为第四次工业革命的核心驱动力。新一代智能制造正在引领和推动新一轮工业革命,引发制造业发展理念、制造模式发生重大而深刻的变革,重塑制造业的技术体系、生产模式、发展要素及价值链,推动中国制造业获得竞争新优势,推动全球制造业发展步入新阶段,实现社会生产力的整体跃升。

　　以数字化、网络化、智能化等新一代技术驱动的智能化生产模式,可以更好地响应用户的需求并实现安全、高效、智能化的操作,是企业走向高质量发展的制胜武器。智能化生产通过生产数据的自动采集分析、系统防纠错、报警等先进技术,实现制造流程环节的透明可视、智能化管理。

　　全书共分为7章。第1章从数字化、网络化、智能化的发展,智能制造的人-信息-物理系统(HCPS),智能制造覆盖产品全生命周期三个方面阐述智能制造技术的基础;探讨21世纪制造业发展的新模式,如大规模个性化定制和服务型制造;介绍智能生产系统的概念、功能及智能制造的发展趋势。

　　第2章从企业资源计划、制造执行系统和高级计划与排程三个方面的发展、功能及特点等出发,介绍智能生产管理系统。

　　第3章介绍智能制造生产线布局规划。讨论了生产线布局的原则、生产系统配置设计以及布局规划;智能制造生产线的概念、基本构成设计和精益生产线布局与规划;个性化定制智能生产线的设计、运行需求以及应用案例。

　　第4章介绍车间作业计划的功能、作业排序的目标与分类;讨论智能生产调度的特点及意义,并从四种车间调度问题展开探讨。

　　第5章从装配的定义及工艺、智能装配工艺设计、装配工艺容差和智能装配生产线及应用,对智能装配工艺进行了分析。

　　第6章介绍数字孪生的概念、内涵和对制造企业的应用价值;探讨数字孪生车间的基础理论、概念模型、运行机制及特点;结合案例分析了数字孪生与智能化车间的应用。

　　第7章主要介绍实验案例及应用。通过海尔智能生产系统实验,介绍智能产线的组成及关键技术、MES的系统架构及功能等。在飞机数字化装配虚拟仿真实验中,探讨数字化装配的含义、原理与系统组成。并以飞机蒙皮自动化装配为例,介绍飞机数字化装配过程中的数据传递及装配准确性的方法。

　　本书在编写过程中注重基础理论和应用实践相结合,突出产教融合的思想,在对每个关键理论与方法进行阐述后,均附以典型的企业案例对理论与方法进行分析和验证,力图使读者进一步加深对理论的理解与掌握。

　　本书由上海工程技术大学机械与汽车工程学院周俊任主编、张海峰任副主编,上海航天精密机械研究所王军任副主编,教材的编写工作得到了学院智能制造工程专业老师们的大力支持。本书感谢海尔集团行文智教(南京)科技有限公司在智能生产线搭建中给予的技术支持;感谢上海电气集团自动化工程有限公司提供的智能生产线生产案例、上海电气集团股份有限公司等众多企业提供的生产实践案例分享为产教融合人才培养做出的贡献。研究生薛梓明等在智能生产系统案例整理等方面做出了贡献,在此谨表感谢。在教材编写过程中参考了大量文献,在此谨向原文献作者表示感谢。

　　由于作者水平有限,书中难免有不足和错误之处,敬请读者批评指正。

作　者

2024 年 6 月

目 录

CONTENTS

第6章 数字孪生与智能化车间 / 165

第7章 实验案例及应用 / 200

第1章 绪论

1.1 智能制造的基础

智能制造的概念提出于20世纪80年代,它是一种由智能机器和人类专家共同组成的人机一体化智能系统,能在制造过程中进行分析、推理、判断、构思和决策等智能活动。通过人与智能机器的合作共事,扩大延伸和部分取代人类专家在制造过程中的脑力劳动。它对制造自动化的概念进行了更新,将其扩展到柔性化、智能化和高度集成化。

18世纪60年代,以蒸汽机为代表的第一次工业革命开创了机器代替手工劳动的时代,这是制造业的第一次深刻变革,这次变革也改变了世界的面貌。20世纪初期,电气化制造的引入标志着制造业迈入了"电气时代",社会生产力也随之得到极大发展。20世纪70年代,计算机技术的迅猛发展,为制造业带来了第三次变革,极大地提高了行业生产效率。21世纪,随着美国先进制造伙伴计划、德国工业4.0、中国制造2025的推出,智能制造获得了快速发展的新契机,已成为现代先进制造业新的发展方向。工业1.0到工业4.0的发展过程如图1-1所示。

1.1.1 数字化、网络化、智能化的发展

数字化、网络化、智能化是我国制造业创新发展的主要技术路线,是我国制造业转型升级的主要技术路径,是加快建设制造强国的主攻方向。

数字化、网络化、智能化与先进制造技术深度融合形成的智能制造技术,成为新一轮工业革命的核心技术,也成为第四次工业革命的核心驱动力。数字化、网络化、智能化技术可以为各行各业、各种各类制造系统赋能,进而与各行各业、各种各类制造技术深度融合,形成智能制造技术。

数字化技术、网络化技术、智能化技术的发展过程呈现出后者以前者为基础、不断递进和深化的特点,如图1-2所示。

数字化、网络化、智能化技术的发展也为经济社会发展带来重大创新变革。数字化技术的发展将催生以数据为关键要素的新型经济形态,形成以数字产业化和产业数字化为主要特征的数字经济。网络化技术将社会经济串联为高效、协同、统一的有机整体,将互联网的

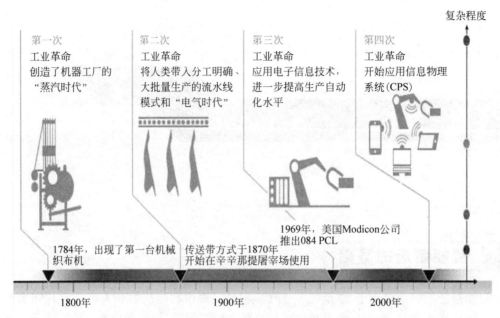

图 1-1　工业 1.0 到工业 4.0 的发展过程

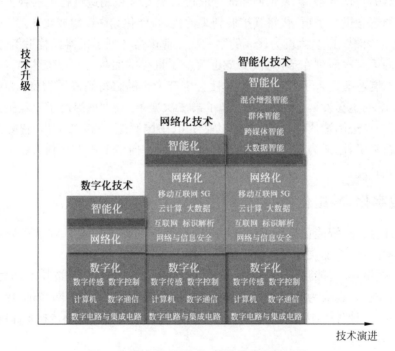

图 1-2　数字化、网络化、智能化的发展过程

创新成果与经济社会各领域深度融合,促进"互联网+"的蓬勃兴起。而以新一代人工智能技术为代表的智能化技术,将进一步引发社会经济各领域的深层次智能化变革,带来生产、生活与社会治理模式的全面跃迁,构建面向未来的智能社会。

就智能制造而言,在智能制造发展的不同阶段,数字化、网络化、智能化技术发挥着不同的赋能作用。在数字化制造阶段,数字化技术发挥着主导赋能作用;在数字化、网络化制造阶段,数字化技术和网络化技术共同发挥赋能作用;在数字化、网络化、智能化制造阶段,则需要数字化、网络化、智能化技术三者共同发挥作用。这一阶段新一代人工智能技术的战略性突破和快速转化为现实生产力作为核心特征,将彻底改变科技创新方式与产业发展模式,重塑经济与社会形态,进一步解放人类生产力,引领真正意义上的第四次工业革命。

1.1.2 面向智能制造的人-信息-物理系统(HCPS)

1. 制造系统发展的第一阶段:传统制造与人-物理系统(HPS)

200多万年前,人类就会制造和使用工具。从石器时代到青铜器时代,再到铁器时代,这种以人力和畜力为主要动力并使用简易工具的生产系统一直持续了百万年。以蒸汽机的发明为标志的动力革命引发了第一次工业革命,以电机的发明为标志的动力革命引发了第二次工业革命,人类不断发明、创造与改进各种动力机器并使用它们制造各种工业产品,这种由人和机器组成的制造系统大量替代人的体力劳动,大大提高了制造的质量和效率,极大提高了社会生产力。

案例 1-1:传统手动机床

在传统手动机床(图1-3)上加工零件时,需要操作者根据加工要求,通过手眼感知、分析决策并操作手柄控制刀具相对工件按希望的轨迹运动以完成加工任务(图1-4)。

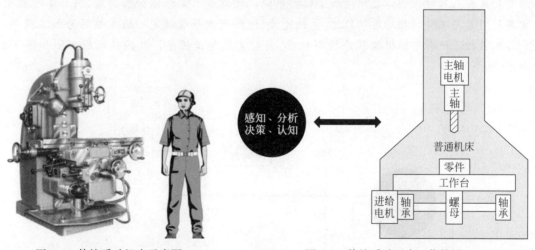

图 1-3 传统手动机床示意图   图 1-4 传统手动机床工作简图

传统制造系统由人和物理系统(如机器)两大部分组成(图1-5),因此称为人-物理系统(human-physical system,HPS)(图1-6)。其中,物理系统(P)是主体,工作任务是通过物理系统完成的;而人(H)是主宰和主导,人是物理系统的创造者,也是物理系统的使用者,工作任务所需的感知、学习认知、分析决策与控制操作等均由人完成。

3

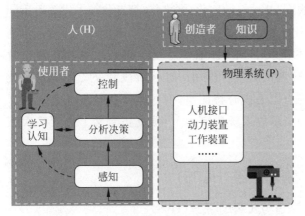

图 1-5 人和物理系统组成的传统制造系统

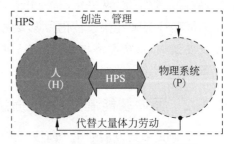

图 1-6 人-物理系统的原理简图

2. 制造系统发展的第二阶段：数字化制造与人-信息-物理系统（HCPS1.0）

1）数字化制造——智能制造的第一种基本范式

20 世纪中叶以后，随着制造业对技术进步的强烈需求，以及计算机、通信和数字控制等信息化技术的发明和广泛应用，制造系统进入了数字化制造时代，以数字化为标志的信息革命引领和推动了第三次工业革命。

数字化制造是智能制造的第一种基本范式，也称为第一代智能制造。

案例 1-2：数控机床

第三次工业革命最典型的产品之一是数控机床。与手动机床相比，数控机床发生的本质变化是在人和机床实体之间增加了数控系统。操作者只需根据加工要求，将加工过程中需要的刀具与工件的相对运动轨迹、主轴速度、进给速度等按规定的格式编写为加工程序，计算机数控系统即可根据该程序控制机床，自动完成加工任务。数控机床原理图如图 1-7 所示。

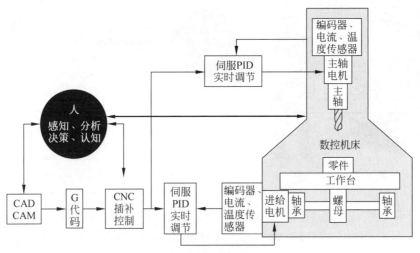

图 1-7 数控机床原理图

2）人-信息-物理系统（HCPS1.0）

与传统制造系统相比，数字化制造系统最本质的变化是在人和物理系统之间增加了一个信息系统（C），由原来的人-物理二元系统发展为人-信息-物理（humen-cyber-physical system，HCPS）三元系统，HPS 进化为 HCPS（图 1-8）。人相当部分的感知、分析、决策和控制功能迁移至信息系统，信息系统可以代替人类完成部分脑力劳动。信息系统是由软件和硬件组成的系统，其主要作用是对输入的信息进行各种计算分析，并代替操作者控制物理系统完成工作任务。

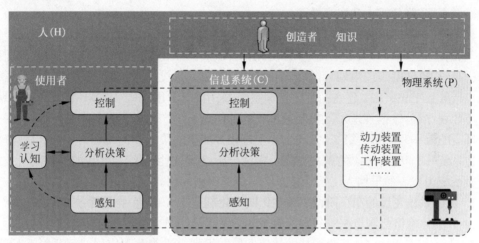

图 1-8　人-信息-物理系统（HCPS1.0）的数字化制造

面向数字化制造的 HCPS 可定义为 HCPS1.0。与 HPS 相比，HCPS1.0 通过集成人、信息系统和物理系统的各自优势，其能力尤其是计算分析、精确控制以及感知能力等，都得以极大提高，其结果是：一方面，制造系统的自动化程度、工作效率、质量与稳定性，以及解决复杂问题的能力等各方面均得以显著提升；另一方面，不仅操作人员的体力劳动强度进一步降低，更重要的是，人类的部分脑力劳动也可由信息系统完成，知识的传播利用及传承效率都得到有效提高。图 1-9 为人-信息-物理系统（HCPS1.0）的原理图。

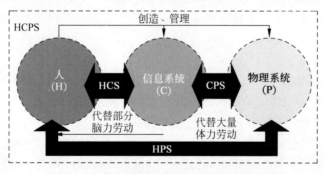

图 1-9　人-信息-物理系统（HCPS1.0）的原理图

在 HCPS1.0 中，物理系统仍然是主体；信息系统成为主导，信息系统在很大程度上取代了人的分析计算与控制工作；人依然起着主宰作用：首先，物理系统和信息系统都是由人设计制造出来的，其分析计算与控制的模型、方法和准则等都是在系统研发过程中由研发人员通过综合利用相关理论知识、经验、实验数据等确定并通过编程等方式固化到信息系统中的;同时,HCPS1.0的使用效果在很大程度上依然取决于使用者的知识与经验。例如,对于上述数控机床加工系统,操作者不仅需要预先将加工工艺知识与经验编入加工程序,还需要对加工过程进行监控和必要的调整优化。

3) 数字化制造的内涵及主要特征

数字化制造是在制造技术和数字化技术融合的背景下,通过对产品信息、工艺信息和资源信息进行数字化描述、集成、分析和决策,进而快速生产出满足用户需求的产品。数字化制造主要聚焦于提升企业内部竞争力,提高产品设计和制造质量,提高劳动生产率,缩短新产品研发周期,降低成本和提高能效。

数字化制造的主要特征表现如下。第一,数字技术在产品中得到普遍应用,形成"数字一代"创新产品。第二,大量采用CAD/CAE/CAPP/CAM(计算机辅助设计/计算机辅助工程分析/计算机辅助工艺规划/计算机辅助制造)等数字化设计、建模和仿真方法;大量采用数控机床等数字化装备;建立信息化管理系统,采用MRPⅡ/ERP/PDM(制造资源计划/企业资源计划/产品数据管理)等,对制造过程各种信息与生产现场实时信息进行管理,提升各生产环节的效率和质量。第三,实现生产全过程各环节的集成和优化运行,生成以计算机集成制造系统(CIMS)为标志的解决方案。在这个阶段,以现场总线为代表的早期网络技术和以专家系统为代表的早期人工智能技术在制造业得到应用。

3. 制造系统发展的第三阶段:数字化网络化制造与人-信息-物理系统(HCPS1.5)

1) 数字化网络化制造——智能制造的第二种基本范式

20世纪末21世纪初,互联网技术快速发展并得到广泛普及和应用,"互联网+"不断推进制造业和互联网融合发展,制造技术与数字技术、网络技术的密切结合重塑制造业的价值链,推动制造业从数字化制造向数字化网络化制造的范式转变。

数字化、网络化制造是智能制造的第二种基本范式,也可称为"互联网+制造",或第二代智能制造。"互联网+制造"实质上是"互联网+数字化制造"。

案例1-3:互联网+数控机床

与传统数控机床相比,互联网+数控机床增加了传感器,增强了对加工状态的感知能力。更重要的是,它实现了设备的互联互通,以及机床状态数据的采集和汇聚。互联网+数控机床原理图如图1-10所示。

2) HCPS1.5

该数字化、网络化制造系统仍然是基于人、信息系统、物理系统三部分的HCPS(图1-11),但这三部分相对于数字化制造的HCPS1.0均发生了根本性变化,故数字化、网络化制造的HCPS可定义为HCPS1.5。

HCPS1.5最大的变化在于信息系统:互联网和云平台成为信息系统的重要组成部分,既连接信息系统、物理系统的各部分,还连接人,是系统集成的工具;连接互通与协同集成优化成为信息系统的重要内容。同时,HCPS1.5中的人已经扩展为由网络连接起来共同进行价值创造的群体,涉及企业内部、供应链、销售服务链和客户,使制造业的产业模式从以产品为中心向以客户为中心转变,产业形态从生产型制造向生产服务型制造转变。

3) 数字化网络化制造的内涵及特征

"互联网+制造"的实质是有效解决了"连接"这个重大问题:在数字化制造的基础上,

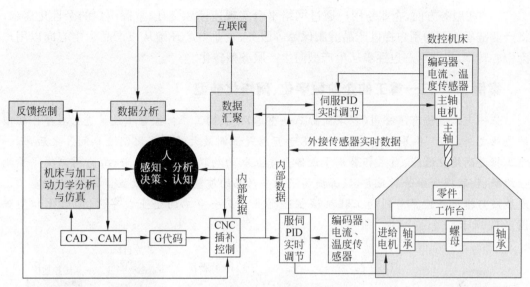

图 1-10 互联网＋数控机床原理图

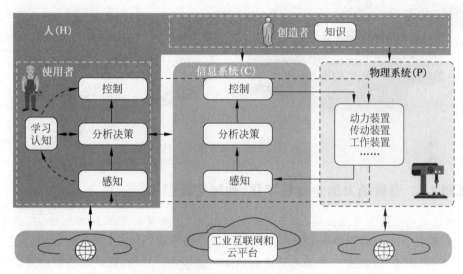

图 1-11 人-信息-物理系统(HCPS1.5)的数字化、网络化制造

深入应用先进的通信技术和网络技术,用网络将人、流程、数据和事物连接起来,连通企业内部和企业间的"信息孤岛",通过企业内、企业间的协同和各种社会资源的共享与集成,实现产业链的优化,快速、高质量、低成本地为市场提供所需的产品和服务。先进制造技术和数字化网络化技术的融合,使企业对市场变化具有更强的适应性,能够更好地收集用户对产品使用和产品质量的评价信息,在制造柔性化、管理信息化方面达到更高的水平。

"互联网＋制造"的主要特征表现如下。

(1) 在产品方面,数字技术、网络技术得到普遍应用,产品可实现网络连接。

(2) 在制造方面,实现横向集成、纵向集成和端到端集成,打通整个制造系统的数据流和信息流。企业能够通过设计和制造平台实现制造资源的全社会优化配置,与其他企业之间进行业务流程协同、数据协同、模型协同,实现协同设计和协同制造。

（3）在服务方面，企业与用户通过网络平台实现连接和交互，掌握用户的个性化需求，将产业链延伸到为用户提供产品健康保障等服务，企业生产开始从以产品为中心向以用户为中心转型，企业形态也逐步从生产型向生产服务型转化。

案例1-4：三一重工的企业数字化、网络化转型

三一重工股份有限公司（以下简称三一重工）是我国工程机械领域最早进行数字化转型的企业之一，2008年筹建的三一重工18号厂房是亚洲最大的数字化制造车间。之后，三一重工推进网络化进程，自主部署基于设备全球互联的物联网、大数据平台，为用户提供预测性维护、物联网金融等新业务，显著提高了三一产品的质量、水平和效益。目前，三一重工已发展成为排名居世界前列的工程机械制造企业。三一重工的企业数字化、网络化转型如图1-12所示。

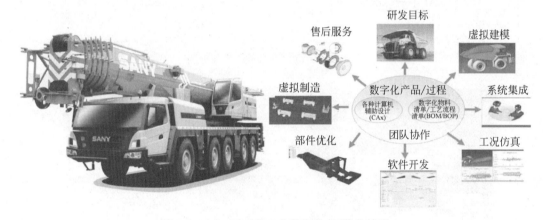

图1-12 三一重工的企业数字化、网络化转型

案例1-5：春风动力的企业数字化、网络化转型

浙江春风动力股份有限公司（以下简称春风动力）原来是一家摩托车配件厂，数字化水平不高。通过"互联网＋创新＋制造"，很好地完成了数字化"补课"，全面打造"制造云、电商云、物流云、设计云、流程云"，产品质量达到国际一流水平。目前，春风动力已经发展成为特种摩托车行业的世界级"隐形冠军"企业。春风动力产品及生产线如图1-13所示。

图1-13 春风动力产品及生产线

4. 制造系统发展的第四阶段：数字化网络化智能化制造与人-信息-物理系统（HCPS2.0）

新世纪以来，互联网、云计算、大数据等信息技术日新月异、飞速发展，并得到极其迅速的普及应用，形成群体性跨越。这些历史性的技术进步，集中汇聚为新一代人工智能（AI2.0）的战略性突破，新一代人工智能已经成为新一轮科技革命的核心技术。新一代人工智能技术与先进制造技术深度融合形成的新一代智能制造技术，成为新一代工业革命的核心技术。

新一代智能制造——数字化、网络化、智能化制造是智能制造的第三种基本范式，其本质是"人工智能+互联网+数字化制造"。

新一代人工智能技术与先进制造技术的深度融合，形成了新一代智能制造技术，成为新一轮工业革命的核心技术，也成为第四次工业革命的核心驱动力。

面向新一代智能制造系统的 HCPS，相对于面向数字化、网络化制造的 HCPS1.5 又发生了本质性变化，因此，面向新一代智能制造系统的 HCPS 可定义为 HCPS2.0，如图 1-14所示。最重要的变化发生在起主导作用的信息系统，由于将部分认知和学习的脑力劳动转移至信息系统，HCPS2.0 中的信息系统增加了基于新一代人工智能技术的学习认知部分，不仅具有更强大的感知、决策与控制的能力，还具有学习认知、知识产生能力，即实现了真正意义上的"人工智能"。信息系统中的"知识库"由人和信息系统自身的学习认知系统共同建立，不仅包含人输入的各种知识，还包含信息系统自主学习到的知识，尤其是那些人类难以描述与处理的知识，知识库可以在使用过程中不断学习，进而不断积累、不断完善、不断优化。

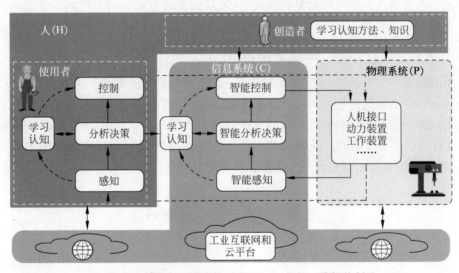

图 1-14　人-信息-物理系统（HCPS2.0）的新一代智能制造

这种面向新一代智能制造的 HCPS2.0 通过新一代人工智能技术赋予信息系统强大的"智能"，从而带来三个方面的重大技术进步。

（1）从根本上提高制造系统的建模能力，极大提高处理制造系统复杂性、不确定性问题的能力，有效实现制造系统的优化。

（2）使信息系统拥有学习认知能力，使制造知识的产生、利用、传承和积累效率发生革命性变化，显著提升知识作为核心要素的边际生产力。

（3）形成人机混合增强智能，使人的智慧与机器智能的各自优势得以充分发挥并相互启发增长,极大释放人类智慧的创新潜能,并极大提升制造业的创新能力。

案例 1-6:新一代智能机床

新一代智能机床是在工业互联网、大数据、云计算的基础上,应用新一代人工智能技术和先进制造技术深度融合的机床。新一代智能机床能够实现自主感知、自主学习、自主优化与决策、自主控制与执行,极大提高机床加工质量、使用效率,并降低成本,是第四次工业革命的典型产品。如图 1-15 所示。

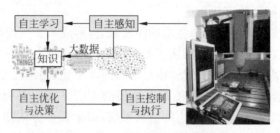

图 1-15　新一代智能机床系统

新一代智能制造进一步突出人的中心地位,在 HCPS2.0 中,人是主宰。一方面,智能制造将更好地为人类服务;另一方面,人作为制造系统创造者和操作者的能力和水平将极大提高,人类智慧的潜能将得到极大释放,社会生产力将得到极大解放。知识性工作自动化可将人类从大量体力和脑力劳动中解放出来,使其从事更有价值的创造性工作。人类的思维进一步向互联网思维、大数据思维和人工智能思维转变,人类社会开始进入智能时代。

1.1.3　智能制造覆盖产品全生命周期

智能制造是一个大系统,主要由智能产品、智能生产及智能服务三大功能系统,以及工业互联网络和智能制造云平台两大支撑系统组合而成(图 1-16)。其中,智能产品是智能制造的主要载体和价值创造的核心;智能生产是制造产品的物化活动,亦即狭义而言的智能制造;以智能服务为核心的产业模式和产业形态变革是智能制造创新发展的主要方向之一,工业互联网络和智能制造云平台是智能制造的支撑与基础。

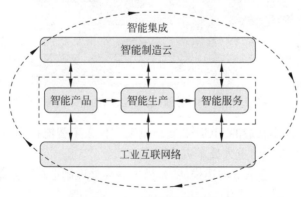

图 1-16　智能制造系统

智能制造技术是一种技术融合和系统集成创新技术,可广泛应用于产品创新、生产创新、服务创新、制造价值链全过程创新及其系统集成创新和优化。智能制造的三大功能系统优化及其系统集成优化是发展智能制造的重点任务,都要以自身制造技术为主体,深度融合数字化、网络化、智能化技术这一赋能技术,形成各自系统的发展目标和创新技术路线。

1. 智能产品:从"数字一代"到"网联一代"再到"智能一代"产品

产品(主要指装备类产品)是制造的主要载体和价值创造的核心。数字化、网络化、智能化技术的广泛应用将给产品带来无限的创新空间,使产品发生革命性变化,从"数字一代"跃升至"网联一代",进而跃升至"智能一代"。

从技术机理看,"智能一代"产品是具有 HCPS2.0 特征的高度智能化、高质量、高性价比的产品。智能手机和智能汽车就是两种典型的智能产品。

案例 1-7:智能手机

20 多年来,智能手机横空出世并极速普及,创造了产品创新的奇迹。

我们现在使用的智能手机(图 1-17),其操作系统有 1 亿多行代码,计算能力远远超过1985 年的超级计算机 Cray-2。如 iPhone 15 Pro Max 和华为 Pura70,展示了新一代智能手机的强大智能。特别是华为 Pura70,已经搭载人工智能芯片,即 8000 旗舰芯片,开始具有学习功能。不久的将来,新一代人工智能全面应用于手机,智能手机将发生什么变化呢? 我们充满热切的期待。

(a)   (b)   (c)

图 1-17 智能手机

(a) 华为 Pura70;(b) iPhone 15 Pro Max;(c) 小米 14

案例 1-8:智能汽车

近期智能汽车的快速发展远远超出了人们的预想。汽车正经历燃油汽车→电动汽车(数字化)→网联汽车(网络化)的发展历程,朝无人驾驶汽车(智能化)的方向极速前进。如图 1-18 所示。随着新一代人工智能技术的深入应用,未来汽车将进入无人驾驶时代,成为一个智能移动终端,成为人们工作和生活中更美好的移动空间。

案例 1-9:动力机车的数字化、网络化、智能化

我国已成为世界上高速机车技术最发达的国家之一。在机车数字化、网络化、智能化方面走在了世界的前列。轨道交通机车历经蒸汽机车、内燃机车、电力机车、数字化电力机车的进化,目前正向智能化电力机车方向发展。如图 1-19 所示。

2. 智能生产

智能生产是制造智能产品的物化过程,亦即狭义的智能制造。

图 1-18　汽车进化简图

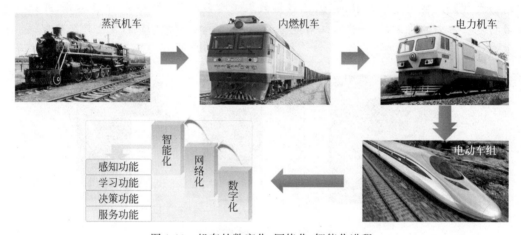

图 1-19　机车的数字化、网络化、智能化进程

智能工厂是智能生产的主要载体。广义而言,智能工厂包括产品设计、产品生产、销售服务等各方面业务。这里主要讨论智能工厂的主体功能——智能生产。智能工厂根据行业可分为离散型智能工厂和流程型智能工厂,追求的目标都是生产过程的优化,大幅提升生产系统的性能、功能、质量和效益,重点发展方向都是智能生产线、智能车间和智能工厂。

一般而言,智能工厂包含四个层级——智能装备、智能产线、智能车间和智能工厂。每个层级都是一个 CPS,由物理系统和信息系统组成(图 1-20)。各层级的物理系统由运输系统连接,组成智能工厂的物理系统;各层级的信息系统由网络系统连接,组成智能工厂的信息系统。智能工厂层级的物理系统和信息系统集成融合,并且与其运作者和控制者——人,集成融合,形成智能工厂的人-信息-物理系统——HCPS。

数字化、网络化、智能化技术与制造技术的融合,主要从两条主线实现智能工厂的转型升级:一方面,实现生产过程自动化;另一方面,实现生产管理信息化。在网络连接和数据集成的支持下,两条主线深度集成,推动装备、产线、车间、工厂发生革命性大变革。智能工厂信息系统架构如图 1-21 所示。

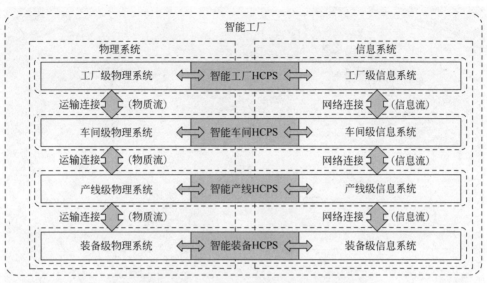

图 1-20 智能工厂的四个层级的物理系统和信息系统

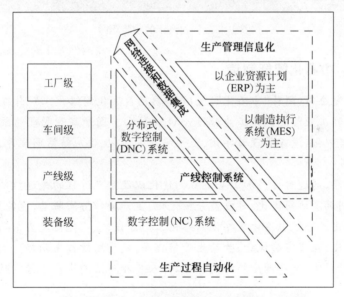

图 1-21 智能工厂信息系统架构

案例 1-10：汽车领域数字化网络化制造示范工厂——吉利汽车余姚工厂

吉利汽车余姚工厂是具有国际先进水平的轿车生产工厂，是数字化网络化制造的标杆工厂，也是吉利生产制造体系"智能化"迭代与升级的最新成果，正朝着智能化工厂的方向前进。吉利在装备、产线、车间、工厂四个层级全面实现了数字化网络化，信息系统和物理系统深度融合，实现高精度工艺应用，推动工厂在轿车生产质量、效率、柔性和效益等各方面都具备了国际竞争力。吉利汽车的总装车间如图 1-22 所示。

图 1-22　吉利汽车的总装车间

案例 1-11：中石化智能制造

中国石化集团公司（简称"中石化"）2017 年启动数字化网络化工厂升级建设，与华为公司联合发布了流程工业智能制造工业云（ProMACE®）。围绕经营管理精细化、生产执行精益化、操作控制集中化、设备管理数字化、巡检安防实时化、供应链协同化等方面统筹推进数字化、网络化建设。

在生产执行层，通过对生产加工全流程的优化以及生产过程的先进控制，实现生产效益最大化，包括计划调度协同优化、日效益分析优化、生产操作协同联动、能源全过程管理和应急指挥协同一体化。通过中石化数字化网络化工厂建设，生产优化能力由局部优化、月优化提升为一体化优化、在线实时优化，劳动生产率提高，提质增效作用明显。图 1-23 为中国石油数据中心（克拉玛依）生产调度指挥大厅，工作人员在对油田生产进行实时监控。

图 1-23　中国石油数据中心（克拉玛依）生产调度指挥大厅

3. 智能服务

以智能服务为核心的制造业模式和业态变革是深刻的供给侧结构性改革，是智能制造创新发展的主要方向之一。

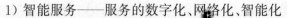

1) 智能服务——服务的数字化、网络化、智能化

数字化、网络化、智能化技术引发了产品和生产翻天覆地的变化,也引发了制造服务翻天覆地的变化。数字化、网络化、智能化技术正在深刻改变着产品服务的方方面面。

（1）市场营销服务的数字化、网络化、智能化。电子商务、"新零售"——"线上电商＋线下体验"、定制化服务、构建市场营销生态圈等新的市场营销服务,改变了供给侧（制造企业）和需求侧（用户）之间的信息不对称,加强了两者之间的沟通和交流,从根本上提高了服务的质量和效率。

（2）售后服务的数字化、网络化、智能化。远程运维服务、工艺优化服务、回收再制造服务等新的售后服务,将制造企业对客户的服务延伸到产品全生命周期的服务,体现以客户为中心的制造新理念。

（3）数字化、网络化、智能化驱动的效能增值服务。产品升级服务、内容增值服务、系统运营服务等效能增值服务,使制造企业不仅能为客户供给产品,还进一步为客户供给"产品即服务""整体解决方案"等内容丰富、效能优良的系统、平台和生态圈。

2) 制造业产业模式和产业形态的根本性变革

推进先进制造业与现代服务业深度融合,催生制造业产业模式和产业形态的革命性转变,实现由"以产品为中心"向"以用户为中心"的根本转变,完成深刻的供给侧结构性改革。

由"以产品为中心"向"以用户为中心"的根本转变,主要体现为生产模式、组织模式、产业模式的根本性变革。

（1）生产模式的根本性变革。回顾世界制造业发展历程,制造业生产模式经历了手工生产、机器生产、大规模流水线生产、精益生产与敏捷制造、规模定制化生产五个阶段。在第四次工业革命中,制造业生产模式将变革为规模定制化生产,企业通过网络化平台为用户提供产品定制解决方案,从传统产品生产工厂转变为规模定制化生产企业,产品质量提升,企业效益提高。

（2）组织模式的根本性变革。第四次工业革命将推动制造业组织模式发生根本性变革,制造业企业间的组织模式将从竞争与垄断转变为竞合——竞争与合作协同共享。在产品创新、生产制造和制造服务等方面,协同与共享将逐渐成为主要组织模式,这也是供给侧结构性改革的重要方向。

（3）产业模式的根本性变革。制造业产业模式正在由生产型制造转向生产服务型制造,经过第四次工业革命,将进一步向服务型制造转变。服务型制造是先进制造业与现代服务业的深度融合,将服务融合至制造的各环节,强调以用户为中心、以市场为导向,使供给侧更好地服务于需求侧,制造企业的业务模式从以供给"产品"向供给"产品＋服务""产品即服务"乃至"整体解决方案"转变,"服务"业务的增加值成为制造企业的主要收入来源。

1.2 21世纪制造业发展的新模式

1.2.1 大规模个性化定制

传统的大规模生产模式中,企业与用户之间的信息交互不足,企业内部的生产组织缺乏灵活性,企业依靠规模经济进行生产成为主流模式。同时,智能制造使大规模定制制造模式的实现成为可能,特别是柔性生产技术的出现,它能够实时跟踪产品的生产信息,实现多品种、多类型的产品生产,为产品的大规模个性化定制提供良好的解决方案。引发制造业制造资源优化配置的新方式,带动制造业生产和经营模式的转变,促进我国制造业的转型升级。

随着大数据、互联网平台等技术的发展,企业更容易与用户深度交互、广泛征集需求。在生产端,柔性自动化、智能调度排产、传感互联、大数据等技术的成熟应用,使企业在保持规模生产的同时针对客户个性化需求进行敏捷柔性生产。

图 1-24 显示了大规模生产模式与个性化定制生产模式的区别。

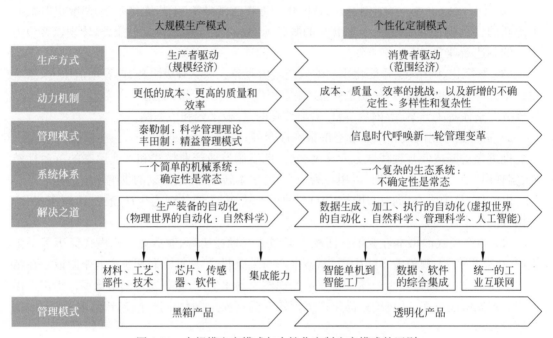

图 1-24　大规模生产模式与个性化定制生产模式的区别

智能制造的核心是将用户与制造企业、制造工厂及制造设备数字化后利用信息技术联系起来,实现物理世界与信息世界的融合。大型个性化定制智能工厂的创建为用户提供了更多个性化选择。用户可以参与产品的整个生产过程(产品的设计阶段到产品的完整生产),这会激发用户的购买热情,满足用户的参与欲。用户的需求变化,即个性化定制需求的增加对于我国制造业来说虽然是挑战,但更是一种全新的机遇。

当前,个性化定制正成为制造业中的常态,已有国内外多家企业探索并实践了个性化定制生产模式。表 1-1 所示为个性化定制的应用案例。

表 1-1　个性化定制的应用案例

代表企业	行业	创 新 成 果
沈阳海尔冰箱	家电	目前一条生产线可支持 500 多个型号的柔性大规模定制,生产节拍缩短到 10 秒每台,是全球冰箱行业生产节拍最快、承接型号最多的工厂
阿迪达斯迅捷	服装	按照客户需求选择配料和设计,并在机器人和人工辅助下完成定制。工厂内的机器人、3D 打印机和针织机由计算机程序直接控制,这将减少生产不同产品需要的转换时间

续表

代表企业	行业	创 新 成 果
红领集团	服装	建立了包含 20 多个子系统的平台数字化运营系统,其大数据处理系统已拥有超过 1000 万亿种设计组合、超过 100 万亿种款式组合
美克家居	家居	通过模块化产品设计、智能制造技术、智能物流技术、自动化技术、IT 技术应用,实现制造端制造体系的智能集成,从而支撑大规模定制商业模式的实现

尽管企业在个性化定制方面看到了良好的市场前景,但也面临着个性化定制带来的问题和挑战。个性化定制迫使企业根据用户的个性化需求组织生产,这与传统生产相对固定的大批量、单品种产品截然不同,给企业如何利用相关技术转变生产模式带来了困难。虽然存在困难,但是在当前背景下,国内制造市场已经出现适应用户个性化需求的生产模式。这种模式正应用于汽车、服装、电子等行业。有效实施并长期运行个性化定制的生产模式,企业方面要满足以下条件。

(1)运用网络技术构建与用户交互的系统,该系统集成企业自身的制造资源信息及用户的信息。

(2)具备大规模个性化定制的生产技术和能力。

(3)拥有较完善的计算机集成制造系统,应具备物理设备,如加工中心、数控机床、机械手等。在系统上,具备以 MRPⅠ、ERP 等为基础的柔性化生产系统。

(4)具备完善的物流配送系统,保证将定制产品快速、准确地送到用户手中。

(5)具有完整的售后服务体系,以满足用户所需的个性化服务。

个性化定制的操作模式采用"设计、销售、设计、制造"的模式,如图 1-25 所示,它是以用户为中心的。企业需要通过销售环节预先设计产品的整体结构,并在用户的参与下进行个性化设计,根据用户的喜好制造产品。就驱动方式而言,个性化定制是一种拉动生产。与批量生产和大规模定制相比,企业难以组织个性化的定制生产。这使个性化定制生产与大规模生产和定制的实现更加困难。具体表现如下。

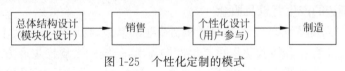

图 1-25　个性化定制的模式

(1)由于企业资源的限制,当不同的用户提出个性化定制需求时,无论是从资金还是技术上来讲,企业都很难在短时间内快速完成从设计到生产,最终到销售的所有环节。

(2)与大规模生产相比,个性化定制不具备时间和成本优势,产品一般在完成个性化设计后才能投入生产。用户需求的多样性导致个性化产品的差异性,使企业难以进行连续生产,因此难以控制生产效率和成本。这就要求实施个性化定制的企业必须与其他企业紧密合作,进行网络化协同制造,企业间利用彼此的优势,通过分工协作降低生产成本、提高生产效率。

宝马公司已经根据客户的个人订单实行汽车的定制化规模生产。客户可以根据自己的需求,从外观到内饰,从驾驶动态到舒适功能,通过网络选择自己喜欢的配置。

红领(现酷特)集团建立的个性化西服数据系统能满足超过百万亿种设计组合(图 1-26),

个性化设计需求覆盖率达到 99.9％,客户自主决定工艺、价格、服务方式。用工业化的流程生产个性化产品,7 天便可交货。毛衣和西服的定制化生产中,毛衣数控编织机与毛衣设计CAD/CAM 系统集成之后,通过电子商务直接承接来自客户的定制需求并进行生产。这种模式可实现零库存,因而能大大降低运营成本、提高盈利水平。另外,能够快速适应市场需求变化,赢得更多客户,进而提高竞争力。红领集团的成本只比批量制造提高 10％,但回报至少是 2 倍。目前,平均每分钟定制服装几十单。

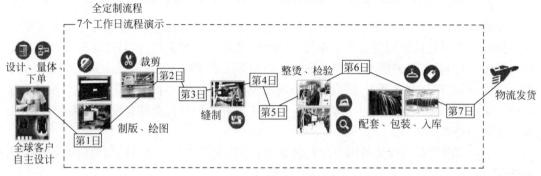

图 1-26　红领西服定制流程

　　实施定制生产,需要整个企业大系统的协同,没有数字化、网络化技术的支撑也不可能实现。红领的定制化制造系统主要由 ERP(企业资源计划)、SCM(供应链管理)、APS(先进计划与排程)系统、MES(制造执行系统)等,以及智能设备系统组成。每位员工都是从互联网云端获取数据,按客户需求操作,确保来自全球订单的数据零时差、零失误率准确传递,通过数据和互联网技术实现客户个性化需求与规模化生产制造的无缝对接。

　　上述案例告诉我们,以客户为中心的大批量定制生产模式,为传统制造企业开辟了极为广阔的新的发展空间。

1.2.2　服务型制造

1. 服务型制造的产生背景及概念

　　20 世纪中后期,随着全球经济的发展和制造业的繁荣,物质资料极大丰富,顾客的消费习惯趋向多样化、个性化和体验化等更高层次的需求,传统的大规模生产方式已经不能满足顾客的多种需求,供需矛盾日益突出、亟待解决。同时,制造业也在资源和环境双重压力下发展缓慢甚至止步不前,一些明显的环境和产业变化使制造业服务化成为一种世界范围的新趋势。这些变化主要表现在三个层面。

　　(1)消费行为的转变。终端客户由传统的对产品功能的追求转变为基于产品的更为个性化的消费体验和心理满足的追求。这使制造环节更贴近客户的需求和心理满足,最终表现为对客户服务价值实现的追求。

　　(2)企业间合作和服务的趋势。由传统的单个核心企业转变为企业间密切的合作联系,企业间通过密切的交互行为充分配置资源,形成密集而动态的企业服务网络。

　　(3)企业模式的转变。世界典型的大型制造企业纷纷由传统的产品生产商转变为基于产品组合加全生命服务的方案解决商(如 GE、IBM 等)。中国制造面临困境也使制造业转型成为不得不面对的问题。中国制造目前的高能耗、低价值、高社会成本的发展模式无法进一步支撑未来的发展,亟待转型。

服务型制造正是在这种内在需求和外在需求共同驱动的历史背景下产生的。2006 年底,国内学者独立提出了服务型制造(service-oriented manufacturing)的概念,服务型制造是制造与服务相融合的新产业形态,是新的生产模式。将服务与制造相融合,制造企业通过相互提供工艺流程级的制造服务过程服务,合作完成产品的制造;生产性服务企业通过为制造企业和顾客提供覆盖产品全生命周期的业务流程级服务,共同为客户提供产品服务系统。这种更深入的制造与服务的融合模式,被称为"服务型制造"。它是基于制造的服务,为了服务的制造。

以下从概念、形式、组织形态和属性四个层次对服务型制造的内涵加以理解。如图 1-27 所示。

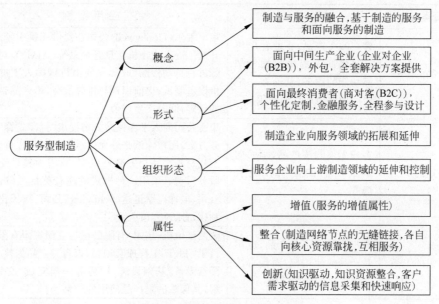

图 1-27　服务型制造的层次结构

(1) 从概念角度看,服务型制造是制造与服务在新的世界经济条件下历史性融合的产物,是基于制造的服务和面向服务的制造,是基于生产的产品经济和基于消费的服务经济的融合。

(2) 从形式角度看,服务型制造包括制造企业面向中间企业的服务(B2B)(如外包、一揽子解决方案)和面向最终消费者的服务(B2C)(个性化定制、客户全程参与设计等)。

(3) 从组织形态角度看,其表现为制造企业与服务企业的交叉融合和相互渗透,制造企业向服务领域拓展(如 DELL 的直销模式,IBM 的方案解决)和服务企业向制造领域的渗透(如沃尔玛对制造企业的控制等)。

(4) 从属性角度看,服务型制造具有整合、增值、创新三大属性。整合来源于企业间的相互服务、相互外包,制造网络节点企业内部资源向核心竞争优势转移,企业间的联系更加紧密并共享资源,使资源在网络间优化动态分配;增值来源于服务型制造中的服务属性,企业由以前的关注产品功能生产到关注客户需求服务,通过服务增值活动,使依附于产品的价值大大增加,单位产品价格提高,企业获取利润的能力提升。创新来源于对知识资源的整合和对消费需求信号的采集与处理,通过整合服务制造网络间的分布式知识资源,以及变化条件下需求和研发信息的交互冲击,不断产生适应新经济条件的知识信息,大大提高相应的整体网络的创新能力。

2. 服务型制造的分类

服务型制造是一种全新的制造模式,通过制造向服务的拓展和服务向制造的渗透实现制造和服务的有机融合,企业在为客户创造最大价值的同时获取自身利益。服务型制造可以从其需求类型、融合方式、服务对象角度进行理解和分类。

(1) 从满足客户需求的类型看,服务型制造提供的产品+服务,即所谓产品服务系统(product service system,PSS),具有如表 1-2 所示的三种分类形态。

表 1-2　产品服务系统(PSS)分类形态

PSS 分类形态	特　征	应 用 案 例
面向产品的 PSS	客户购买产品,企业在出售产品的同时提供附加于产品功能的服务,从而在一定时间内保障产品的效用	霍尼韦尔(Honeywell)公司在提供飞机引擎的同时,开发了嵌入式飞机信息管理系统(AIMS),对飞机故障进行自动检测,取代先前由机械师人工进行的飞机设备测试,提前识别与排除故障,给产品带来更好的保障,同时产生增值
面向使用的 PSS	客户无须购买产品,是面向购买产品的使用权或者服务	惠普公司向太平洋保险公司提出"打印先锋"金牌服务方案,用户除纸张外无须承担消耗易损件、维修费及耗材等产品相关额外成本,只需为其享受的打印服务付费。采用这种模式的还有英特飞(Interface)公司、电梯巨擘迅达(Schindler)公司、陶氏化学和开利(Carrier)公司
面向结果的 PSS	客户购买的不是产品,也不是产品的使用权,而是直接面向产品的使用结果	陕西鼓风机(集团)有限公司与宝钢集团有限公司签订了"TRT"工程成套项目,以自身产品为核心,连同配套设备、基础设施、厂房等一起完成"交钥匙"工程,其保障的是产品使用的结果

(2) 从制造与服务的融合方式看,服务型制造包括面向服务的制造和面向制造的服务。前者以满足客户的服务需求为目的设计与制造产品。例如,中国移动为抢占 3G 市场,以服务为先导,使手机制造厂商为其定制手机,产品成为服务的载体,后者属于生产性服务,最典型的是制造企业的业务外包,如市场开发外包、IT 外包、物流外包等。

(3) 从服务的对象看,服务型制造的服务对象可以是最终消费者,也可以是生产企业。后者就是面向制造的服务,如汽车制造厂不仅可以从机床厂购买设备,而且可以获得其生产线设计、机床耗材供应、机床维护等服务。

3. 服务型制造的理论体系及生产组织方式

服务型制造是制造与服务相融合的新产业形态,是新的商业模式和生产组织方式。服务型制造是为了实现面向客户效用的价值链中各利益相关者的价值增值,通过产品和服务的融合、客户全程参与、制造企业相互提供工艺流程级的制造流程服务、服务企业为制造企业提供业务流程级的生产性服务,实现分散化的制造与服务资源的整合、不同类型企业核心竞争力的高度协同,实现产品服务系统的高效创新,共同为客户提供产品服务系统,实现企业价值和客户价值。

从概念内涵来看,服务型制造是基于物质产品生产的产品经济和基于消费的服务经济的融合。它通过产品生产、服务提供和消费的融合将知识资本、人力资本和产业资本聚合在一起,形成价值增值的聚合体。它既是一种新的商业模式,也是一种新的生产组织方式。其理论体系架构如图1-28所示。

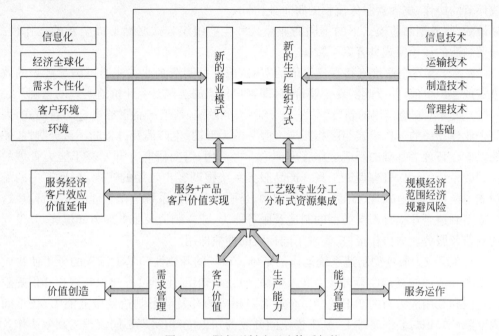

图1-28 服务型制造理论体系架构

首先,服务型制造是一种新型的可持续商业模式,其可持续表现在企业效益、客户价值和生态效益等方面。服务型制造不但可以通过更广泛且有深度的企业间协作关系为企业带来价值,而且可以通过业务模式的拓展和交易模式的拉伸为企业创造价值。同时,服务型制造将客户需求引入产品生命周期的全过程,是一种可以实现企业与客户双赢的新型商业模式。

服务型制造模糊了制造领域和服务领域的界限,将制造企业和服务企业融合到产业价值链中。对于单个企业而言,其业务领域也不仅限于制造领域或者服务领域,在服务型制造的初级阶段内,制造企业为其他企业提供生产性服务,表现为制造外包等活动;服务企业为其他企业提供服务性生产,如产品研发、设计和营销等业务流程的外包活动。价值链上企业之间通力合作,为客户提供新的"产品"——产品服务系统,以满足客户效用,实现客户价值。产品服务系统融合了产品和服务的特性,使企业与客户之间的交易模式由"一锤子买卖"变为"细水长流",因此基于整个产品服务生命周期的成本和收益的新定价及交易模式成为企业界与学术界研究的重要问题。

其次,服务型制造是一种新的生产组织方式,与传统生产组织方式具有不同的特征。

(1)参与主体不同,服务型制造的参与主体包括制造企业、服务企业和客户,而传统生产组织方式的参与主体为制造企业。

(2)组织形态不同,服务型制造模式下不同类型主体(客户、服务企业、制造企业等)相互通过价值感知,在互利协作中形成具有动态稳定结构的服务型制造系统,具有表现形式为基于流程分工的集中控制网络或者分散化网络,而不一定以纵向或横向一体化的方式实现。

(3) 产品及服务的生产方式不同,服务型制造主要以产品和服务的大规模定制的方式展开,强调客户价值的感知和消费体验。

(4) 从分工模式来看,服务型制造是基于工艺流程和业务流程的分工协作,既包括生产制造环节的协作,也涵盖服务流程的跨企业协同。

最后,服务型制造模式下的不同商业模式和生产组织方式必然形成全新的运作模式。服务型制造的运作模式具有以下特征。

(1) 为了实现企业价值和客户价值的双赢,服务型制造企业关注通过满足客户的效用需求实现客户价值,并以此实现企业价值,即客户价值的实现是企业价值实现的基础。

(2) 服务型制造推出的新"产品"——产品服务系统,基于产品服务组合的新模式,因此需要企业建立新的运作模式与之相匹配。服务的无形性、生产消费过程的不可分割性,使传统的以库存管理为基础的制造运作管理理论不再适用,需要研究并开发基于能力管理的服务型制造系统的运作管理理论工具。产品服务系统强调客户效用的实现,根据客户的需求实现能力模块的快速发现、配置、运作和重构,是服务型制造系统运作管理的根本特点,这要求服务型制造企业提升不同类型的制造及服务能力,建立制造及服务能力知识库,开发规范化的制造及服务能力协作接口,实现不同模块的即插即用。

(3) 知识成为服务型制造系统运作的基础。市场的开放性和基于流程的分工使物质资源的获取和流程的复杂性不再成为准入壁垒,而技术知识、生产过程知识和客户知识等隐性知识挖掘和利用成为新的知识壁垒。企业需要相应的开发动态制造及服务能力,在不同流程内部隐性知识封装的基础上,基于模块间开放的知识接口,实现不同流程的高效协作。

案例1-12:连云港天明装备有限公司煤机装备制造转型

随着国内煤炭经济近几十年的高速发展,很多煤矿企业规模增长非常快,设备资产的规模越来越大、越来越复杂、越来越先进,设备失效后造成的损失和安全风险也日趋增大。这种趋势也在不断提高对设备管理、人员素质和能力的要求,并且客户投产一定时限后,随着设备的逐渐老化,问题和隐患层出不穷、客户无暇应对。

连云港天明装备有限公司结合国内外高端煤机装备领域的发展趋势及我国煤炭装备的实际需求,以装备的全生命周期服务为切入点,大力推进以变频刮板输送机成套装备(刮板输送机、刮板转载机、破碎机)为主的煤机装备制造转型,在行业内首创了全生命周期服务模式,为用户提供高端煤机综采设备的专业化设备定制、成套设备安装、全生命周期运行维护维修等专业化服务。通过装备制造升级与专业化服务,开辟新的利润增长点。变频刮板输送机成套装备如图1-29所示。

案例1-13:徐工集团Xrea工业互联网平台助客户增效降本

徐工集团联手阿里云打造的Xrea工业互联网平台,服务客户已超350家,覆盖20多个国家、50多个行业。该平台如图1-30所示。

Xrea工业互联网平台是基于开源通用IT技术构建,将云计算、大数据、物联网、人工智能等新兴技术进行融合,从PaaS管理模块、边缘计算层、工业大数据分析与建模、工业微服务组件、开发者门户、工业App、安全体系、生态体系8个模块搭建起的工业互联网平台。平

图 1-29　变频刮板输送机成套装备

图 1-30　徐工集团 Xrea 工业互联网平台

台解决企业在实现智能生产、智能服务、智能产品等数字化转型过程中遇到的共性问题,为开发者提供工业应用创新合作的生态环境。Xrea 工业互联网平台不仅连接设备,还连接工厂生产现场的机床、机器人、AGV 小车等设备。Xrea 平台能够精准统计设备的开工率、能耗、健康情况、机床加工精度,能够对设备进行诊断、统计和分析,为设备赋智。

　　徐工集团通过 Xrea 平台助力客户提质、增效、降本,获得更多收益与价值。比如为某手机壳生产商的数控加工中心刀具进行预测性维护,助其良品率从 87% 提升到 99%;为徐州某酒店集团打造智能建筑能源管理解决方案,在 2017 年夏季温度同期升高 3.1℃ 的情况下其电量开销降低 23%。

1.3 智能生产系统

制造系统是一个将生产资源(原材料、生产信息等)转变为成品或半成品的输入输出系统,伴随着物料流、信息流、能量流的流动,是一个"动态"过程,是包含客户需求/市场分析、产品设计、工艺规划、制造装配、检验交付、运行服务乃至报废回收的产品全生命周期。在传统制造系统基础上增加以状态感知、决策处理为主体的智能处理过程,如生产指令驱动的工艺规划、制造装配、检验交付等,在传统制造系统基础上构建智能生产系统。

1.3.1 智能生产系统的组成及结构

智能生产系统是工厂信息流和物料流相结合的平台。在现代企业中,智能生产系统由不同的生产车间组成,车间是智能生产系统的核心。智能生产系统由完成产品制造加工的设备、装置、工具、人员、相应信息、数据,以及相应的体系结构和组织管理模式等组成,具体包括车间控制系统、加工系统、物料运输与存储系统、刀具准备与储运系统、检测与监控系统等。

1) 车间控制系统

车间控制系统由车间控制器、单元控制器、工作站控制和自动化设备本身的控制器,以及车间生产、管理人员组成。

根据美国国家标准与技术研究所的自动化制造研究实验基地(automated manufacturing research facility,AMRF)提出的四层递阶控制结构参考模型,将车间控制系统分为车间层、单元层、工作站层和设备层,如图1-31所示。

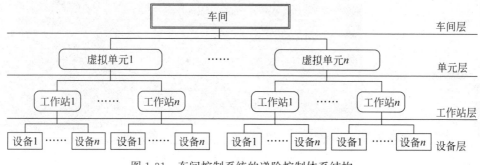

图1-31 车间控制系统的递阶控制体系结构

车间层是车间控制系统的最高级,主要任务是根据工厂下达的生产计划进行车间作业分解和作业调度,并反馈车间有关的生产信息。车间控制器是车间层控制系统与外界交换信息的核心与枢纽,具有三大功能。①计划:根据管理信息系统(management information system,MIS)下达的主生产作业计划和工程设计系统(engineering design system,EDS)提供的生产工艺信息制订车间某时期内的生产计划。②调度:根据各生产单元的计划完成情况对单元之间的生产任务和资源分配做适当的调整,保证车间任务按期完成。③监控:监视各单元生产过程中出现的各种异常现象,并将异常信息及时反馈给调度模块,供其决策。

单元层兼具计划和调度的功能,其控制周期从几小时到几周,完成任务的实时分解、调度、资源需求分析,向工作站分配任务并监控任务的执行情况,并向车间控制器报告作业完成情况和单元状态。单元控制器在向单元内的各加工设备分配任务时,必须考虑各设备的加工能力和加工任务的均衡分配。单元控制器遇到无法解决的故障时,则向上一级的车间控制器实时反馈信息,进行单元间的任务调整。

工作站层负责指挥和协调车间中某个设备小组的活动,如加工工作站、毛坯工作站、刀具工作站、夹具工作站、测量工作站和物料存储工作站等。其控制周期可以从几分钟到几小时,其主要功能是根据单元控制器下达的命令完成各种加工准备、物料和刀具运送、加工过程监控和协调、加工检验等工作。

设备层包括机床、加工中心、机器人、坐标测量机、自动引导车等设备的控制器。控制周期一般从几毫秒到几分钟,是车间控制系统中实时性要求最高的一级。设备控制器的功能是将工作站控制器命令转换为可操作的、有顺序的简单任务,运行各种设备,完成工作站层指定的各类加工、测量任务,并通过各种传感器监控这些任务的执行信息。

2) 加工系统

加工系统是制造自动化系统(manufacturing automation system,MAS)的硬件核心。常见的加工系统类型有刚性自动线、柔性制造单元(flexible manufacturing cell,FMC)、柔性制造系统(flexible manufacturing system,FMS)、柔性制造线(flexible manufacturing line,FML)和柔性装配线(flexible assembly line,FAL)等。

刚性自动线一般由刚性自动化加工设备、工件输送装置、切削输送装置和控制系统等组成。加工设备有组合机床和专业机床,它们针对某一种或某一组零件的加工工艺而设计、制造,可以采用多面、多轴、多刀,对固定一种或少数几种相似的零件同时进行加工,自动化程度和生产效率均很高。应用传统的机械设计和制造工艺方法,采用刚性自动线可以进行大批量生产。但是,其刚性结构导致产品品种的改变十分困难,无法快速响应多变的市场需求。

制造自动化系统如图 1-32 所示。

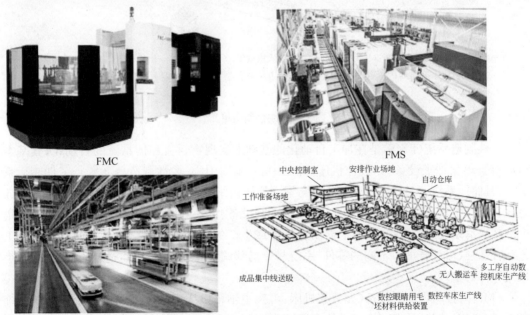

图 1-32　制造自动化系统

柔性制造单元(FMC)由1～3台数控机床或加工中心、工件自动输送及更换系统、刀具存储、输送及更换系统、设备控制器和单元控制器等组成。单元内的机床在工艺能力上通常是相互补充的,可混合加工不同的零件。FMC具有独立自动加工功能,可实现某些零件的多品种和小批量加工。FMC具有单元层和设备层两级计算机控制,具有对外接口,可以组成柔性制造系统。图1-33所示为一个以加工回转体零件为主的柔性制造单元。它包括1台数控车床、1台加工中心、2台运输小车用于在工件装卸工位(3)、数控车床(1)和加工中心(2)之间的物料输送,用于为数控车床装卸工件和更换刀具的龙门式机械手(4),在加工中心刀具库和机外刀库(6)之间进行刀具交换的机器人(5)。控制系统由车床数控装置(7)、龙门式机械手控制器(8)、小车控制器(9)、加工中心控制器(10)、机器人控制器(11)和单元控制器(12)等组成。单元控制器负责单元组成设备的控制、调度、信息交换和监视。

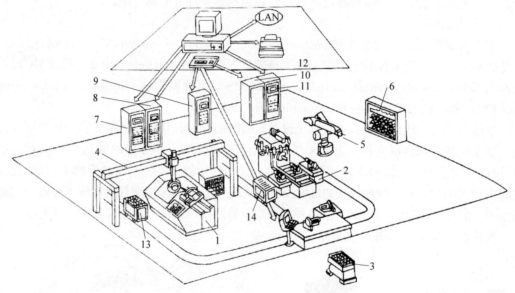

1—数控车床;2—加工中心;3—装卸工位;4—龙门式机械手;5—机器人;6—机外刀库;7—车床数控装置;8—龙门式机械手控制器;9—小车控制器;10—加工中心控制器;11—机器人控制器;12—单元控制器;13,14—运输小车。

图1-33 柔性制造单元

柔性制造系统(FMS)是在加工自动化的基础上实现物料流和信息流的自动化,其基本组成有自动化加工设备(如数控机床、加工中心、车削中心、柔性制造单元等)、工件储运系统、刀具储运系统、多级计算机控制系统等。其结构组成图如图1-34所示。此外,FMS的组成还可以扩展至自动清洗工作站、自动去毛刺设备、自动测量设备、集中切削运输系统、集中冷却润滑系统等。FMS能够根据制造任务或生产的变化迅速进行调整,具有柔性高、工艺互补性强、可混合加工不同的零件、系统易于局部调整和维护等特点,适合于多品种、中小批量零件的生产。

FML由自动化加工设备(如数控机床、可换主轴箱机床等)、工件储运系统和控制系统等组成。FML同时具有刚性自动线和FMS的某些特征。在柔性方面接近FMS,在生产率方面则接近刚性自动线。

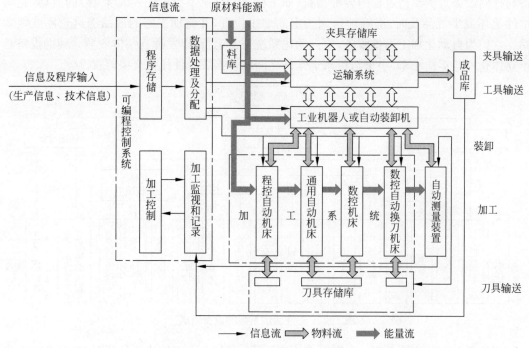

图 1-34 柔性制造系统的结构组成

FAL 通常由装配站、物料输送装置和控制系统等组成。装配站可以是可编程的装配机器人、不可编程的自动装配装置和人工装配工位。物料输送装置由传送带和换向机构组成。根据装配工艺流程,FAL 将不同的零件或已装配好的半成品输送到相应的装配站。

图 1-35 为一加工箱体零件的柔性自动线示意图,它由 2 台对面布置的数控铣床、4 台两两对面布置的转塔式换箱机床和 1 台循环式换箱机床组成。采用辊道传送带输送工件。这条自动线看起来和刚性自动线没有什么区别,但它具有一定的柔性。

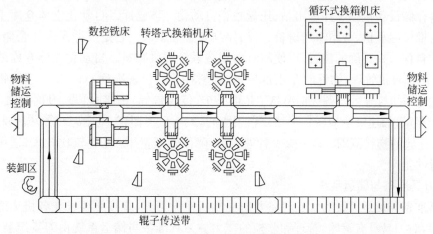

图 1-35 柔性自动线示意图

3) 物料运输与存储系统

工件储运系统由物料运输设备、存储设备和辅助设备等组成,如图 1-36 所示。运输设备与存储设备负责制造过程的各种物料(如工件、刀具、夹具、切屑、冷却液等)的流动,它将工件毛坯或半成品及时、准确地送到指定的加工位置,并将加工好的成品送进仓库或装卸站。它们为自动化加工设备服务,使自动化系统正常运行,以发挥其整体效益。辅助设备是指立体仓库与运输小车,小车与机床工作站之间的连接或工件托盘交换装置。

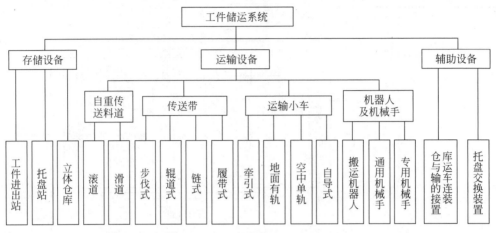

图 1-36　工件储运系统的设备组成

运输设备包括以下几类。①传送带:广泛用于 MAS 中工件或工件托盘的输送,传送带包括步伐式、链式、轮道式、履带式等形式。②运输小车包括:有轨小车、自动导向小车、牵引式小车和空中单轨小车四种。运输小车能运输各种轻重、各种型号的零件,具有控制简单、可靠性好、成本低等特点。③工业机器人:一种可编程的多功能操作器,用于搬运物料、工件和工具,或者说是一种通过不同的编程完成各种任务的设备。工业机器人包括:焊接机器人、喷漆机器人、搬运机器人、装配机器人等种类。④托盘及托盘交换装置:可在 MAS 中实现工件自动更换,缩短消耗在工件更换上的辅助时间。托盘是工件和夹具与输送设备和加工设备之间的接口,包括箱式、板式等多种结构。

物料存储设备包括工件进出站、托盘站和自动化立体仓库。自动化立体仓库主要由库房、货架、堆垛起重机、外围输送设备、自动控制装置等组成。它是一种先进的仓储设备,目的是将物料存放在正确的位置,以便随时向制造系统提供物料。自动化立体仓库的特点如下:①利用计算机管理,物资库存账目清楚,物料存放的位置准确,对 MAS 系统物料需求响应速度快;②与搬运设备(如 AGV、有轨小车、传送带等)衔接,可靠、及时地提供物料;③减少库存量,加速资金周转;④充分利用空间,减小厂房面积;⑤减少工件损伤和物料丢失;⑥可存放的物料范围广;⑦减少管理人员,降低管理费用;⑧耗资比较大,适用于具有一定规模的生产。

4) 刀具准备与储运系统

刀具准备与储运系统为加工设备及时提供所需的刀具,能按照要求在各机床之间进行刀具交换,对刀具具有运输、管理和监控的能力。刀具准备与储运系统由刀具组装台、刀具预调仪、刀具进出站、中央刀具库、机床刀库、刀具输送装置、加工中心和数控机床刀具交换系统组成,如图 1-37 所示。

在组合机床和加工中心广泛使用模块化结构的组合刀具。组合刀具由标准化的刀具组

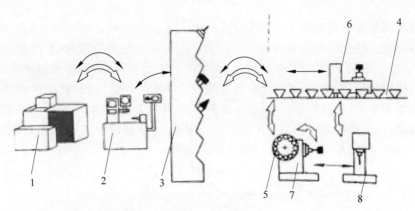

1—刀具组装台；2—刀具预调仪；3—刀具进出站；4—中央刀具库；5—机床刀库；6—刀具输送装置；
7—加工中心；8—数控机床刀具交换。
↔刀具输送；⇔刀具交换。

图 1-37　刀具储运系统示意图

件构成，在刀具组装台完成组装。组合刀具可以提供刀具的柔性，减少刀具组件的数量，降低刀具成本。刀具预调仪由刀柄定位机构、测量头、Z/X 轴测量机构、测量数据处等部分组成。组装好一把完整的刀具后，上刀具预调仪按照刀具清单进行调整，使其几何参数与名义值一致。刀具经预调和编码后，送入刀具进出站，以便进入中央刀具库。中央刀具库用于存储 FMS 加工所需的各种刀具及备用刀具。中央刀具库通过刀具自动输送装置与机床刀库连接，构成自动刀库供给系统。机床刀库用于装载当前工件加工所需的刀具，刀具来源可以是刀具室、中央刀具库和其他机床刀库。刀具输送装置和刀具交换机构的任务是为各种机床刀库及时提供所需的刀具，并将磨损、破损的刀具送出系统。刀具的自动输送装置主要有带有刀具托盘的有轨或无轨小车、高架有轨小车、刀具搬运机器人等。

5）检测与监控系统

检测与监控系统的功能是保证 MAS 的正常可靠运行及加工质量。检测和监控的对象有加工设备、工件储运系统、刀具及储运系统、工件质量、环境及安全参数等。在现代制造系统中，检测和监控的目的是主动控制质量，防止产生废品，为质量保证体系提供反馈信息，构成闭环质量控制回路。

检测设备包括传统的工具（如卡尺、千分尺、百分表等），或者自动测量装置（如三坐标测量机、测量机器人等）。检测设备通过对零件加工精度的检测保证加工质量。零件精度检测过程可分为工序间的循环检测和最终工序检测。采用的检测方法可以分为接触式检测（如采用三坐标测量机、循环内检测和机器人辅助测量技术等）和非接触式检测（如采用激光技术和光电二极管阵列技术等）。

1.3.2　智能生产系统的功能模型

按照国际生产工程科学院（Collège International pour la Recherche en Productique，CIRP）对生产系统下的定义，生产系统是"生产产品的制造企业的一种组织体，它具有销售、设计、加工、交货等综合功能，并具有提供服务的研究开发功能"。在这一定义的基础上，人们进一步把供应商和用户作为生产系统的组成部分纳入其中。从系统的角度考察产品的生产过程，也能得出生产系统的概念。

生产系统的基本框图如图 1-38 所示,方框内表示一个生产系统,方框外表示生产系统所处的外界环境。整个生产过程分为三个阶段:①决策和控制阶段,由工厂最高决策层根据生产动机、技术知识、经验以及市场情况,对生产的产品类型、数量等做出决定,同时对生产过程进行指挥与控制;②产品设计和开发阶段;③产品制造阶段,此阶段必须从外部输入必要的能源和物质(如材料等)。经过上述三个阶段的生产活动,系统最后输出生产的产品。产品输出后,应及时地将产品在市场上的竞争能力、质量评价和用户的改进要求等信息反馈到决策机构,以便其及时地对生产做出新的决策。

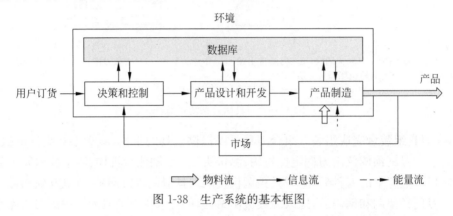

图 1-38 生产系统的基本框图

整个系统由信息流、物料流和能量流相联系。信息流主要指计划、调度、设计和工艺等方面的信息;物料流主要指原材料经过加工、装配到成品的过程,包括检验、油漆、包装、储存和运输等环节;能量流主要指动力能源系统。

根据企业生产经营活动各方面的具体目标和活动内容,生产系统一般又可分为供应保障子系统、计划与控制子系统和加工制造子系统等。

以上是传统生产系统的概念。智能生产系统是在传统生产系统的基础上增强以状态感知、决策处理为主体的智能处理过程。如图 1-39 所示的智能生产系统概念图,车间生产线生产什么?生产多少?生产状态如何?等等,都由计算机控制和决策。

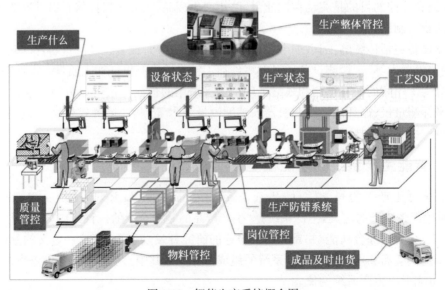

图 1-39 智能生产系统概念图

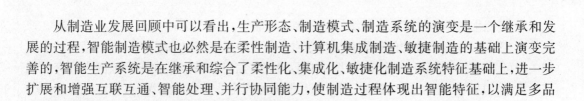

从制造业发展回顾中可以看出,生产形态、制造模式、制造系统的演变是一个继承和发展的过程,智能制造模式也必然是在柔性制造、计算机集成制造、敏捷制造的基础上演变完善的,智能生产系统是在继承和综合了柔性化、集成化、敏捷化制造系统特征基础上,进一步扩展和增强互联互通、智能处理、并行协同能力,使制造过程体现出智能特征,以满足多品种、变批量、异地协同乃至个性化的产品研制需求。

接下来介绍智能生产系统中车间控制系统的功能及与其他分析图的信息接口。

1)智能生产系统中车间控制系统的功能

车间控制系统的主要功能包括车间生产作业计划的制订与调度、刀具管理、物料管理、制造与检验、质量控制、监控功能等。

图 1-40 是车间控制系统的数据流模型。车间控制系统功能的实现依赖于与其他分系统的配合,具体有以下方面。

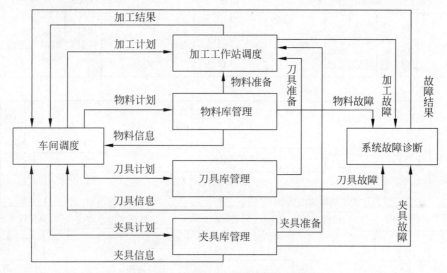

图 1-40　车间控制系统的数据流模型

(1)车间生产作业计划的制订必须以主生产作业计划为依据。生产作业计划的制订必然使用工程设计系统(EDS)提供的许多工艺信息。而加工过程采用的控制规律以及精度检查方面的信息则由质量管理系统(QMS)提供。

(2)车间生产资源的管理均与 MIS、EDS、QMS 等系统密切相关。车间生产资源的状态是 MIS 制订生产计划的依据,CAPP 系统根据车间资源情况制定加工工艺,而车间量具、检验夹具的可用性取决于 QMS 的定检计划。

(3)车间制造所需的工艺规程、NC 代码都来自 EDS,检验规程或检验 NC 代码则来自 QMS,作为质量管理的依据。

(4)车间监控系统一方面保证车间生产计划顺利进行;另一方面为 EDS、MIS、QMS 提供车间的实时运行状态,以便根据实际加工情况更改有关计划,检查、追踪出现质量事故的原因。

(5)车间控制系统要实现上述功能,需要分布式数据库管理系统和计算机网络系统的支持。分布式数据库管理系统可以保证车间控制系统所需信息的一致性、完整性和安全性;计算机网络系统则是数据交换和共享的桥梁。

2）智能生产系统与其他分系统的信息接口功能

MAS 与其他分系统的信息联系按照性质可分为静态信息和动态信息，按照信息的来源和去向可分为输入信息和输出信息（图 1-41）。MAS 信息的特点是在车间范围内具有局域实时性。信息类型包含文字、数据、图形等。根据不同企业的实际情况，可从这些信息中分别抽象出以下不同的实体。

（1）车间作业计划类：包含生产调度计划、计划修改要求、车间工作指令要求、生产能力、工作令优先级因素、操作优先级、工作指令报告、车间工作令、物料申请、操作顺序、工作令卡等实体。

（2）生产准备类：包含生产准备数据、物料计划、产品批号、工位点文件、设备分组、负荷能力、质量综合考核信息等实体。

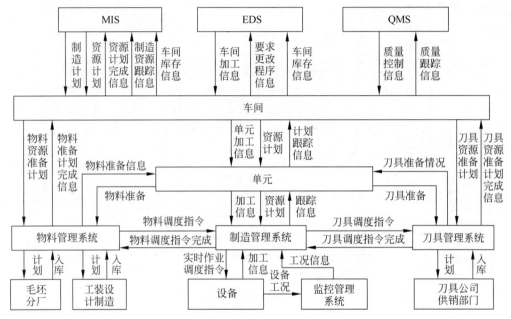

图 1-41　MAS 与其他分系统的信息接口

（3）生产控制类：包含最终计划修改要求、设备分配情况表、工作进程表、材料传送报告、生产制造活动报告、生产状态信息报告、车间作业调度、日产任务通知单、日产进度、产品制造工艺卡、工（量）卡信息、NC 文件、设备开动记录、质量分析信息、申请检验信息、工艺试验信息、新工装调用信息等实体。

（4）库存记录类：包含库存计划事项、库存调整、安全存储、库存查询、库存记录、成品入库报告、成品出库报告、库存报警、物料信息、废品信息、量具需求计划等实体。

（5）仿真数据类：包含生产计划仿真参数、生产过程仿真命令、仿真算法、仿真数据文件、仿真图形文件等实体。

1.3.3　智能制造的发展趋势

1. 智能化

智能制造将是未来制造自动化的重要方向。智能制造系统是一种由智能机器和人类专

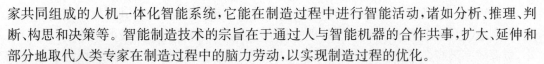

家共同组成的人机一体化智能系统,它能在制造过程中进行智能活动,诸如分析、推理、判断、构思和决策等。智能制造技术的宗旨在于通过人与智能机器的合作共事,扩大、延伸和部分地取代人类专家在制造过程中的脑力劳动,以实现制造过程的优化。

2. 制造虚拟化

虚拟制造是以制造技术和计算机技术支持的系统建模技术与仿真技术为基础,集现代制造工艺、计算机图形学、并行工程、人工智能、人工现实技术和多媒体技术等多种高新技术于一体,由多学科知识形成的一种综合系统技术。它通过建立系统模型将现实制造环境及其制造过程映射到计算机及其相关技术支撑的虚拟环境中,模拟现实制造环境及其制造过程的一切活动和产品制造全过程,并对产品制造及制造系统的行为进行预测和评价。

3. 敏捷化

随着数控技术的发展,为适应多品种、小批量生产的自动化,开发了若干台计算机数控机床和一台工业机器人协同工作,以便加工一组或几组结构形状和工艺特征相似的零件,从而构成柔性制造单元。借助一个物流自动化系统,将若干个柔性制造单元连接起来,以实现更大规模的加工自动化,从而构成柔性制造系统。以数字化的方式实现加工过程的物料流、加工流和控制流的表征、存储与控制,就形成了以控制为中心的数字化制造系统的一部分。

20 世纪末,敏捷制造模式的出现,使可重构制造系统(reconfigurable manufacturing system,RMS)成为可能。RMS 是一种通过对制造系统结构及其组成单元进行快速重组或更新,及时调整制造系统的功能和生产能力,以迅速响应市场变化及其他需求的制造系统。其核心技术是系统的可重构性,即利用对制造设备及其模块或组件的重排、更替、剪裁、嵌套和革新等手段,对系统进行重新组态、更新过程、变换功能或改变系统的输出(产品与产量)。

4. 网络化

当前,网络技术(特别是 Internet/Intranet 技术)的迅速发展给企业制造活动带来新的变革,其影响的深度、广度和发展速度远远超过人们的预测。基于 Internet 的生产经营活动出人意料地迅猛增长。其中,基于网络的制造包括几方面:制造环境内部的网络化,实现制造过程的集成;制造环境与整个制造企业的网络化,实现制造环境与企业中工程设计、管理信息系统等各子系统的集成;企业与企业间的网络化,实现企业间的资源共享、组合与优化利用;通过网络实现异地制造。总之,制造的网络化,特别是基于 Internet/Intranet 的网络协同制造已成为重要的发展趋势。

5. 全球化

制造全球化的概念出于美、日、欧等发达国家或地区的智能系统计划。近年来,随着 Internet 技术的发展,制造全球化的研究和应用发展迅速。制造全球化包括的内容非常广泛,主要有:市场的国际化,产品销售全球网络的形成;产品设计和开发的国际合作;产品制造的跨国化;制造企业在世界范围内的重组与集成,如动态联盟公司;制造资源跨地区、跨国家的协调、共享和优化利用,全球制造的体系结构已初步形成。

6. 制造绿色化

环境、资源、人口是当今人类社会面临的三大主要问题。制造业量大、面广,对环境的总体影响很大。可以说,制造业一方面是创造人类财富的支柱产业,又是当前环境污染的主要源头。鉴于此,如何使制造业尽可能少地产生环境污染是当前环境问题研究的一个重要方面。于是,绿色制造由此产生。

　　绿色制造是一种综合考虑环境影响和资源效率的现代制造模式,其目标是使产品在从设计、制造、包装、运输、使用到报废处理的整个产品生命周期中,对环境的影响(副作用)最小,资源效率最高。绿色制造是可持续发展战略在制造业中的体现,或者说,绿色制造是现代制造业的可持续发展模式。绿色制造涉及的面很广,涉及产品的整个生命周期和多生命周期。对于制造环境和制造过程而言,绿色制造主要涉及资源的优化利用、清洁生产和废弃物的最少化及综合利用。绿色制造是目前和将来制造自动化系统应该充分考虑的一个重大问题。

习题

1. 简述工业 1.0 到工业 4.0 的发展过程。
2. 如何理解 HCPS1.0 和 HCPS2.0 的区别及发展意义?
3. 数字化、网络化、智能化的发展如何推动经济社会发展?
4. 简述数字化、网络化、智能化技术如何促进制造业转型升级。
5. 谈谈智能制造对社会生产力的影响。
6. 服务型制造的三大属性是什么?
7. 服务型制造的三种 PSS(产品服务系统)分类形态是什么?
8. 分析服务型制造的整合、增值和创新属性及其实现方式。
9. 简述面向服务的制造和面向制造的服务的区别。
10. 讨论服务型制造的运作模式及其特点。
11. 简述智能生产系统的主要功能及其与其他分系统的信息接口。
12. 分析智能制造技术的发展趋势及其对未来制造自动化的重要性。

第2章 智能生产管理系统

工业 4.0 概念引领世界制造业的发展方向,其强调工业化和智能化融合发展的道路。工业 4.0 包括两大主题:一是智能工厂,重点研究智能生产系统及过程,以及网络化分布生产设施的实现;二是智能生产,研究企业的生产物流管理、人机协同以及先进制造技术在工业生产过程的应用等。中国从"制造业大国"向"制造业强国"迈进,就要利用先进的管理理念以及信息化实现手段实现。

2.1 企业资源计划

企业资源计划(enterprise resource planning,ERP)集信息技术与先进的管理思想于一身,是为企业提供生产管理、经营管理和辅助决策的有效手段,可促进企业各种资源的合理调配,提升企业的效率和效益,是企业实现智能生产不可缺少的一部分。

2.1.1 ERP 的发展历程

ERP 系统起源于制造业的信息计划与管理,从 20 世纪 60 年代发展到今天,经历了不同的阶段。根据时间的先后,一般可分为 5 个阶段:经济批量法阶段、物料需求计划(material requirement planning,MRP)阶段、闭环 MRP 阶段、制造资源计划(manufacturing resource planning,MRP Ⅱ)阶段和企业资源计划(ERP)阶段。这 5 个阶段的系统虽然名字和内容各有不同,但后面的系统并不是取代前面的,而是对前面系统的扩充和进一步发展。

1. 经济批量的订货点法

20 世纪 60 年代以前,企业生产能力较低,制造资源矛盾的焦点是供与需的矛盾,计划管理问题局限于确定库存水平和选择库存补充策略。人们尝试用各种方法确定采购的批量和安全库存的数量,经济批量的订货点法成为最初的科学计划理论,订货点=单位时间的需求量×订货提前期+安全库存量,注意这个时候采购和库存与生产之间没有建立直接的联系。

经济批量的订货点法应用的条件主要有:①物料的消耗相对稳定;②物料的供应相对稳定;③物料的需求是独立的;④物料的价格不太高。

2. 基本物料需求计划

20 世纪 60 年代初,多品种小批量生产被认为是最重要的生产模式,生产中多余的消耗和资源分配的不合理大多表现在物料的多余库存上。为此美国 IBM 公司奥列基(Dr. Joseph A. Orlicky)首先提出了以相关需求原则、最少投入和关键路径为基础的"物料需求计划"(MRP)原理。

MRP 是由主生产计划(master production schedule,MPS)和主产品的层次结构,即物料清单(bill of material,BOM)逐层逐个地求出主产品所有零部件的出产时间、出产数量。其目标如下:围绕所要生产的产品,在正确的时间、地点,按照规定的数量得到真正需要的物料;按照各种物料真正需要的时间确定订货与生产日期,避免造成库存积压。MRP 示意图如图 2-1 所示。

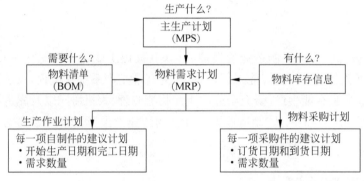

图 2-1　MRP 示意图

MRP 过程是一个模拟过程。它根据主生产计划、物料清单和库存记录,对每种物料进行计算,指出何时发生物料短缺,并给出建议,以最小库存量满足需求并避免物料短缺。MRP 应处理的问题及对应输入的数据如表 2-1 所示。

表 2-1　MRP 应处理的问题及对应输入的数据

处理的问题	需要输入的信息
生产什么? 生产多少? 何时完成?	现实、有效、可信的 MPS
要用到什么? 用多少?	准确的 BOM,及时地设计更改通知
已有什么?	准确的库存信息
已订货量? 到货时间?	下达订单并跟踪信息
已分配量?	配套预料单、提货单
还缺什么?	批量规则、安全库存、成品率
下达订单的开始日期?	提前期

MRP 可以进一步分为参数设定与计划调整、基本资料管理、资料维护管理、MRP 批次作业、MRP 报表管理、批次生产计划生成管理、能力需求计划、车间作业计划和准时生产等功能类别。

MPS 是主生产计划的简称,是描述企业生产什么、生产多少以及什么时段完成的生产计划,是企业销售与运作规划的细化,是进行物料需求计划的基础和前提,是指导企业生产管理部门开展生产管理和调度活动的权威性文件。MRP 的重要性体现在以下方面。

第一,MPS作为生产部门的工具,指导着生产过程的运行,它的分析对象是最终产品,为生产部门指出"将要生产什么",即生产销售部门最终进行销售的产品,起着指导作用。

第二,MPS又起着过渡性作用。物料需求计划、能力需求计划、车间和采购作业计划的制订都需要依据 MPS 的数据。

第三,使主生产计划量和预测及客户订单在总量上相匹配,从而得到一份相对稳定和均衡的 MPS。用以协调生产需求与可用资源之间的差距。

第四,把有效地管理产品和生产、库存、销售所需的所有数据显示在一屏上,或一张纸上,每行数据都用统一的格式,时区的选择也是一致的,从而使各部门从中得到所需的信息,并避免信息的不一致。

1) 物料编码

物料是企业一切有形的采购、制造和销售对象的总称,如原材料、外购件、外协件、毛坯、零件、组合件、装配件、部件和产品等。

描述物料一般从物料编码和物料属性两个方面进行。其中,物料编码是唯一标示物料的方式,物料属性是该物料特征的描述。

物料编码是唯一标示物料的代码,通常用字符串(定长或不定长)或数字表示。物料编码是企业管理和 ERP 系统实施过程中一个至关重要的环节,企业员工或客户通过物料编码认识物料。

编写物料编码要掌握物料编码的原则,包括唯一性原则、扩展性原则、统一性原则、不可更改性原则、重用性原则和简单性原则。

唯一性原则是指一种物料只能有一个物料编码,这是物料编码最基本的原则,也是物料编码必须遵循的原则。

扩展性原则是指物料编码应该有足够的编码资源以满足企业不断增长的物料需求。

统一性原则是指企业的所有物料尽可能采用统一的物料编码规则,相同的物料使用同一个编码,同一个编码表示同一种物料,避免发生一物多码或一码多物的现象。

不可更改性原则是指物料编码确定之后一般不允许改变。如果频繁地修改物料编码,可能引起企业物料管理的混乱,最终导致整个企业经营处于无序状态。

重用性原则是指为避免同一种物料有不同的编码,应当采用特征值编码的方式。这种重用以前知识、经验和成果的现象被称为重用性原则。

简单性原则是指物料编码不宜过于复杂,应该在满足其他原则的基础上,尽可能地简单明了,使其容易识别和使用。

案例 2-1: 某公司冰箱材料分类与编码方案。

(1) 代码基本形式:

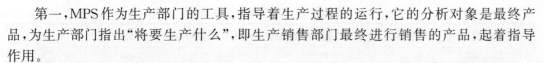

代码由 10 位数字组成,同样规格和材质的物料编码相同。

(2) 大分类由前两位数字代表,31 表示冰箱。

(3) 中分类用第 3、4、5 位数字表示,如表 2-2 所示。

表 2-2 6 类物料的分类编码

1 板金类	2 金属类	3 塑料橡胶类	4 电工器材	5 绝热材料	6 杂类
01 外箱组件	01 铁	01 管棒类	01 电装品部分	01 玻璃纤维	01 纸类
02 内箱组件	02 铜	02 真空与冲床成型	02 电线	02 保利龙	02 胶带类
03 门组件	03 铝	03 橡胶	03 其他		03 玻璃类
04 蒸发器组件	04 锌合金	04 剪型			04 海绵类

（4）小分类为 5 位数（第 6、7、8、9、10 位），前 4 位是流水号码，最后一位表示钣金类表面处理编码。具体含义如下所示：

0 表示未电镀、未喷漆及表面不需要处理的零件；

1 表示喷漆；

2 表示电镀；

3 表示研磨。

（5）分类编码实例。

根据以上编码方案，3110300012 表示冰箱钣金类电镀门组件。

2）物料清单

物料清单（BOM）是定义产品结构和用量关系的技术文件，在 ERP 系统中居于核心地位，也被称为产品结构表或产品结构树。方桌的 BOM 如图 2-2 所示。

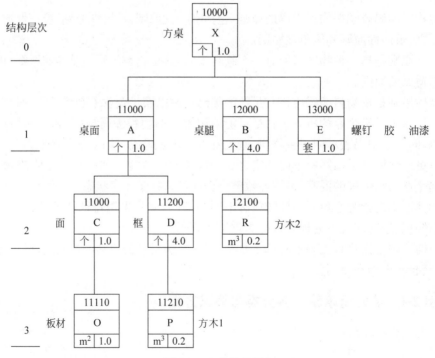

图 2-2 方桌的 BOM

根据图 2-2 BOM 图形可以看出，1 个方桌由 1 个桌面、4 个桌腿、1 套螺钉等组成，1 个桌面由 1 个面板和 4 个框组成，1 个面板由 1.0m² 板材组成，一个框由 0.2m³ 的方木组成，1 个桌腿由 0.2m³ 的方木制作。其中，10000、11000、12000、…为物料编码。

图 2-2 中的 BOM 图形可以简化为图 2-3 所示的 BOM。

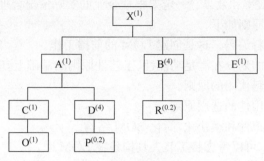

图 2-3   简化的方桌 BOM

在 ERP 系统中,BOM 以二维表格的形式进行存储。方桌 BOM 可用表 2-3 所示的形式存储在数据库系统中。需要注意的是,为了简单起见,表中只显示方桌 BOM 的部分数据。

表 2-3   方桌 BOM 的存储形式

阶层	父项编码	子项编码	子项名称	计量单位	单位用量	描述
0	—	10000	方桌	个	1	
1	10000	11000	桌面	个	—	
1	10000	12000	桌腿	个	4	—·
1	10000	13000	螺钉、胶、油漆	套	1	
2	11000	11100	面	个	1	
2	11000	11200	框	个	4	
2	12100	12000	方木	m^3	0.2	—
3	11100	11110	板材	m^2	1.0	
3	11200	11210	方木	m^3	0.2	

BOM 描述了组成最终产品项目的各零件、组件和原材料之间的结构关系和用量关系,在 ERP 系统中居于核心地位。

BOM 是连接产品、工艺设计等技术数据与生产计划、物料等管理数据的桥梁。最终产品物料的 BOM 基本结构是设计人员设计的结果,工艺人员对该 BOM 设计进行扩展,增加每个物料项目的用料定额、工时定额和工艺路线等工艺数据;计划管理人员根据带有各种工艺参数的 BOM 制订该项最终产品的生产作业计划和物料采购作业计划;采购人员依据采购作业计划执行物料采购;仓库管理人员依据 BOM 和作业计划进行物料配套、发放;生产人员依据生产作业计划进行加工、装配;财务人员根据带有材料、工时数据的 BOM 进行成本核算。由此可见,企业中的技术、管理和制造等整个作业过程都通过 BOM 连接在一起,如图 2-4 所示。

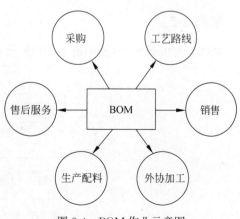

图 2-4   BOM 作业示意图

如上所述,BOM 是 ERP 系统中最重要的基础数据之一。因此,BOM 创建的好坏直接影响 ERP 系统的运行效率和效果。一定要根据企业的实际情况合理地创建 BOM。

创建 BOM 的基本原则如下。

(1) 准确地定义物料编码。这是创建 BOM 的前提工作。

(2) 产品结构层次的划分在满足功能性、工艺性原则的基础上,应该尽可能简单。

(3) 合理地设置物料代用的原则。

(4) 合理地设置选用件的选用原则。

(5) 合理地设置虚拟件和模块化,简化 BOM 结构。

(6) 根据生产需要,可以考虑将工装夹具构建在 BOM 中。

为了加强控制,可以考虑将加工过程中的重要工艺环节(例如质量检验、质量检测和加工状态等)构建在 BOM 中。

创建 BOM 文件的操作步骤如下。

(1) 成立 BOM 创建小组。BOM 创建小组成立后,制定小组的工作方式、创建计划和 BOM 评价方式,进行工作划分,明确每个人的工作任务。BOM 创建小组成员应该包括从事产品设计、工艺编制、物料保管、生产计划管理和 ERP 实施技术等的人员。

(2) 完成物料数据的定义。按照企业的编码方式,准确地定义企业物料的物料编码和物料属性。

(3) 熟悉产品的工程图纸。产品的工程图纸是企业设计人员的工作成果,完整地反映产品的结构关系。熟悉产品工程图纸的方式包括:理解产品的工作原理,读懂产品的工程图纸,理解产品与各零组件之间的关系,理解产品和零组件的编码原则,读懂图纸上的零组件明细表。

(4) 生成零组件清单。在熟悉产品工程图纸的基础上,从图纸上取出生成最终产品的所有零组件的清单。该清单只包括那些最底层的零组件(要么通过采购得到,要么通过对原材料的直接加工得到),不包括那些通过装配等方式得到的中间组件。

(5) 生成单阶 BOM。在单阶 BOM 中,只包括父项和子项之间的关系。父项可以是最终产品或组件,子项可以是零件或组件。

(6) 认真核查单阶 BOM。单阶 BOM 是最基本的 BOM,也是多阶 BOM 的基础,它在整个 BOM 中的地位非常重要,要确保单阶 BOM 的完整性和正确性。

(7) 自动生成多阶 BOM。在单阶 BOM 的基础上,由 ERP 系统自动生成产品的多阶 BOM。

案例 2-2:

轻巧型电热水壶的结构如图 2-5 所示,生成轻巧型电热水壶的 BOM,其清单如表 2-4 所示。

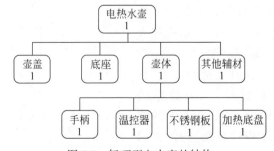

图 2-5 轻巧型电水壶的结构

表 2-4　轻巧型电水壶的 BOM 清单

物料编码	物料名称	规格型号	BOM 级别	单只水壶用量
HF-0001	轻巧型/经典型壶盖	通用：定制	1	1
HF-0002	轻巧型/经典型底座	通用：定制	1	1
HA-0001	轻巧型壶体	轻巧型：定制	1	1
HF-0003	201 不锈钢板材	0.5mm×1250mm×2500mm	2	$0.0769m^2$
HF-0004	国产温控器	国产 BB3	2	1
HA-0002	轻巧型手柄	轻巧型：定制	2	1
HF-0005	轻巧型/经典型加热盘	通用：定制	2	1
HA-0003	轻巧型辅材套件	轻巧型：定制,含包装盒、说明书、硬纸板衬垫	1	1

3. 闭环物料需求计划

与经济批量的订货点法相比,MRP 有了质的进步,但只说明了需求的优先顺序,没有考虑生产企业现有的生产能力和采购等条件的约束,计算结果可能不可行,更不会根据计划实施情况的反馈信息对计划进行调整,所以也叫基本 MRP。

20 世纪 70 年代初,随着企业需求的发展和竞争的加剧,企业对自身资源管理的范围不断扩大,对制造资源计划不断细化和精确化,MRP 的计划与控制也不单纯面向物料,而是扩展到与生产能力相关的人力、设备等更多资源,这就是闭环 MRP。除了物料需求计划外,还将能力需求计划(capacity requirements planning,CRP)、车间作业计划和采购作业计划全部纳入 MRP,应编制资源需求计划、制订能力需求计划,平衡各工作中心的能力,形成结构完整、具有环形回路的生产资源计划及执行控制系统。

能力需求计划:所谓能力是指企业某工作中心在某个时段内理论上能够承担的工作量,也就是所谓的生产能力。能力需求计划(CRP)是对 MRP 所需能力进行核算的一种计划管理方法。具体地讲,CRP 就是对各生产阶段和各工作中心(工序)所需的各种资源进行精确计算,得出人力负荷、设备负荷等资源负荷情况,并做好生产能力与生产负荷的平衡工作。简单地讲,CRP 将生产对物料的需求转变为对生产能力的需求。如图 2-6 所示。

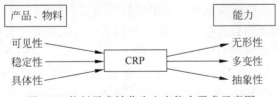

图 2-6　物料需求转化为生产能力需求示意图

CRP 是一种将 MRP 输出的对物料的分时段需求计划转变为对企业各工作中心的分时段需求计划的管理工具,是一种对能力需求与可用能力进行平衡管理的处理过程,是一种协调 MRP 的计划内容和确保 MRP 在现有生产环境中可行、有效的计划管理方法。

CRP 的对象是工作中心。CRP 的概念示意图如图 2-7 所示。CRP 与其他计划的关系如图 2-8 所示。

在 CRP 的计算中,重点计算能力和负荷两个要素。当然计算结果无非是"能力大于负荷"或"能力小于负荷",在解决负荷过小或超负荷的能力问题时,应视具体情况对能力和负荷进行调整：提升或降低能力,增大或减小负荷,两者同时调整。

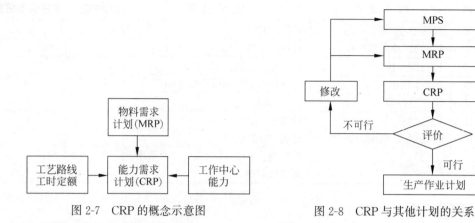

图 2-7 CRP 的概念示意图　　　　　图 2-8 CRP 与其他计划的关系

调整能力的方法包括加班、增加人员与设备、提高工作效率、更改工艺路线、增加外协处理等。

调整负荷的方法包括修改计划、调整生产批量、推迟交货期、撤销订单、交叉作业等。

CRP 编制中的计算过程包括计算工作中心可用能力、计算工作中心的工序负荷、计算工作中心的分时段能力需求。

1) 计算工作中心可用能力

前面已经介绍了计算方法,这里直接举例说明。

例如：某工作中心有 4 台机器,工作中心每周工作 5 天,每天工作 8 小时。该工作中心的利用率是 85%,效率是 110%,其额定能力是多少?

$$每周可用时间 = 4 \times 8 \times 5 = 160(小时)$$
$$额定能力 = 160 \times 85\% \times 110\% = 149.6(小时)$$

2) 计算工作中心的工序负荷

计算工作中心的工序负荷是指逐个工序计算与某个工作中心相关的生产负荷。生产负荷来自两个数据：加工的物料数量和加工单个物料需要的额定工时。在计算过程中,加工的物料数量来自物料的计划投入量,加工单个物料需要的额定工时来自工艺路线。

各工作中心所需的负荷能力可用下式计算：

$$工作中心负荷能力 = 件数 \times 单件加工时间 + 准备时间$$

例如：对于工作中心 WC-30,由于最终产品 A 在工作中心 30 加工,单件加工时间和生产准备时间分别为 0.09 工时和 0.4 工时。A 产品的下面各批计划量为 25、20 及 30 件,在该工作中心的负荷能力分别是：

$$25 \times 0.09 + 0.4 = 2.65(工时)$$
$$20 \times 0.09 + 0.4 = 2.20(工时)$$
$$30 \times 0.09 + 0.4 = 3.10(工时)$$

基于上述方法,可以得到其他加工中心所需的能力负荷情况。

3) 计算工作中心的分时段能力需求

就像分时段的物料需求计划一样,工作中心的能力需求也应该是分时段的。为了计算工作中心的分时段能力需求,需要计算以下两方面的数据。

(1) 每个工序在每个工作中心上的开始时间和结束时间。

(2) 以工作中心为基础,按照时段汇总所有工序的能力需求。一个工序提前期包含的时间示意图,如图 2-9 所示。

图 2-9　工序提前期包含的时间示意图

4) 能力与负荷差异计算

计算好分时段能力和负荷后,需要计算能力与负荷差及差异率,为平衡需求作准备。

$$能力负荷差 = 可用能力 - 总负荷工时$$

$$能力利用率 = 总负荷工时 / 可用能力$$

例如:某产品 5 周的能力和负荷情况,如表 2-5 所示。

表 2-5　某产品 5 周的能力和负荷情况

项　目	时段/周					总负荷
	1	2	3	4	5	
已下达负荷工时	75	100	120	90	100	485
计划负荷工时	150	0	40	50	140	380
总负荷工时	225	100	160	140	240	865
可用能力	180	180	180	180	180	
能力负荷差异	−45	80	20	40	−60	
能力利用率/%	125	56	89	78	133	

4. 制造资源计划

闭环 MRP 系统的出现,使生产方面的各项活动得到了统一。但生产管理只是企业管理的一个方面,而且 MRP 仅仅涉及物流,没有反映与物流密切相关的资金流等相关方面。1977 年 9 月,美国著名的生产管理专家奥列弗·怀特(Olives W. Wight)在美国《现代物料搬运》(*Modern Materials Handling*)月刊上,提出与产供销、财务信息等集成的闭环 MRP 系统-制造资源计划(MRPⅡ)。MRPⅡ系统结构框图如图 2-10 所示。

MRPⅡ把企业作为一个有机整体,有效集成生产、财务、销售、工程技术、采购等各子系统,是一种计划主导型管理模式,计划层次从宏观到微观、从战略到技术、由粗到细逐层优化,但始终保证与企业经营战略目标一致;基于企业经营目标制订生产计划,围绕物料需求转化和组织制造资源,实现按需、按时生产,从整体最优角度出发,运用科学方法对企业各种制造资源和产、供、销、财等环节进行有效的计划、组织和控制,使其协调发展,并充分地发挥作用。

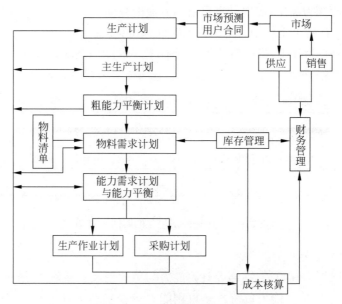

图 2-10　MRPⅡ系统结构框图

5. 企业资源计划

随着管理需求和技术发展的变化,MRPⅡ在广泛应用的同时,也表现出一些不足。比如需求量、提前期与加工能力是 MRPⅡ制订计划的主要依据,但在市场形势复杂多变、产品更新换代周期短的情况下,MRPⅡ对需求与能力的变化,特别是计划期内的变动适应性差,需要较大的库存量吸收需求与能力的波动。因此,单靠"计划推动"式的管理难以适应竞争的加剧以及用户对产品多样性和交货期日趋苛刻的要求。

在 MRPⅡ概念产生后的 10 年间,企业计划与控制的原理、方法和软件逐渐成熟和完善,出现了许多新的管理方法、思想和战略,如准时制生产(just in time,JIT)、CIMS(计算机集成制造系统)和精益生产(lean product,LP)等,信息技术更是飞速发展。各 MRPⅡ软件厂商不断在产品中加入新内容,使之逐渐演变为功能更完善、技术更先进的制造企业计划与控制系统。20 世纪 90 年代初,美国著名 IT 咨询司高德纳集团(Gartmer Group)总结当时MRPⅡ软件在环境和功能方面的主要发展趋势,提出 ERP 的概念,其功能标准应包括 4 个方面。

(1) 超越 MRPⅡ范围的集成功能,包括质量管理、实验室管理、流程作业管理、配方管理、产品数据管理、维护管理、管制报告和仓库管理。

(2) 支持混合方式的制造环境,包括既支持离散又支持流程的制造环境,按照面向对象的业务模型组合业务过程的能力及在国际范围内的应用。

(3) 支持能动的监控能力,包括在企业内采用控制和工程方法、模拟功能、决策支持和用于生产及分析的图形能力。

(4) 支持开放的客户机/服务器计算环境,包括客户机/服务器体系结构,图形用户界(GUI),计算机辅助设计工程(CASE),面向对象技术(OOD),使用 SQL 对关系数据库查询,内部集成的工程系统、商业系统、数据采集和外部集成(EDI)。

此后,ERP 系统的研制与应用快速增长。在资源计划和控制功能进步的基础上,ERP

的功能和性能得到极大丰富和提高,计划和控制的范围从制造延伸到整个企业及其供应链;资源计划的原理和方法得到进一步扩充和发展,ERP 系统扩展应用到非制造业,新的信息技术成果不断应用于 ERP 系统研制中。

在 MRPⅡ之前,系统以生产制造资源的计划和控制管理内容及能力的不断扩展为主,阶段的重点在于资源涵盖的多少、计划和控制的方法,而 ERP 阶段却更需要从企业竞争环境及应对方法的变化,企业信息技术应用发展趋势,以及企业与信息系统之间的互动方面进行理解。主生产计划、物料需求计划和能力需求计划三大计划仍然是 ERP 的主线。企业管理的核心是财务管理。企业一切的物流都伴随着资金流和信息流发生,企业整个生产制造过程中贯穿着财务管理和成本控制的思想,使 ERP 更能贴近企业提高收入、降低成本的经营目标。21 世纪 ERP 已向协同商务等其他活动方向发展,图 2-11 为 ERP 的发展过程。

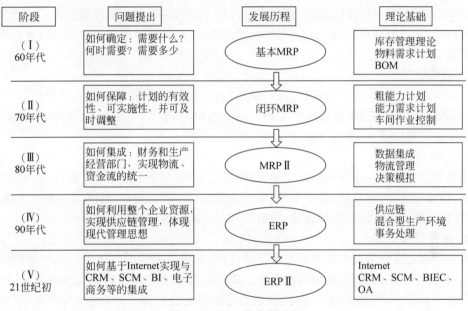

图 2-11　ERP 的发展过程

2.1.2　ERP 系统功能

企业信息化实施过程中,ERP 系统至关重要。ERP 是当前全球范围内应用最广泛、最有效的一种企业管理方法,这种管理方法的理念已经通过计算机软件得到体现,也代表一类企业管理软件系统。ERP 软件具有集成性、先进性、统一性、完整性和开放性的特点。

国家制造业信息化工程办公室也提出了 ERP 系统方面的要求,认为 ERP 至少应该具有 5 个功能域、23 个功能模块,其功能框架如表 2-6 所示。

表 2-6　ERP 的功能框架

生 产 管 理	采 购 管 理	销 售 管 理	库 存 管 理	财 务 管 理
基础数据	采购计划管理	销售计划管理	入库管理	总账管理
MPS	供应商信息管理	销售合同管理	出库管理	应收账管理
MRP	采购订单管理	销售客户管理	盘点与结转	应付账管理

续表

生产管理	采购管理	销售管理	库存管理	财务管理
生产订单管理	—	—	库存分析	成本核算
生产作业管理	—	—	库存查询	固定资产管理
生产工序管理	—	—		财务报表

下面介绍 ERP 的 5 个功能域,本节着重介绍生产管理模块。

1. 生产管理

生产管理包括基础数据模块、主生产计划模块、物料需求计划模块、生产订单管理模块、生产作业管理模块和生产工序管理模块。

基础数据模块主要任务是将通用的 ERP 软件转变为满足企业需要的专用软件。基础数据是 ERP 运行不可缺少的部分,包括系统数据、参数数据、基础属性数据等。比如物料编码与物料属性,物料清单,工作中心和能力,提前期,工序和工艺路线,制造日历,客户及供应商档案等。

2. 采购管理

采购管理是帮助企业优化采购流程,从采购计划到供应商选择再到订单管理,对采购业务进行有效的控制和管理,确保生产原材料的及时供应,避免因缺货而影响生产进度,同时帮助企业降低采购成本,提升企业竞争力。

3. 销售管理

销售管理可以进一步分为价格管理、信用额度管理、销售预测、报价管理、接单管理、合同管理、订单变更、发货管理、税务整合、退货管理、出口文件、查询统计功能、销售管理、销售跟踪、存货核算、客户管理、计划管理、营销管理和分销管理等功能类别。

4. 库存管理

库存管理是在物流过程中对商品数量的管理,它接收采购部门从供应商处采购的材料或商品,并支配生产的领料、销售的出库等。库存管理建立在量化管理的基础上,传统上认为仓库里的商品多,表明企业发达,现在认为零库存是最好的库存管理;库存多,占用资金多;但是如果过分降低库存,则会出现断档。

5. 财务管理

财务管理与成本管理是 ERP 系统的重要组成部分。企业高层领导及各级管理人员,需要随时通过财务人员提供的财务报告获得经营结果,以控制各项作业,保证目标的实现。财务会计为企业外部的利害关系集团和个人(国家、股东、领导部门等)提供全面反映企业财务状况、经营成果和财务状况变动的信息,为企业内部各级管理部门和人员提供进行经营决策所需的各种经济信息。成本管理是按照管理会计的原理,对企业的生产成本进行预测、计划、决策、控制、分析与考核。

案例 2-3:焦作科瑞森重装股份有限公司

焦作科瑞森重装股份有限公司(以下简称科瑞森)成立于 2003 年,是一家集机械装备研发设计、加工制造、海内外营销、工程总包、远程运维服务于一体的国家高新技术企业。产品涉及轨道交通、港口码头、矿山、冶金、粮食等多领域,在国家"一带一路"倡议的推动下实现了带式输送机产品和服务的全球供应。公司在技术、市场、管理等方面持续发力,陆续研制了"C形高倾角压带式输送机""隧道掘进连续出渣成套输送装备""履带轮胎组合移动式皮带机"等具有自主知识产权、可替代进口产品的新型装备,突破了多项由外资品牌长期垄断的核心技术,完全具备了与国际行业巨头同台竞技的实力,成为我国散料连续输送装备制造行业的领军企业。

公司项目属于散料连续输送装备制造领域,具有下列特点:①通过数字化设计、智能制造、远程运维服务,形成了散料输送行业一体化离散型智能制造新模式;②通过网络协同制造、大规模个性化定制和远程运维服务模式的应用,实现了设备全生命周期的管理;③通过生产设备网络化、生产数据可视化、生产文档无纸化、生产过程透明化等先进技术应用,实现了工厂各关键环节的互联互通与集成,进而实现了优质、高效、低耗、绿色、灵活生产。

按照"数字化、信息化、智能化"的设计理念,充分利用互联网、智能生产管理系统、信息物理系统(CPS)平台、大数据等先进技术,定制高档数控机床与工业机器人设备、智能物流与仓储设备、智能传感与控制设备等先进智能制造设备,以及产品数据管理(PDM)、客户关系管理(CRM)、企业资源计划(ERP)、制造执行系统(MES)、仓库管理系统(WMS)和运输管理系统(TMS)等智能化软件系统,形成企业智能管控闭环,推进科瑞森在数字化设计、智能生产、智能物流、智能运维以及产品全生命周期管理等方面的快速提升,达到提质、降本、增效、节能、绿色生产的目标,建成散料连续输送装备智能制造工厂。项目总体技术架构如图2-12所示。

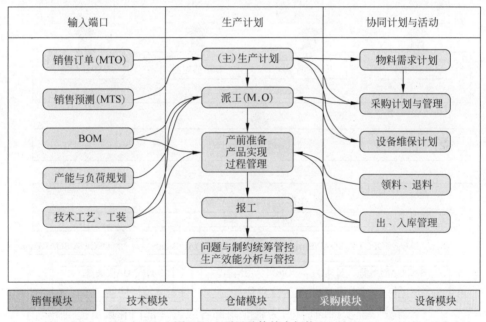

图 2-12 项目总体技术架构

对工厂进行数字化改造,建设自动焊接生产线、自动涂装生产线;深化产品生命周期管理(PLM)、ERP、MES等系统的集成;打通人机互联、机物互联、机机互联的信息通道,满足人、机器、生产线的随需交互,实现物联网、互联网的融合相通。将传统的长生产线改造为高度自动化的短生产线,并进行数字化排产,实现柔性化生产。工厂内部通信网络架构如图2-13所示。

通过工业以太网将现场层(包括设备、工件、人员等)与执行层MES进行集成,MES获取订单拆分为工单,实现工单生产加工、工件智能转运、看板监控、统计分析等信息化管理,企业信息化管理系统架构如图2-14所示。

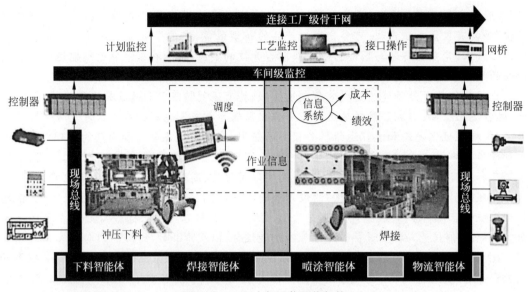

图 2-13　工厂内部通信网络架构

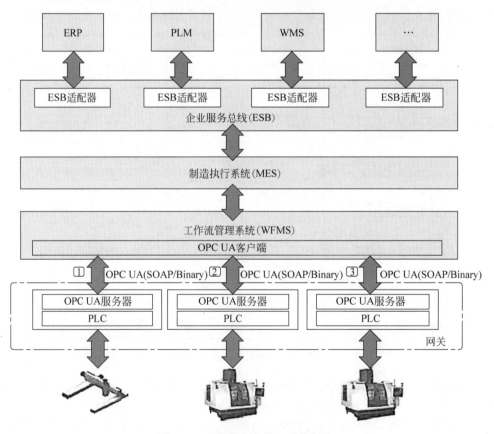

图 2-14　企业信息化管理系统架构

　　通过 ERP 管理系统全面升级,对企业资源和车间智能生产信息及运维服务信息等实现有效的互联互通与集成,解决企业运营过程中出现的信息流问题,并减少信息孤岛行为。ERP 管理系统架构如图 2-15 所示。

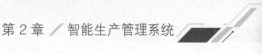

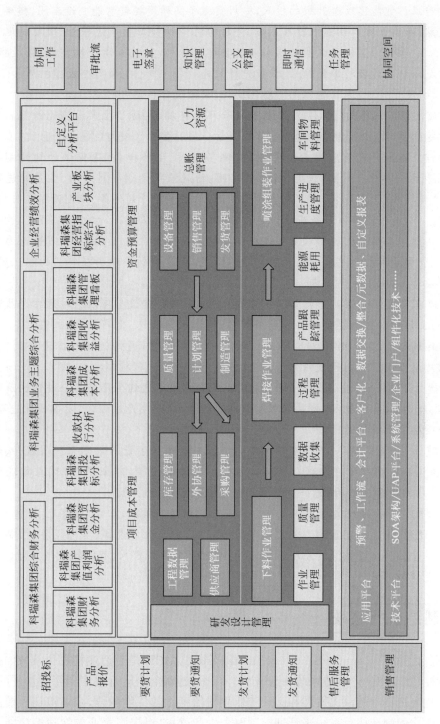

图 2-15　ERP 管理系统架构

企业在智能生产方面实现了以下功能。

（1）购置了大量智能化生产设备，建立了车间级工业通信网络。根据项目规划，公司进一步加大对工厂智能化改造升级的投入，先后实施了高精度托辊智能制造车间、横梁自动化焊接工作站、等离子坡口切割机器人系统、全自动Z形钢加工生产线等15项智能化改造项目，定制了30台（套）智能化工业机器人以及数控弯管机、数控等离子切割机、数控折弯机、双工作台龙门移动式数控平面钻床、数控光纤激光切割机等19台高档数控机床和76套用于研发设计、生产管理、远程运维的智能化软件，数控设备占比80%以上。

（2）应用了人机界面（HMI）及工业平板等移动终端，实现了生产过程无纸化。在人工操作工位建立了防差错系统，适时给予智能提示。同时建立了安灯（Andon）系统，实现了工序间的协作。在生产现场采用看板管理，实现在"柔性生产模式"下保证计划的刚性。由ERP系统制订一周生产计划，采购（外协）、车间、物流根据计划安排外协、生产配送等准备工作，生产现场根据"周计划"实行电子看板管理，看板显示计划任务、计划开完工日期、配套和缺料信息等，看板还可以与条码系统集成，操作员根据完工情况，扫描条码提交数据，看板直接显示实际完工情况。现场人员可以在一周范围内根据看板内半成品配套情况自行调节生产，以减少由于不配套导致计划无法完成的情况，有效控制了现场在制品的积压现象，提高了生产效率，缩短了生产周期。

（3）建立了生产过程数据采集和分析系统。生产线关键设备可以通过通信总线进行远程控制，向上位软件系统提交必要的数据信息，包括状态信息、生产信息、工艺信息、能耗信息等。硬件通信协议以RJ45接口为主。使用以太网通信，通信链路可以连接到交换机。软件通信协议使用了通用开放的总线协议，方便上位软件进行控制。

（4）建立了MES。通过MES的应用实现了从订单下达到生产完工全过程的透明化管理，包括生产计划、加工过程、质量管理和设备管理等，规范生产过程，优化各项制造资源，实现了生产效率的有效提升。

（5）建立了ERP、SCM、CRM等管理系统。先后建立了资源计划系统（ERP）、供应链管理系统（SCM）、客户管理系统（CRM），通过各系统的支持，建立了"科瑞森智能管控平台"。2017年经全面升级后，进一步增强了质量和成本分析的功能。

（6）智能化管控系统集成应用。充分利用工业物联网技术，基于"数字化、信息化、智能化"的设计理念，搭建了完善的智能化内部网络架构，实现生产设备、监控设备、控制系统与定制的智能管控平台等系统的互联互通，为公司智能工业机器人、智能物流与控制设备等提供了技术支持和保证。

2.2 制造执行系统

制造执行系统（manufacturing execution system，MES）是制造业信息化领域内面向车间层的管控系统，在生产制造系统中起着承上启下、提高企业运行效率和管理水平的作用。随着数字化制造技术的深入发展和国家工业化与信息化的深度融合，企业迫切需要高度精细化和智能化的制造执行系统来管理控制整个生产过程，以提高企业的快速响应能力和核心竞争力。

2.2.1 MES 功能及框架

MES 的概念是美国先进制造研究机构（Advanced Manufacturing Research，AMR）于 1990 年 11 月首次正式提出的，旨在加强 MRP 的执行功能，把 MRP 通过执行系统与车间作业现场控制系统联系起来。这里的现场控制包括 PLC 程控器、数据采集器、条形码、各种计量及检测仪器、机械手等。MES 系统设置了必要的接口，与提供生产现场控制设施的厂商建立合作关系。AMR 将 MES 定义为"位于上层的计划管理系统与底层的工业控制之间的面向车间层的管理信息系统"，它为操作人员/管理人员提供计划的执行、跟踪以及所有资源（人、设备、物料、客户需求等）的当前状态。

1992 年，美国成立了以宣传 MES 思想和产品为宗旨的贸易联合会——制造执行系统协会（Manufacturing Execution System Association，MESA）。1997 年，MESA 发布了 6 份关于 MES 的白皮书，对 MES 的定义与功能、MES 与相关系统间的数据流程、应用 MES 的效益、MES 软件评估与选择，以及 MES 发展趋势等问题进行了详细的阐述。MESA 对 MES 给出以下定义：MES 能通过信息传递对从订单下达到产品完成的整个生产过程进行优化管理。当工厂发生实时事件时，MES 能对此及时做出反应和报告，并根据当前的准确数据对它们进行指导和处理。这种对状态变化的迅速响应使 MES 能够减少企业内部没有附加值的活动，有效地指导工厂的生产运作过程，从而使其既能提高工厂及时交货能力、改善物料的流通性能，又能提高生产回报率。MES 还通过双向的直接通信在企业内部和整个产品供应链中提供有关产品行为的关键任务信息。MESA 在 MES 定义中强调了以下三点：MES 是对整个车间制造过程进行优化，而不是单一地解决某个生产瓶颈；MES 必须提供实时收集生产过程中数据的功能，并做出相应的分析和处理；MES 需要与计划层和控制层进行信息交互，通过企业的连续信息流实现企业信息全集成。

MESA 提出了 MES 的功能组件和集成模型，并定义了 11 个功能模块，包括资源管理、工序调度、单元管理、生产跟踪、性能分析、文档管理、人力资源管理、设备维护管理、过程管理、质量管理和现场数据采集。MES 功能模块及其在企业中的定位如图 2-16 所示，从图中可以看出，工序调度处于核心地位，对信息传递、业务协调具有直接的牵引作用。

2004 年 5 月，MESA 提出了协同的制造执行系统（collaborative manufacturing execution system，C-MES）的概念，指出 C-MES 的特征是将原来 MES 运行与改善企业运作效率的功能和增强 MES 在价值链及企业中其他系统和人的集成能力结合起来，使制造业的各部分敏捷化和智能化。由此可见，下一代 MES 的一个显著特点是支持生产同步性、支持网络化协同制造。它对分布在不同地点甚至全球范围内的工厂进行实时化信息互联，并以 MES 为引擎进行实时过程管理，以协同企业所有的生产活动，实现过程化、敏捷化和级别化的管理，使企业生产经营达到同步。

日本的制造科学与技术中心于 2000 年 9 月在其电子商业公共设施建设项目中提出了 OpenMES 框架规范，其核心目标是通过更精确的过程状态跟踪和更完整的资料记录获取更多的资料，更方便地进行生产管理，它通过分布在设备中的智能系统保证车间的自动化。

我国于 2006 年出台了企业信息化技术规范——MES 规范，对企业规划和实施 MES 提供了指导性的文件。但目前该规范尚处于思想指导层次，且主要面向通用的民品或者规范性的行业；该规范具有一定的指导性，但对于制造企业多品种、变批量、产研并重、研制与批

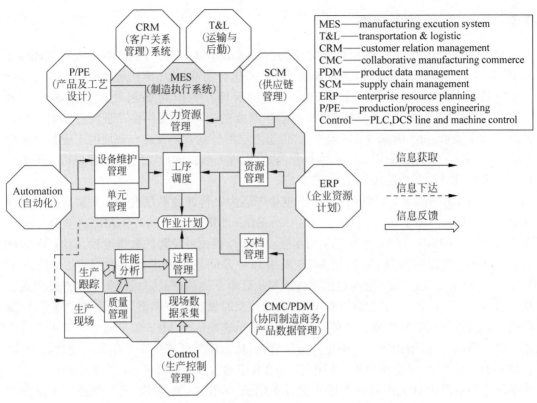

图 2-16　MES 功能模块及其在企业中的定位

产混线、流水与离散混合作业的需求还存在较多的不适应、不适用问题。

在企业信息化框架中，MES 起到承上启下的数据传输作用，与计划层和控制层之间的信息传输内容如图 2-17 所示。一方面，MES 从 MRP/ERP 中读取生产任务以及物料和设备等计划层的基本信息，通过处理将作业计划以及生产准备信息下达到车间层；另一方面，

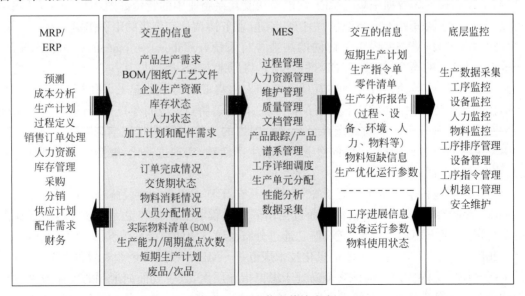

图 2-17　MES 信息传输内容

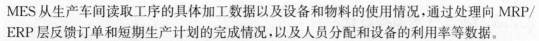

MES 从生产车间读取工序的具体加工数据以及设备和物料的使用情况,通过处理向 MRP/ERP 层反馈订单和短期生产计划的完成情况,以及人员分配和设备的利用率等数据。

通过 MES 的功能和 MES 与其他信息系统之间的关系可以看出,MES 系统通过生产资源管理、人力资源管理、设备维护管理和单元管理以及文档管理等模块,从 ERP、PDM 等信息系统读取生产任务、设备、人员和生产准备等信息,利用这些信息通过工序调度生成作业计划,并下达到生产车间;车间按照作业计划组织安排生产,生产中的实际执行情况、质量等信息通过现场数据收集,收集的数据通过性能分析后利用过程控制模块对作业计划进行调整,形成动态调度系统。

2.2.2 MES 目标、特征与定义

1. MES 目标

MES 是为实现车间级业务有序、协调、可控和高效运行而建立的全业务协同制造平台,其目标主要体现为以下三个方面。

(1) 全过程管理:对产品从输入到输出,即工艺准备、生产准备、生产制造、周转入库等全过程进行管理,包括过程的进展状态、异常情况监控。

(2) 全方位视野:对工艺、进度、质量、成本等业务进行全过程管理。

(3) 全员参与形式:车间领导、计划人员、工艺人员、调度人员、操作人员、质量管理人员、库存人员、协作车间人员等根据自身角色参与制造执行过程,在获取和反馈实时数据的基础上,通过及时的沟通与协调实现业务协同。

2. MES 特征

通过对现有问题进行分析,凝练形成 MES 的以下主要特征。

(1) 车间计划/调度/质量/进度等业务的全过程协同化。

(2) 车间所有业务人员基于角色权限的全员参与化。

(3) 车间订单执行过程状态以及工序执行状态控制的全过程关联化。

(4) 车间物料/刀具/夹具/量具/工艺文件/图纸等实物基于条码化处理的全状态控制精细化。

(5) 车间执行过程监控实现工艺流程驱动的全方位可视化。

(6) 车间进度/质量等数据采集的完整化、结构化与数字化。

(7) 车间作业计划安排及其在扰动事件驱动下调整的动态协调化。

3. MES 定义

结合快速响应制造执行模式与 MES 目标及其特征的分析,本书给出面向快速响应制造执行系统的定义:围绕全方位管理、全过程协同、全员参与的协同制造目标需求,通过建立订单定义→技术准备→生产准备→下发控制→制造执行→质量管理→产品入库的全过程状态控制和管理机制,实现制造车间全过程复杂生产信息的关联与多业务协同管理;通过建立工艺流程驱动的可视化监控看板,形成以工序节点为核心的制造数据包的全面管理和周转过程控制;通过物料/刀具/夹具/量具/工艺文件/图纸的全过程条码化管理,实现车间现场物流的实时跟踪和追溯;通过建立生产扰动事件驱动的快速响应动态调度技术,提供人机交互的调度方案。调整机制可以充分发挥调度人员的实际能力,实现作业计划与生产现场的同步、协调与可控。

2.2.3 MES 技术架构设计

1. 业务流程设计

结合现有的问题对 MES 业务流程进行设计,如图 2-18 所示,主要体现为四个层次:最上层是业务系统集成;第二层是过程管理与执行监控;第三层是周转物流管理;第四层是现场执行层。

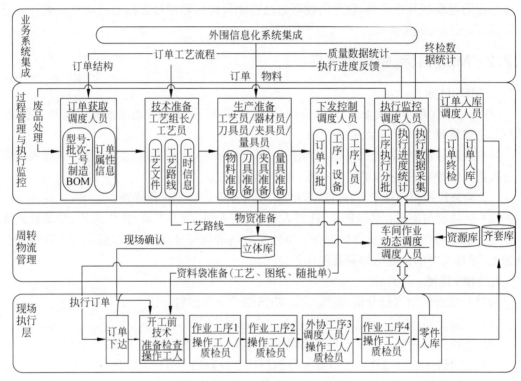

图 2-18   MES 业务流程设计

MES 业务主体流程可描述为:首先车间通过集成或者导入的形式建立车间订单任务;随后下发给车间技术工艺部门,在工艺主管或工艺员的协同工作下完成结构化工艺路线和工艺规程文件等技术准备工作,同时在工艺员和器材员、刀具员、夹具员、量具员的协同下完成生产准备工作,并更改订单状态,推进到车间调度部门;车间调度实现订单的下发控制,在设备资源管理的支持下,进行作业调度排产,并下发给操作工人进行执行;操作工人主要进行现场生产准备和检查以及工序的报操作开工与完工的业务,并将工序节点推进到质检部门;质检部门填写质量检验记录并向调度反馈,调度据此对作业排产方案进行相应的动态调整。

MES 系统的核心业务流程主要包括四个过程,分别是生产计划管理过程、生产技术准备管理过程、订单任务执行过程、周转物流过程。

1)生产计划管理过程

该过程主要实现车间订单的全过程控制,包括订单的定义、订单生产技术准备任务下发、生产订单的下发控制、车间作业计划排产与动态调度、生产订单的完工入库。该过程涉及车间主任/副主任、车间总调度/型号调度/区域调度等人员。该过程首先通过与 ERP 系统的集成获取订单；随后开始订单的生产技术准备；接着进行订单的下发控制，如进行分批、指定设备/人员等约束，并根据下发结果进行作业计划的动态排产；然后，开展订单任务执行监控；最后在订单完成后，实现订单的入库。

2）生产技术准备管理过程

该过程主要实现生产技术准备方面的管理，包括车间级工艺编制、数控程序准备。该流程涉及综合计划调度员、工艺组长、工艺员、刀具员、夹具员、量具员、器材员等之间的交互，目的是在订单执行之前实现生产准备的完备性控制。该流程以计划订单任务为源头，分为技术准备和生产准备两个环节。技术准备过程是指工艺组长为订单分配工艺员，工艺员进行任务接收，编制和上传完成的工艺文件，并录入结构化的工艺流程；随后工艺员进一步开展生产准备过程，将订单任务按照工艺流程，向刀具员、夹具员、量具员等派发生产准备任务，并实现任务准备状态的反馈与协调。

3）订单任务执行过程

该过程包括作业执行监控看板、作业执行数据采集等。涉及的使用人员包括车间调度人员、车间副主任、车间主任、立体库管理人员、操作工人、质检人员。其主要业务包括：调度人员、车间副主任、车间主任查看不同型号、批次、工号的作业执行看板；操作工人完成生产前的准备检查、报操作开工和报操作完工；质检人员完成工序报完工操作；立体库管理人员完成物料、刀具、夹具、量具的实时状态管理，包括地点、设备、人、作业工序等的全面管理。

4）周转物流过程

该过程涵盖工艺文件、物料、夹具、刀具、量具的周转物流管理，体现为基于条码、按照工艺流程、与立体库/齐套库/物资库管理相衔接的物料、夹具、刀具、量具的地点、当前关联工序、设备、人员，以及性能状态的全面监控；同时周转物流管理还为订单开始执行前、执行中的生产技术准备状态提供支持。周转物流过程的展示体现在两个方面：一是在作业执行看板中，在订单和工序之前的生产准备状态管理方面进行关联；二是实现与立体库/齐套库/物资库管理系统的逻辑融合，支持车间综合计划调度员、产品/区域分调度员、工艺人员、立体库管理员、操作工人的状态查询。其主要业务过程为：综合计划调度员按照作业工序顺序，以逐步生成电子随批单的形式控制工艺文件的周转；综合计划调度员在零件开始加工前检查生产技术准备完备性状态；综合计划调度人员、产品/区域分调度、操作工人通过条码扫描确认对物料、刀具、夹具、量具的接收；工艺人员查询工艺文件、工具物料的状态；立体库/齐套库/物资库管理员查询物料、工具的状态，实现与立体库/齐套库/物资库管理系统逻辑上的统一管理。

2. 技术框架设计

MES 技术框架设计如图 2-19 所示，主要包括四个层次。

（1）系统支撑层。包括操作系统、网络与数据库等基础环境，以及数控设备、自动物料输送与存储设备、数字化检测设备等硬件支持环境，以支撑系统的运行。

（2）数据与系统支持层。包括本系统制造执行信息库、作业计划库、资源管理系统等，面向底层硬件的立体库管理系统、MDC 系统、DNC 系统等，面向外围信息化系统的 PDM、CAPP、ERP 等，从而为 MES 的正常运行提供必要的向上数据、向下控制与向外集成的保障支持。

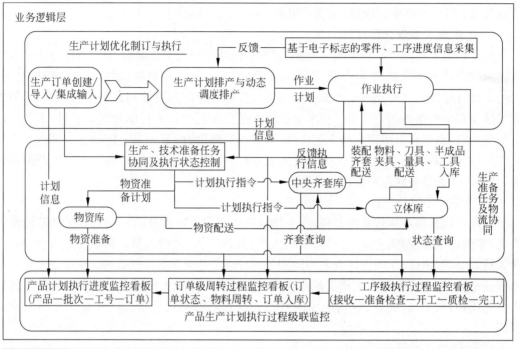

图 2-19　MES 技术框架设计

　　（3）业务逻辑层。用于实现业务处理功能,包括获取订单创建,生产、技术准备,计划排产与动态调度,产品—批次—工号—订单自上而下的执行过程监控与数据采集,以及统计分析等。该层次是 MES 开展业务处理的核心,企业可以根据自身的需要配置中央齐套库、立体库或者物资库等,以支持车间实物周转过程及其状态的控制。

　　（4）用户界面层。通过人机交互界面将信息传递给相关人员。

　　面向快速响应制造执行系统的技术框架主要具有以下特点。

　　1）制造执行全过程的柔性协调

　　MES 的业务流程管理体现在两个方面:一是从订单创建、技术准备、生产准备、下发控制、执行监控到完工入库的主流程管理,从而实现基于状态协调的全过程管理;二是以订单工序为核心的现场自检、互检、专检以及现场工艺展示的控制,从而形成以工序节点为核心的制造执行数据包的有效管理。

2) 物料流、信息流和控制流等过程与信息的有效管理

面向车间生产管理的 MES 还体现为对物料流、信息流和控制流的有效管理。对于物料流而言,并非特指毛坯类的加工物料,而是涵盖车间所有用以周转的实物,包括齐套物料、工件毛坯、刀具、夹具、量具、辅具、工艺文件、生产图纸、生产记录卡等,为有效实现车间实物位置和状态的监控,必须引入条码技术,同时考虑到车间现场的油污环境,一般采用二维码的形式作为车间实物的唯一标识;对于信息流而言,主要体现为随着制造执行过程的进行,任务信息、工艺信息与执行信息交互协调,体现为基于结构化和数字化的信息管理基础上的信息集成,即不仅包括过程管理信息,也包括车间实物以及控制流程附带的信息;对于控制流而言,主要体现在两个方面:一是任务—技术准备—生产准备—下发控制—过程执行—入库等全过程的状态控制;二是面向底层数字化硬件设备,如数控机床、数字化检测设备、自动物料输送与存储等的指令下发与状态反馈,除了对底层的控制,控制流同样表现为信息流的形式,需要 MES 进行综合管理。

3) 以计划排产和动态调度为核心的闭环执行控制

计划排产与动态调度是实现有序、协调、可控和高效快速响应制造执行的核心,主要体现在三个方面:一是高效的计划排产能够有效地支持制造资源的优化配置,使订单执行处于有序、协调状态;二是灵活的动态调度能够有效地支持对各种生产突发事件的响应处理,使作业排产方案能够始终反映现场实际状态以保持指导性,属于作业计划的闭环控制;三是作业排产计划不仅是加工设备等核心资源配置的依据,也是牵引物料、刀具、夹具、量具、辅具等辅助资源有序配置的依据,在生产准备完成订单工序所需物料、刀具、夹具、量具、辅具等资源的需求定义之后,基于作业排产方案中的订单工序时间节点信息,立体库/齐套库/物资库等据此进行是否出库的控制,进而通过现场实物到位确认,形成一种资源闭环控制机制,从而增加生产的有序协调性。

MES 构建智能生产系统的重要性体现在提升智能工厂四大能力上,即网络化能力、透明化能力、无纸化能力及精细化能力。

这四大能力是企业构建数字化车间、智能工厂的目标,当然这些能力的提升需要在平台化 MES 搭建的前提下,MES 首先在对工厂各环节生产数据进行实时采集功能的基础上,对数据进行跟踪、管理与统计分析,从而进一步帮助企业将工厂生产网络化、透明化、无纸化及精细化落地。具体如下。

(1) MES 提升智能工厂车间网络化能力。从本质上讲,MES 通过应用工业互联网技术帮助企业实现智能工厂车间网络化能力的提升。在信息化时代,制造环境的变化需要建立一种面向市场需求且具有快速响应机制的网络化制造模式。MES 集成车间设备,可实现车间生产设备的集中控制管理,以及生产设备与计算机之间的信息交换,彻底改变以前数控设备的单机通信方式。MES 还可帮助企业智能工厂进行设备资源优化配置和重组,大幅提高设备的利用率。

(2) MES 提高智能工厂车间透明化能力。对于已经具备 ERP、MES 等管理系统的企业来说,需要实时了解车间底层详细的设备状态信息。打通企业上下游和车间底层是绝佳的选择,MES 通过实时监控车间设备和生产状况,通过国际标准化认证 ISO 报告和图表直观反映当前或过去某段时间的加工状态,使企业对智能工厂车间设备状况和加工信息一目了然,并且及时将管控指令下发车间,实时反馈执行状态,提高车间的透明化能力。

（3）MES 提升智能工厂车间无纸化能力。MES 通过采用 PDM、PLM、三维 CAPP 等技术提升数字化车间无纸化能力。当 MES 与 PDM、PLM、三维 CAPP 等系统有机结合时，就能通过计算机网络和数据库技术，把智能工厂车间生产过程中所有与生产相关的信息和过程集成起来统一管理，为工程技术人员提供一个协同工作的环境，实现作业指导的创建、维护和无纸化浏览，实现生产数据文档电子化管理，避免或减少基于纸质文档的人工传递及流转，保障工艺文档的准确性和安全性，快速指导生产，实现标准化作业。

（4）MES 提升智能工厂车间精细化能力。在精细化能力提升环节，主要利用 MES 技术，因为企业越来越趋于精细化管理，实地落地精益化生产，而不是简单地构建一下 5S。现在也越来越重视细节、科学量化，这些都是构建数字化工厂的基础，这也使 MES 成了制造业现代化建设的重点。

综上所述，企业通过 MES 平台的搭建与部署，采用智能化、信息化先进技术，实现精细化管理、敏捷化生产，满足市场个性化需求，从而构建智能工厂。

案例 2-4：广东中创智能制造系统有限公司的 MES

如图 2-20 所示，广东中创智能制造系统有限公司的 MES 可以为企业提供制造数据管理、计划排产管理、生产调度管理、库存管理、质量管理、人力资源管理、工作中心/设备管理、工具工装管理、采购管理、成本管理、项目看板管理、生产过程控制、底层数据集成分析、上层数据集成分解等管理模块，为企业打造一个扎实、可靠、全面、可行的制造协同管理平台。

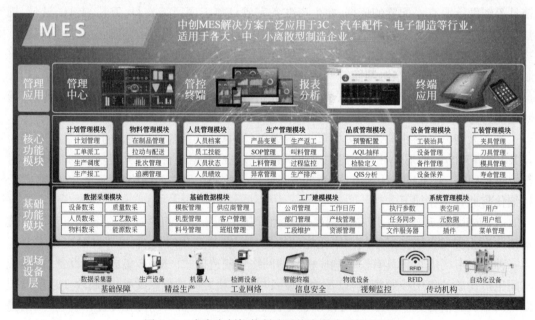

图 2-20　广东中创智能制造系统有限公司的 MES

案例 2-5：河南航天精工制造有限公司的高端紧固件生产

河南航天精工制造有限公司（以下简称河南航天精工）前身为信阳航天标准件厂，位于河南省信阳市。河南航天精工主要从事航空、航天及轨道交通标准紧固件、管路连接器卡箍及专用零部件产品的研发、生产、检测及销售，如铆钉、螺栓、高锁螺栓、螺母、自锁螺母、托板螺母、垫圈、螺钉、销、螺套、衬套等。企业紧紧围绕航天精工发展要求,通过实施人才强企、科技创新战略,围绕国家重点任务,开展高端紧固件研究开发和工艺基础研究和攻关,突破了一系列新型紧固件核心技术,并形成了具有自主知识产权的科研成果及技术标准体系,在行业内处于领先地位。

高端紧固件生产线通过机械手、SAP-ERP、在线检测系统等软硬件相结合,以工艺标准化和设备自动化改造为基础,组建数车、滚压、标记、检测等加工检测单元。数车单元利用刀具自动补偿技术实现自动装夹和成形,大幅减少装夹次数。滚压单元通过润滑技术、优化定位技术实现滚压自动化加工。图 2-21 为高端紧固件自动化生产线上料工位示意图,图 2-22 为高端紧固件自动化生产线物流中转示意图。

图 2-21　高端紧固件自动化生产线上料工位示意图

图 2-22　高端紧固件自动化生产线物流中转示意图

高端紧固件生产执行系统流程图如图 2-23 所示。高端紧固件生产信息流程如下:①企业

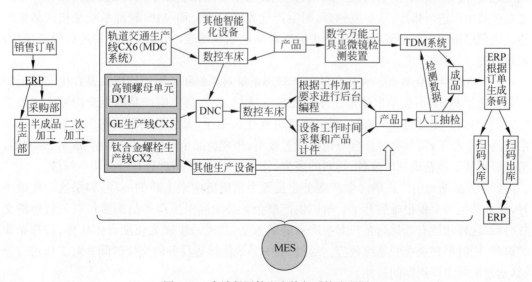

图 2-23　高端紧固件生产执行系统流程图

销售人员通过 ERP 下订单；②采购部通过 ERP 了解订单内容并采购相应原料；③生产部接到生产信息，制订生产计划并进行半成品加工；④半成品转入机械加工智能制造车间。

2.3 高级计划与排程

随着智能制造的持续推进，高级计划与排程（advanced planning and scheduling，APS）智能计划排产成了中国制造企业建设智能工厂的刚性需求。越来越多的企业开始注意到 APS 系统，它可以帮助企业进行资源和系统整合集成优化，实现最优化的排程，通过合理的计划排程，实现按需生产，精益制造，柔性运作，实现企业生产与经营的无缝衔接。

APS 系统是一种全面解决制造型企业生产管理与物料控制的软件方案。它基于供应链管理和约束理论，以追求精益生产的 JIT 为目标，涵盖了大量的数学模型、优化及模拟技术，为复杂的生产和供应问题提供优化解决方案，广泛适用于各类制造型企业。

2.3.1 APS 系统的特点

生产计划与排程是制造运行管理的核心环节之一，尤其是对于多品种、中小批量、混流制造型企业而言，提高生产作业计划的制订效率、优化计划的性能，对于缩短制造周期、降低生产成本、增强综合竞争力具有重要意义。APS 系统具有图 2-24 所示的特点。

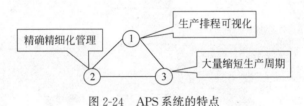

图 2-24　APS 系统的特点

（1）生产排程可视化。生产排程即按照一定的规则对产品的生产进行先后排序。比如当自家产品供不应求时，系统会按照利润的高低对产品生产进行排序，利润越高，则生产优先度越高，反之亦然；但当自家产品供过于求时，系统会根据成本的高低、客户意见和重要度对产品生产进行排序，重要度越高，则生产优先度越高。而 APS 管理系统是把产品生产的优先顺序按照一定的规则排列，并把顺序自动绘制成图表，可随时修改并进行紧急插单，实现可视、可控的管理。

（2）精确精细化管理。大多数的生产管理系统对原料和工序的管理只是在生产前说明需要什么原料，但不会给出哪道工序需要什么原料，也不会说明产品的生产需要多少道工序，甚至不会具体说明哪个班组、哪个成员负责什么工序，无法做到精确精细化管理。APS 系统的特点在于，可根据客户自身情况设置规则，生成产品生产的工序、物料、成员、时间等，精确级别甚至能精确到时分秒、物料的多少、什么工序，并能随时对其进行调整修改。

（3）大量缩短生产周期。生产型企业是整个供应链中最上游的一环，如果这一环做不好，那么其他环节就很难展开了。所以生产型企业必须确保生产产品的质量以及订单的交货时间，这样才能有效提高客户对生产商的满意度，并进一步成为长期合作伙伴，提高企业的盈利，同时增强企业的品牌效应。通过 APS 系统能缩短任务的交接时间并对工作进行分割，达到缩短生产周期的目标。

2.3.2　APS 与 ERP、MES 的关系

　　ERP、MES、APS 等软件的使用大大降低了企业的管理成本,提高了管理效率。这些软件产生的初衷与定位是不同的,ERP 的主要目的是实现企业所有资源的管理,便于管理者在宏观层面上对各方面资源进行计划与控制。ERP 中与生产相关的模块主要有主生产计划、物料需求计划、生产订单管理、车间现场管理等。ERP 通常难以实现生产现场实时数据采集功能,因此企业需要在业务计划层和过程控制层之间添加一个制造执行层,MES 就此诞生。MES 将过程控制层中采集的生产现场实时数据传递给业务计划层,将业务计划层制订的生产计划实时传输到生产现场,通过对生产状况进行实时监测、控制、统计、分析,了解并记录整个生产过程所有细节。

　　计划排产是企业提高生产运行效益的关键环节,虽然 MES 和 ERP 都具有计划功能,但都有一定的缺陷。ERP 基于无限产能给出粗略计划,难以考虑生产成本、产品交货期、工艺路线等约束条件下的更复杂的排产问题;MES 偏重于执行监控,生产排产功能非常有限,当生产线上实时数据变化时,只能依靠人工经验对计划进行调整,无法实现快速动态排产。APS 虽然弥补了 ERP 和 MES 计划功能的不足,但无法独立运行,需借助 ERP 系统与 MES 提供的静态和动态数据才能实现计划编制与排产。

　　因此,APS 无法完全取代 ERP 系统、MES,而 ERP 与 MES 又不能很好地满足实际生产中的排产需要。只有将 APS 与 ERP、MES 三者协调集成,充分发挥各自的优势,才能实现"1+1+1>3"的协同效应。图 2-25 是 APS 系统与 ERP 系统、MES 的集成框架。可以看到,三类系统通过数据接口相通;ERP 系统主要负责企业财务管理、采购管理、销售管理和生产管理等上层管控与规划。MES 则对制造执行过程进行负责,属于车间级的工作管理系统,具体是对作业、质量、实绩、库存等生产要素进行管理;APS 系统具体负责企业计划与调度方案的求解和优化,例如能力计划、订单计划、批量计划及生产调度等的生成与优化。

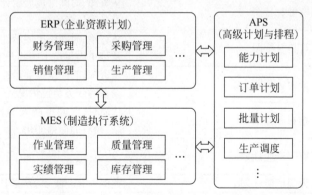

图 2-25　APS 与 ERP、MES 系统的集成框架

2.3.3　APS 系统的功能

　　APS 系统主要解决"在有限产能条件下,交期产能精确预测、工序生产与物料供应最优详细计划"的问题。APS 系统可制订合理优化的详细生产计划,还可将实际与计划结合,接收 MES 或其他工序完工反馈信息,从而彻底解决工序生产计划与物料需求计划难制订的

问题。APS 系统是企业实施 JIT 生产、精益制造系统的最有效工具。

主流的 APS 系统功能模块如表 2-7 所示。

表 2-7　主流的 APS 系统功能模块

序号	分类	功　能	描　　述
1	产品工艺	产品/物料管理	产品、中间品、半成品、原材料等管理
		工艺路线管理	产品、订单相关的参数化工艺路线管理
		工艺管理	生产工艺管理
		制造 BOM 管理	精细化的制造 BOM 管理,融合了 ERP 中的产品 BOM 及工艺路线
2	设备管理	设备/工作中心管理	设备/工作中心管理
		刀具、模具、人员等副资源管理	刀具、模具、人员等副资源管理
		生产日历	设备、人员、刀具等生产资源的日历管理维护
		班次管理	班次管理
		换线切换矩阵管理	以矩阵形式维护换线时间,包括规格切换、数字规格切换、品目切换、副资源切换等
3	订单管理	制造订单管理	制造订单管理
		客户管理	客户属性管理
4	派工反馈	作业计划	设备级别的详细作业计划,精确到时分秒
		投料计划	与设备作业计划同步的投料计划
		入库计划	与设备作业计划同步的入库计划
		计划结果评估	计划结果评估分析
		派工反馈	计划派工、锁定、反馈等
5	计划策略	计划策略管理	计划策略管理
		排程规则管理	排程规则管理
		资源权重管理	资源权重管理
6	计划可视化	资源甘特图	从资源、时间维度展示计划结果,可视化每台设备的任务安排
		订单甘特图	从订单、时间维度展示计划结果,可视化订单及订单内每道工序的开工、完工时间
		资源负荷图	从资源、时间维度展示计划结果,可视化每台设备的任务负荷情况
		物料库存图	从品目、时间维度展示计划结果,可视化产品、物料的库存变化
7	核心算法	有限产能计划	考虑工艺、设备、物料、人员班组等各项约束的有限产能计划
		无限产能计划	类似 MRP 的无限产能计划
		分步排程/一键排程	分步排程/一键排程
		启发式排程算法	基于规则的启发式排程算法
8	集成引擎	系统集成引擎	系统集成引擎,与 ERP/MES 等系统无缝集成

与 MES 一样,不同的软件功能也不相同,下面列举几个在 APS 系统方面做得比较出色的公司,以供学习参考。

案例 2-6：兰光创新科技有限公司

兰光创新科技有限公司的 JobDISPO APS,是德国 FAUSER 公司经过 20 多年的潜心研发,专门为离散制造企业量身打造的自动排产系统。它凝聚了德国百年工业管理的精髓,并经过全球上千百家企业的成功检验。JobDISPO APS 采用先进、实用的排产算法及形象直观的图形化界面,一经推出便广受欢迎。

JobDISPO APS 是中国制造企业借鉴国外先进管理模式和经验,突破生产管理瓶颈,提高企业生产运营效率和企业核心竞争力的有效途径。

JobDISPO APS 系统是一套全功能的、专为离散制造企业定制开发的自动排产系统,系统主要由精确计划(如通过图形化的高级排产算法,优化生产计划,并以直观的图形化方式展示,帮助用户更好地理解和调整生产计划)、时间看板(如以红绿黄三色灯显示生产状态,帮助用户实时监控生产进度)、项目看板、项目管理、能力平衡(如任务负荷视图,即根据各任务负荷情况,帮助调度员合理安排资源,避免过载或闲置)、派工单管理、成本管理、设备管理、人员管理、客户管理、工作日历管理(如安排工作人员的班次和休假,确保生产计划的顺利执行)、数据反馈(如完工反馈)、远程监控、统计分析、数据接口等部分组成,这些部分是一个有机的整体,如图 2-26 所示。

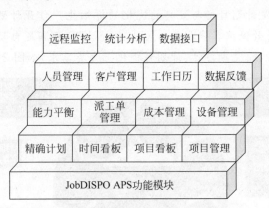

图 2-26　JobDISPO APS 系统的功能模块

实施效果:集团通过 JobDISPO APS 实现计划的快速排产,以图形化、透明化的技术手段,为车间生产提供科学、可靠的生产计划;通过 APS 系统的能力平衡,完成对设备资源的合理、均衡调配,提高了生产计划的准确性和可执行性;将生产过程中的人员、设备、物料、工序等基础信息通过 MES 进行准确、可靠的管理;将企业的生产模式由以前"推动式"逐渐向"拉动式"转变,很好地诠释了 APS/MES 是实现"精益生产"软件载体的理念。

该项目得到了用户的高度评价,用户列举出了实施 JobDISPO APS 后的明显变化。

(1) 减少了计划人员工作量的 60% 以上。

(2) 车间计划执行准确率提升了 55%。

(3) 产品制造周期缩短了 18% 以上。

(4) 设备利用率总体提升了 23% 以上。

(5) 生产信息的透明度提升了 50%。

(6) 生产订单的完成情况监控更准确、更及时。

（7）生产能力评估及预测能力更准确。

（8）规范了单位内基础数据的管理。

（9）单位间生产数据的交流更高效、更直观。

案例 2-7：武汉易普优科技有限公司

武汉易普优科技有限公司的 XPlanner APS 产品是一款以华中科技大学机械学院为技术依托、自主研发的国产 APS 系统。XPlanner APS 基于有限产能，综合考虑企业资源、物料、班组、日历、库存等各种生产约束条件，制订满足计划目标与策略的作业计划与物料计划。XPlanner APS 的系统框架主要包括标准方案、业务平台、开发平台、集成平台、基础平台、系统工具和系统平台等。核心模块均对外部提供 Web Service 接口服务，以便数据交互和系统集成。该 APS 系统既可独立应用于没有信息化积累的中小企业，解决车间的计划和排产相关问题，又可应用于有一定信息化基础的大中型制造企业，与企业的 ERP 系统和MES 充分集成交互，互相配合发挥各自优势，使企业的整体信息化水平升级，从而实现集成化运营管理、精准化生产调度和透明化执行控制。XPlanner APS 用户涵盖家电、3C 电子、汽车、工程机械、造船、包装及食品等不同制造业领域。

XPlanner APS 最基本的目标是实现基于有限产能的排产优化，帮助企业快速制订符合各种生产约束条件、满足计划目标与策略的优化的详细生产作业计划，缩短制造提前期，削减库存，满足交货期，有效保证客户利益。XPlanner APS 可满足自动排程、详细计划、投料计划、紧急插单、滚动排程、交期评估、计划可视化七大类需求，如图 2-27 所示。

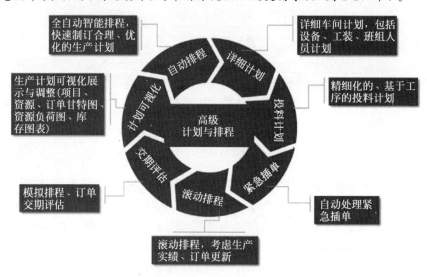

图 2-27　XPlanner APS 满足七大类需求

如图 2-28 所示，XPlanner APS 由基础数据、计划调度和核心算法等模块构成。

基础数据功能包括产品及工艺维护、订单管理、资源管理等功能。订单管理主要负责管理客户订单，也可以提供接口，从其他系统（如 ERP 中）导入客户订单或生产订单。订单信息主要包括订单编号、产品、数量、交货期、最早开始时间等。资源管理主要实现对各类生产资源（如机器设备、刀具、模具、夹具、载具、工人等）的统一管理，在系统排产时，这些资源都将成为重要的基础数据或约束条件。制造物料清单（MBOM）是产品及工艺维护的主要内

图 2-28　XPlanner APS 的功能模块

容,MBOM 不仅包含传统的 BOM,还囊括工艺路线、资源的产能等动态生产信息的管理,是制订可行计划和调度方案的基础。

计划调度功能主要用于计划和排产规则定制,调用排产引擎(基于核心算法)进行排产,通过图表展示功能对排产结果和分析结论进行展示等。

XPlanner APS 的优化核心是基于规则的自动化排产引擎,如图 2-29 所示。该优化引擎综合考虑订单排序规则、资源优选规则、优化规则和策略规则,内嵌丰富的启发式算法,计算性能好、效率高,既支持一键式的自动化排产,也支持人工交互的半自动化排产。此外,由于基于规则的算法计算速度和性能优势巨大,针对实际中的计划调整、插单、改单等业务处理更简洁高效。

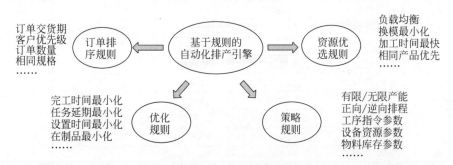

图 2-29　基于规则的自动化排产引擎

在系统集成和计算效率方面,XPlanner APS 采用智能集成引擎,90% 的集成无须编码,集成操作简便、快捷、智能,并且支持内存计算,提升计算性能。

实施效果如下：①提高订单准时交货率；②缩短订单生产过程时间；③快速解决插单难题,减少机台产线停机、等待时间；④减少物料采购提前期；⑤减少生产缺料现象；⑥减少物料、半成品、成品的库存；⑦减少生管、生产的人力需求；⑧让工作更轻松、更高效。

习题

1. 什么是企业资源计划？它在企业管理中的作用是什么？
2. 什么是主生产计划？它的作用有哪些？
3. 简述 ERP 系统的发展历程及其重要性。
4. 简述 BOM 的作用及其创建基本原则。
5. 一个简单皮带传动装置的 BOM 如表 2-8 所示,根据 BOM 画出皮带传动装置的结构。

表 2-8　简单皮带传动装置的 BOM

物料编码	物料名称	材料	规格型号	BOM 级别	消耗数量
A-0001	机架	钢	通用：定制	1	1
A-0002	电动机	—	通用：定制	1	1
A-0003	传动皮带	橡胶	通用：定制	1	1
A-0004	主轴	钢	通用：定制	1	1
A-0005	轴承	钢	通用：定制	1	2
A-0006	控制面板	塑料/金属	通用：定制	1	1
B-0001	开关	塑料/金属	通用：定制	2	3
B-0002	电缆	铜/塑料	通用：定制	2	3

6. 计算机的 BOM 如表 2-9 所示,根据 BOM 画出计算机的结构。

表 2-9　计算机的 BOM

产品编码	产品名称	物料编码	物料名称	BOM 级别	消耗数量
A-0001	计算机	B-0001	电路板	1	1
A-0001	计算机	B-0002	塑料机身	1	1
A-0001	计算机	M-0001	LED 屏	1	1
A-0001	计算机	M-0002	键盘	1	1
B-0001	电路板	M-0003	PCB 光板	2	1
B-0001	电路板	IC-0001	集成电路	2	3
B-0001	电路板	1k0402	1k 电阻	2	15
B-0002	塑料机身	C-0003	屏外壳	2	1
B-0002	塑料机身	C-0004	主机机身	2	1
C-0003	屏外壳	MA-0001	PVC 白色	3	1
C-0004	主机机身	MA-0002	PVC 白色	3	1

7. 某工作中心有 5 台机器,工作中心每周工作 6 天,每天工作 7 小时。该工作中心的利用率是 80%,效率是 115%,其额定能力是多少？

8. 在工作中心 WC-40,产品 B 的单件加工时间为 0.12 工时,生产准备时间为 0.5 工时。B 产品的计划生产批量分别是 15 件、25 件和 35 件。计算工作中心的负荷能力。

9. 什么是主生产计划？它在生产管理中的作用是什么？

10. 简述 ERP 系统的集成性、先进性、统一性、完整性和开放性特点，并解释这些特点如何影响企业管理。

11. 结合案例分析，ERP 系统在企业信息化改造中的具体应用及效果。

12. 如何理解制造执行系统的功能模块在企业中的作用。

13. 制造执行系统的主要流程有哪些？分别起什么作用？

14. 简述高级计划与排程系统的主要特点。

15. 如何理解 APS 系统与 ERP 系统和 MES 的关系？

16. 论述 APS 系统在现代制造企业中的重要性，并结合实例说明其具体应用和效果。

第3章 智能制造生产线布局规划

智能制造涵盖整个价值链的智能化,包括研发、工艺规划、生产制造、采购供应、销售、服务、决策等各环节,通过智能产品、智能生产、智能服务,智能产线、智能车间与工厂等不同环节的应用,相互融合和支撑发展。智能制造生产线布局规划不仅涉及各组成部分,还涉及各组成部分以规范的形式进行设计与布局。本章将用理论与案例相结合的方式,详细介绍生产线的布局、智能生产线布局规划,以及个性化定制智能生产线的设计与运行。

3.1 生产线布局

3.1.1 生产线布局的基本原则

1. 生产线布局需遵循的基本设计原则

(1)物料运输路线短:尽可能按照零件生产过程的流向和工艺顺序布置设备,减少物件在系统内的往返运输,缩短零件在加工过程中的运输路线。

(2)保证设备的加工精度:如清洗站应离加工机床和检测工位远一些,以免清洗工件时的振动对零件加工与测量产生不良影响。如三坐标测量机对工作环境的要求较高,应安放在有防振、防潮、恒温、恒湿等措施的隔离室内。

(3)确保安全:应为工作人员和设备创造安全的生产环境,充分保证必要的通风、照明、卫生、取暖、防暑、防尘、防污染等要求,设备的运动部分应有保护与隔离装置。

(4)作业方便:各设备间应留有适当的空间,便于物料运输设备的进入、物料的交换、设备的维护保养等,避免不同设备(如小车和机械手)之间的相互干扰。

(5)便于系统扩充:在进行设备平面布局时最好按结构化、模块化的原则设计,如有需要可方便地对系统进行扩充。

(6)便于控制与集成:对通信线路、计算机工作站的布置要充分考虑,兼顾本系统与其他系统(如装配、热处理、毛坯制造等)的物料与信息交换。

2. 生产线布局需考虑的实际生产约束和布局规范

(1)设计适当的作业空间:依据人体尺寸设计作业空间,保证人机关系协调。

(2)预留设备操作安全距离:分析不同设备可能对人造成伤害的危险区域,设计适当的安全防护装置并布置合理的机件,保障人身安全。

(3)减少环境对生产的影响:分析作业环境对操作者和机器的影响,对环境条件进行合理设计和适当控制,为操作者创造舒适的环境,以减轻疲劳、提高工效,同时减少对相邻设备和操作者的影响。

例如,将噪声大的设备与其他设备分开,并加装隔声、吸声设备;将烟尘多的设备与其他设备分开,使用抽风机、烟尘净化机等设备减少烟尘污染;有严重环境污染的设备(如喷漆设备)需要隔离操作间;加工易燃材料的设备也应该与其他设备分开,并采取一定的防火措施;会产生射线的设备需要屏蔽;等等。

(4)重型设备要与数控设备分开:减少重型设备的噪声和振动对精密设备的影响,提高数控设备及其操作者的工作效率。

(5)充分利用空间布局:如使用天车等重力运输装置,设计立体仓库存储刀具和工件。

3.1.2 生产系统配置设计

生产系统的类型不同,其组成设备的配置设计也不同。一个典型的制造系统主要包括以下三个重要组成部分。

(1)能独立工作的机械设备,如加工机床、工件装卸站、工件清洗站与工件检测设备等。

(2)物料储运系统,如工件与刀具的搬运系统、托盘缓冲站、刀具进出站、中央刀库立体仓库等。

(3)系统运行控制与通信系统。

1. 设备选择的基本原则

组成系统的设备选择是一个综合优化决策问题。在必须满足对设备基本功能和环境要求等约束的条件下,设计人员应对设备质量、效率、柔性、成本和其他方面进行多目标的整体优化。约束条件指对系统进行优化时必须满足的条件,主要包括满足加工工艺要求的设备基本功能和符合国家、地方、行业和企业自身制定的对环境保护的标准与规范。对优化目标的具体考虑原则如下。

(1)质量。此处所说的质量并非单纯指零件加工的质量,还包括设备本身的质量。在选择设备时涉及的质量是一种广义的质量,包括制造的产品满足用户期望值的程度和设备使用者对设备功能的基本要求两个方面。前者主要是指零件加工质量,能满足当前和可预见的将来对产品的要求即可,不必追求过高的精度。设备使用者对设备功能的基本要求比较广泛,可以称这种要求为功能要求,如设备的无故障工作时间、工作性能的保持性、设备的安全性、操作简易性、保养维护的方便性、设备资料与附件的完整性、售后服务等。

(2)效率。设备工作效率应根据自动化制造系统的设计产量、有效工作时间、利润、市场等因素确定,如加工设备的生产率、运输设备的运行速度、机器人的工作周期等。对于单一品种或少品种加工的刚性自动线,设备的效率主要由系统的生产节拍确定。而对于以多品种、中小批量加工为主的柔性自动线,情况就比较复杂。由于不同零件组合和市场因素的影响,系统的生产率在不同时段不完全相同,在确定效率时,要以工作最繁忙的时段为准。为保持一定的柔性,设备效率还应有一定的富余。

(3)柔性。自动化制造系统的柔性用于衡量系统适应多品种、中小批量产品生产和当市场需求以及生产环境发生变化时系统的应变能力。如果环境条件变化,如产品品种、技术条件、零件制造工艺等改变，系统不需要进行大的调整、不需要花费太长时间就可以适应这种变化，仍然能低成本、高效率地生产出新的产品，就说这种系统柔性高；反之，则柔性低。一般来说，柔性高的系统常采用通用性强的设备，相应地，其生产效率就较低，且设备常常有一些冗余功能，费用也较高。而柔性较低的系统可选用一些针对产品零件特点制造的专用自动化设备，基本无冗余功能，生产效率较高且费用较低，如组合机床可多面、多刀同时加工。在设计自动化制造系统时应根据企业生产的需求确定系统的柔性。当企业生产的产品品种不多、年产量很高且产品或零件在较长时期内不会发生大的改变时，可适当降低对系统柔性的要求，如摩托车发动机、冰箱压缩机的生产等。当企业生产的产品品种较多、批量不大或产品零件更新换代快时，则要求系统具有较高的柔性。

（4）成本。在任何工程项目中，成本都是十分重要的因素。在自动化制造系统的设计过程中，满足以上要求后，应按成本最低的原则选择设备。但是，成本和设备质量、效率和柔性往往产生一定的矛盾，要根据企业的具体情况综合考虑，当企业经济较好时也可适当提高设备成本，以追求较高的性能和适当的性能储备。

（5）除以上原则外，有时还有一些其他目标不应忽视，这要视企业和自动化制造系统的具体情况而定，如设备的能耗、占地面积、控制方式、联网通信能力和软硬接口等。

2. 加工设备的布置

生产系统有多个能独立工作的加工设备，其配置方案取决于企业经营目标系统生产纲领、零件族类型及功能需求等。

1）加工设备

加工设备以机床为例，加工机床是组成自动化制造系统的关键设备之一，可以实现零件的加工制造。机床的数量及其性能决定了自动化制造系统的生产能力。机床数量是由生产纲领、零件族的划分、加工工艺方案、机床结构形式、工序时间和一定的冗余量确定的。

加工机床的类型应根据总体设计中确定的制造系统的类型、典型零件族和加工工艺特征确定。对零件品种较少且相对稳定的系统，可考虑选用专用自动机床或组合机床，以降低成本，提高生产率；而对柔性要求较高的系统，则应以通用性较强的自动机床为主。每种加工设备都有其最佳加工对象和范围，如车削中心用于加工回转体类型零件；板材加工中心用板材加工；卧式加工中心适用于加工箱体、泵体、阀体和壳体等需要多面加工的零件；立式加工中心适用于加工板料零件，如箱盖、盖板、壳体和模具型腔等单面加工零件。机床类型确定后还应选定机床的规格，不同规格机床的加工范围和精度是不同的，一般应根据零件族中尺寸最大和精度要求最高的零件选择。

选择加工设备类型也要综合考虑价格与工艺范围问题，通常卧式加工中心工艺适应性较强，但同类规格的机床，一般卧式机床的价格比立式机床贵 80%～100%。有时可考虑增加夹具以扩充立式机床的工艺范围。在选择机床时还要考虑后期的使用费用问题，如有些进口加工中心购买价格不太高，但要正常运行必须使用特定厂家提供的刀具或润滑油、切削液，而这些消耗性物品的费用往往非常昂贵。此外，加工设备类型选择还受到机床配置形式的影响。在互替形式中，强调工序集中，要有较大的柔性和较宽的工艺范围，而在互补形式下主要考虑生产率，较多使用立式机床。选择加工机床时还应考虑它的加工能力、控制系统、刀具存储能力，以及切削液处理和排屑装置的配置等。

加工设备的平面排列布置：生产系统中机器类型和生产过程中各工序间的衔接方式不

同,机器的平面排列布置也不同。以机械加工车间为例,一般有纵向、横向和斜向排列三种,具体排列布置需考虑机床之间、机床与人之间的距离。

(1)纵向排列布置。机床沿作业区(车间)纵向排列(机床之间短向相对)。在这种排列方式下,机床间的物料运输和使用行车都较方便。纵向排列适用于长机床的布置。

(2)横向排列布置。机床沿作业区横向排列(机床之间长向相对)。这种排列方式较紧凑,节省面积,适用于短机床及其他中型设备的布置。

(3)斜向排列布置。沿工作区纵向斜放排列,一般斜角为 45°左右。这种排列有操作方便、切屑不易伤人、安全防护性强等优点,是较常用的一种排列方式。各种常用数控机床排列方式下彼此之间的距离如表 3-1 所示。

表 3-1　各种常用数控机床排列方式下彼此之间的距离

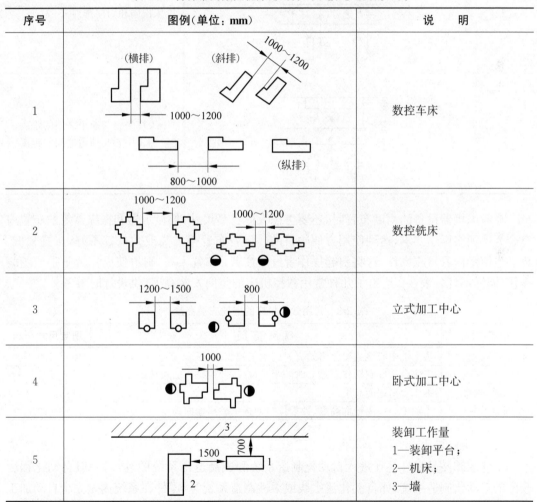

序号	图例(单位:mm)	说　明
1		数控车床
2		数控铣床
3		立式加工中心
4		卧式加工中心
5		装卸工作量 1—装卸平台; 2—机床; 3—墙

各种机床所占面积:小型机床每台所占作业面积为 $10\sim12m^2$,中型机床每台所占作业面积为 $18\sim25m^2$,大型机床每台所占作业面积为 $30\sim45m^2$。设备之间有通道,当通道需要通过电动车时,通道宽度取 2m;而只通过手推车时,取 1.5m(此通道宽不包括机床与通道间的距离)。表 3-2 是机床设备与通道间的最小距离,仅供参考。

表 3-2　机床设备与通道间的最小距离

序号	图例（单位：mm）	说　明
1	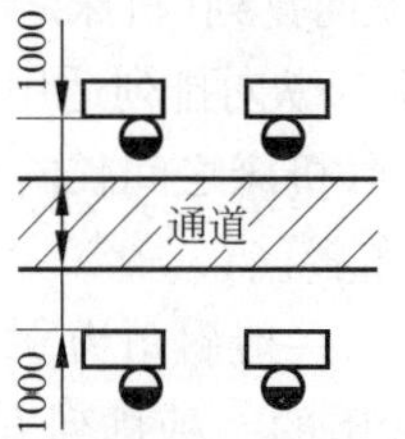	机床纵向排列
2	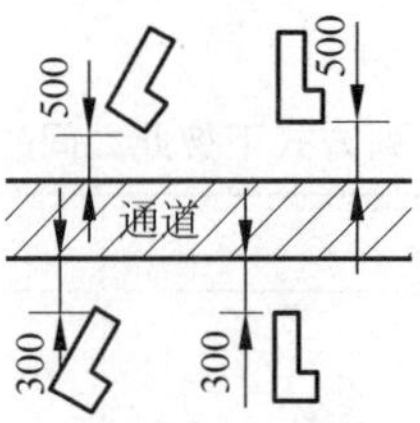	机床横向和斜向排列
3	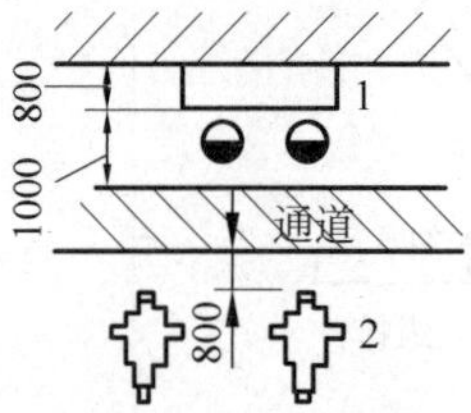	1—工作平台与通道之间的距离； 2—加工中心与通道之间的距离

在考虑机器设备的高度布置时，还要考虑人体身高尺寸，如显示器和操纵器等的布置应符合人体观察操作要求，达到使用方便的目的。设备布置得太高或太低都不好，布置太低，势必迫使操作者弯腰操作，这将引起操作者过度疲劳；布置太高，则迫使操作者举手或踮脚操作，同样不好。表 3-3 给出了几种常用数控机床的竖向安装高度，供设计时参考。

表 3-3　常用数控机床的竖向安装高度

机床类别	高 度 范 围	适宜尺寸/mm
数控机床	从主轴中心线到操作者站立时的水平视线	400～500
立式加工中心	工作台高度到操作者站立时的水平视线、数控操作面板离地面高度	750～780
卧式加工中心	工作台离地面高度	1130
车削加工中心	主轴中心线离地面高度、数控操纵面板中心离地面高度	1160～1260

2）工件装卸站

工件装卸站是零件毛坯进入自动化制造系统和成品退出系统的港口，一般自动化程度较高的自动化制造系统，如自动化流水线或柔性制造系统等，零件在系统内是完全自动加工和流动的，装卸站是系统与外界进行零件交换的唯一接口。大多数情况下，零件进出系统的装卸工作是由人完成的。对于箱体类外形比较复杂的零件，一般是安装在托盘上进入系统加工的，工人在装卸站完成零件在托盘上的定位和夹紧。对于过重无法用人力搬运的工件、切削液处理装置和排屑装置等，在装卸站应设置吊车或叉车作为辅助搬运设备。

零件在进入检测站、精加工及加工完成退出系统之前通常都要进行清洗，彻底清除切屑及灰尘,提高测量、定位和装配的可靠性。除了加工时有大量切削液冲洗工件外,自动化制造系统一般都应考虑设置工件清洗站。一些箱体类零件在加工过程中常需翻转以便进行不同面的加工,这时可考虑设置自动翻转机,实现工件的自动翻转。翻转机也可与清洗机合二为一,在翻转的同时完成工件的清洗。由于自动化制造系统的工作效率非常高,产生切削液和切屑的量也很大,如不及时进行清除,将影响设备的工作,还可能造成环境污染。自动化程度较高的制造系统配置的工作人员很少,而且系统的工作区通常是封闭的,工作时一般不允许人随便进入,所以切削液和切屑的自动处理是很重要的功能,应考虑设置此类装置。

3.1.3 生产系统平面布局规划

1. 平面布局设计的目标和依据

制造系统的组成设备较多,总体平面布局可对零件生产、产品成本等产生很大的影响,应该予以充分重视。平面布局应实现的目标很多,主要应考虑如下三点。

(1) 实现和满足生产过程的要求,产品的生产是通过加工实现的,而加工又是通过设备和工人的工作完成的,因此设备的布局应能实现和满足特定生产过程的要求。

(2) 较高的生产效率和合理的设备利用率:设备的布局应使其中进行的生产有较高的效率,同时各设备能力负荷合理,以使生产高效、稳定运行。

(3) 合适的柔性设备:布局应为制造不同种类和数量的产品提供良好的生产环境,敏捷适应市场和其他环境的变化。

进行设备平面布局设计的依据如下:①自动化制造系统的功能和任务;②零件特征和工艺路线;③设备(包括所有生产和辅助设备)的种类、型号和数量;④车间的总体布置;⑤工作场地的有效面积等。

2. 平面布局设计的基本形式

生产系统的平面布局设计,除一些特殊设备(如清洗设备、测量设备等)外,加工设备应围绕零件运输路线展开,一般布置在输送装置运动线路附近。所以在进行平面布局设计时,首先要确定输送装置的运动线路。输送装置的运动路线主要分为一维布局和二维布局两种,个别工艺路线特别长、零件不太大的系统也可以布置成楼上楼下的三维布局。

采用一维布局时,零件在运输过程中沿直线单向或往复运动,这种布局方式结构与控制都很简单,是在实际中应用非常广泛的布局。一维布局适用于工艺路线较短、加工设备不多的情况。

采用二维布局时,零件的运输路线形式很多,图 3-1 列举了一些典型的例子。当零件工艺路线较长、使用设备较多时,如仍用一维布局将使生产线拉得很长,占地很大,这时就应该采用二维布局的方式。有时测量装置或清洗机等需安放在特定地点,也不宜采用一维布局。

图 3-1 典型二维平面布局举例

三维布局其实可看成由两个或多个二维布局的子系统组成,一般情况下,零件在各楼层之间只存在单向运送,不应该在楼层间往返。

零件运输路线确定后,就可以确定其他设备的布局。通常加工设备可以布置在运输路线的一侧或两侧。若设备不多,或从便于操作的角度考虑,设备布置在运输路线的一侧比较好。

3. 平面布局设计的建模

1) 一维布局建模

假设设备系统由多台设备组成,各设备排列成一条直线,产品为一组零件,定义以下符号:

m 为设备的个数;

n 为零件的个数;

j 为第 j 台设备的编号,$j \in (1,2,\cdots,m)$;

C_{ijk} 为零件 i 在设备 j 和 k 之间传递每单位距离的运输成本;

$S(j)$ 为设备 j 的长度;

d_{kj} 为设备 k 和 j 的最小间距;

$X(j)$ 为设备 j 的中心坐标;

E 为布局允许范围的最大坐标值;

G_{il} 为第 i 个零件第 l 个工序的加工设备。如果 $G_{il}=k$,即表示第 i 个零件第 l 个工序在设备 k 上加工,如果该零件在第 l 个工序无操作设备(取决于该零件的工艺路线长度),令 q 为某种工件的最大工序数(取所有零件中最长工序数为 q),则 $G_{il}=0$;$i \in (1,2,\cdots,n)$,$l \in (1,2,\cdots,q)$。

一维布局建模坐标图如图 3-2 所示。

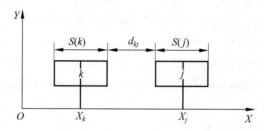

图 3-2　一维布局建模坐标图

工序-设备关系矩阵为

$$\left[G_{il}\right]=\begin{bmatrix} G_{11} & G_{12} & \cdots & G_{1q} \\ G_{21} & G_{22} & \cdots & G_{2q} \\ \vdots & \vdots & & \vdots \\ G_{n1} & G_{n2} & \cdots & G_{nq} \end{bmatrix} \tag{3-1}$$

按照使运输成本最低的原则进行建模。

令

$$G_{il}=Y, G_{i(l+1)}=Z, Y \in (1,2,\cdots,m), Z \in (1,2,\cdots,m) \tag{3-2}$$

表示第 i 个零件第 l 个工序的加工设备选择 Y,第 i 个零件第 $l+1$ 个工序的加工设备选择 Z。

则优化目标为

$$\min \sum_{i=1}^{n} \sum_{l=1}^{q-1} C_{iYZ} \mid X(Y)-X(Z) \mid \tag{3-3}$$

约束条件为

$$\mid X(Y)-X(Z) \mid \geqslant \frac{S(Y)+S(Z)}{2}+d_{YZ} \tag{3-4}$$

$$E - X(Z) \geqslant \frac{S(Z)}{2} \tag{3-5}$$

$$X(Y) \geqslant \frac{S(Y)}{2} \tag{3-6}$$

式(3-4)保证设备有足够的间距；式(3-5)、式(3-6)保证设备布局在 $0 \sim E$。

2) 二维布局

二维空间中设备可以布置成行式排列或非行式排列。以下所用符号的定义同一维排列。二维空间坐标示意图如图 3-3 所示，其中，d_{xkj}、d_{ykj} 分别为设备 k、j 在 X 方向和 Y 方向的最小间距；$S(k)$、$L(k)$ 分别为设备 k 在 X 方向和 Y 方向的宽度。

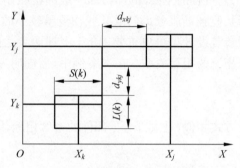

图 3-3　二维空间坐标示意图

设零件 i 在第 l 个工序和第 $l+1$ 个工序之间的运输距离为 η_{il}，于是有

$$G_{il} = F, G_{i(l+1)} = T, F \in (1, 2, \cdots, m), T \in (1, 2, \cdots, m) \tag{3-7}$$

表示第 i 个零件第 l 个工序的加工设备选择 F，第 i 个零件第 $l+1$ 个工序的加工设备选择 T。则优化目标为

$$\min \sum_{i=1}^{n} \sum_{l=1}^{q} C_{iFT} \eta_{il} \tag{3-8}$$

约束条件有以下几种。

(1) 间距约束。

$$| X(F) - X(T) | \geqslant \frac{S(F) + S(T)}{2} + d_{xFT} \tag{3-9}$$

$$| Y(F) - Y(T) | \geqslant \frac{L(F) + L(T)}{2} + d_{yFT} \tag{3-10}$$

(2) 边界约束。

设车间可供布置的平面在 X 方向长为 h，在 Y 方向宽为 v，则约束表达为

$$| X(Y) - X(Z) | + \frac{S(F) + S(T)}{2} \leqslant h \tag{3-11}$$

$$| X(Y) - X(Z) | + \frac{L(F) + L(T)}{2} \leqslant v \tag{3-12}$$

(3) 其他约束。

如果要求每行设备的中心线连成直线，则

$$| X(F) - X(T) | \leqslant \Delta - \frac{S(F) + S(T)}{2}, \quad \text{且} \ Y(F) = Y(T) \tag{3-13}$$

其中，$Y(F)\geqslant0,Y(T)\geqslant0$。

式中，Δ 为设定的该行的长度。

一维布局和二维布局建模可用非线性规划的方法求解，但较多设备的布局问题求解时，会遇到所占内存过大和计算时间长的问题，于是算法应运而生，如结算法、改良算法，但所得的解不一定是全局最优解。另外还有各种各样的混合算法、图论算法等，可以求解非线性规划问题，本书不进行专门讨论。

4. 作业单位相互关系分析

在设施布置中，各设施的相对位置由设施间的相互关系决定。对于某些以生产流程为主的工厂，当物料移动是工艺过程的主要部分时，如一般的机械制造厂，物流分析是布置设计中最重要的方面；对于某些辅助服务部门或某些物流量较小的工厂，各作业单位之间的相互关系（非物流联系）对布置设计显得更重要；介于上述两者之间的情况，需要综合考虑作业单位之间的物流与非物流的相互关系。在本案例中，需同时考虑作业单位之间的物流和非物流关系。

1）分析物流权重

因阀门零部件的搬运方式相似，且大部分零部件的密度相近，因此选用重量作为物流的衡量单位。

各零件权重 N_i 的计算公式为

$$N_i = \frac{M_i}{\min\{M_1,M_2,\cdots,M_n\}} \tag{3-14}$$

其中，M_i 为各零件质量。

比较被加工零件的质量，如可将阀杆螺母的初始质量作为计算公式的分母，阀体、闸板、阀盖、阀杆和阀杆螺母的毛坯的物流权重如表 3-4 所示，其他在制零件的权重以同样的方法计算。

表 3-4　物流权重

产品名称	零件名称	质量/kg	权重
闸阀	阀体	29.9	4.98
	阀板	15.7	2.62
	阀盖	18.9	3.15
	阀杆	14.4	2.40
	阀杆螺母	6	1.00

说明：本表中产品与其零件的数量比值为 1∶1。

2）做从至表

从至表是一种试验性的设计方法，适用于加工设备布置在运输线路一侧成直线排列的一维布局设计。用方阵表示各作业单位之间物料的移动方向和物流量，表中方阵的行表示物料移动的源，称为"从"；方阵的列表示物料移动的目的地，称为"至"；行列交叉点标明由源到目的地的物流量。

根据以上物流量权重，以及每种零件的工艺过程，将作业单位之间的物流量统计到从至表中，如表 3-5 所示。

表 3-5 从至表

作业单位		作业单位										
		11	**1**	**2**	**3**	**4**	**5**	**6**	**7**	**8**	**9**	**10**	**13**
		原材料库	车床组	钻床组	镗床组	铣床组	堆焊组	打磨组	研磨组	装配组	油漆组	检测组	成品仓库
11	原材料库	—	355					80					
1	车床组		—	79	27	71	301	139	71	22			
2	钻床组			—						213			
3	镗床组		26		—								
4	铣床组					—				69			
5	堆焊组		305				—						
6	打磨组		80	139				—					
7	研磨组								—	71			
8	装配组									—		554	
9	油漆组										—		554
10	检测组									554		—	
13	成品仓库												—

注：由于篇幅限制，与全部其他作业单位之间无物流的单位未列在表中。

3）划分密切程度等级

相关表是由缪瑟首先提出的，它可将系统中的物流和非物流部门绘制在一张表中，采用"密切程度"代码（closeness code）反映各单位之间的关系。将关系"密切程度"划分为 A、E、I、O、U、X 六个等级，"密切程度"代码及其含义如表 3-6 所示。此外，对于非物流关系，还可用一种理由代码来说明达到此种密切程度的确定理由，如表 3-7 所示。

表 3-6 "密切程度"代码及其含义

密切程度代码	A	E	I	O	U	X
含义	绝对重要	特别重要	重要	一般	不重要	不予考虑

表 3-7 "密切程度"理由代码示例

理由代码	1	2	3	4	5	6
理由	设备由相同人员操作	物料移动	人员移动	监督管理	需要相同公用设施	噪声和污染

利用表 3-5 统计存在物料搬运的各作业单位对之间的物流量，将各作业单位对按物流强度大小排序，并划分物流强度等级。物流强度汇总表如表 3-8 所示。

表 3-8 物流强度汇总

序号	作业单位对（路线）	物流强度	等级
1	1～5	606	A
2	8～10	554	E
3	9～13	554	E
4	9～10	554	E
5	1～11	355	I
6	1～6	219	I

序号	作业单位对（路线）	物流强度	等级
7	2～8	213	I
8	2～6	139	I
9	6～11	80	O
10	1～2	79	O
11	1～4	71	O
12	1～7	71	O
13	7～8	71	O
14	4～8	69	O
15	1～3	53	O
16	1～8	22	O

4）做作业单位物流相关表

在表 3-8 的基础上，做物流相关表，如图 3-4 所示。

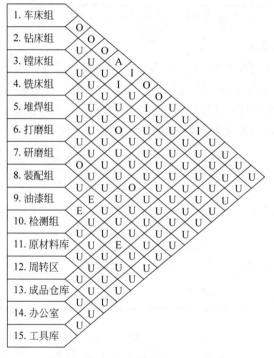

图 3-4　作业单位物流相关表示意图

5）做作业单位非物流相关表

在设施布置中，各作业单位、设施之间除了通过物流联系外，还有人际关系、工作事务、行政事务等日常活动。在充分考虑加工设备、员工需求和作业环境等因素的基础上，深入分析作业单位之间的各项关系和程度，得到生产区各作业单位的非物流相关表，如图 3-5 所示。

6）计算综合相互关系

确定作业单位之间的物流和非物流关系后，需计算综合相互关系。其步骤如下。

（1）阀门生产车间中作业单位之间的物流关系占主要地位，经专家组论证，确定物流与

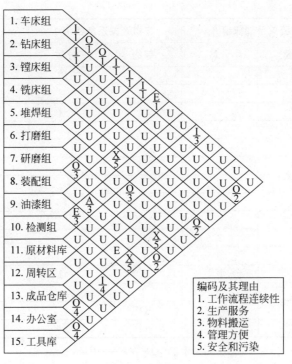

图 3-5 作业单位非物流相关表示意图

非物流关系的密切程度相对重要性为 3∶1。

（2）量化物流和非物流密切程度等级，取 $A=4,E=3,I=2,O=1,U=0,X=-1$。

（3）计算作业单位综合相互关系，如表 3-9 所示。

设任意两个作业单位为 A_i 和 A_j，物流相互关系等级为 MR_{ij}，非物流的相互关系密切程度等级为 NR_{ij}，则作业单位 A_i 与 A_j 之间的综合相互关系密切程度 TR_{ij} 为

$$TR_{ij}=mMR_{ij}+nNR_{ij} \tag{3-15}$$

表 3-9 作业单位综合相互关系

作业单位对	物流关系加权值 3		非物流关系加权值 1		综合关系	
	等级	分数	等级	分数	分数	等级
1～2	O	1	I	2	5	O
1～3	O	1	O	1	4	O
1～4	O	1	O	1	4	O
1～5	A	4	I	2	14	A
1～6	I	2	I	2	8	I
1～7	O	1	I	2	5	O
1～8	O	1	E	3	6	I
1～11	I	2	I	2	8	I
2～3	U	0	I	2	2	O
2～6	I	2	U	0	6	I
2～8	I	2	U	0	6	I

作业单位对	物流关系加权值3		非物流关系加权值1		综合关系	
	等级	分数	等级	分数	分数	等级
2～15	U	0	O	1	1	O
4～8	O	1	U	0	3	O
5～9	U	0	X	−1	−1	X
5～15	U	0	O	1	1	O
6～11	O	1	O	1	4	O
7～8	O	1	O	1	4	O
7～14	U	0	X	−1	−1	X
8～10	E	3	A	4	13	E
8～15	U	0	O	1	1	O
9～10	E	3	E	3	12	E
9～13	E	3	E	3	12	E
9～14	U	0	X	−1	−1	X
11～14	U	0	I	2	2	O
13～14	U	0	O	1	1	O
14～15	U	0	O	1	1	O

注意：(1)物流与非物流关系都定级为U的作业单位未在表3-9中列出。

(2)将物流与非物流相互关系进行合并时,应该注意X级关系密级的处理,任何一级物流密级与X级非物流关系密级合并时,不应超过O级。对于某些极不希望靠近的作业单位之间的相互关系,可以定为XX级。

做出作业单位综合相互关系表,如图3-6所示。

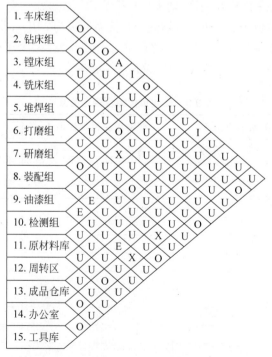

图3-6 作业单位综合相互关系表示意图

3.2 智能制造生产线设计

3.2.1 智能制造生产线的概念

智能制造生产线不等同于自动化生产线,而是在自动化生产线的基础上融入信息通信技术、人工智能技术,具备自感知、自学习、自决策、自执行、自适应等功能,从而具备制造柔性化、智能化和高度集成化的特点。

自动化生产线与智能制造生产线各有特点,如表 3-10 所示。

表 3-10　自动化生产线与智能制造生产线的特点比较

序号	自动化生产线	智能制造生产线
1	主要用于批量生产。能够提供足够大的产量,适合产量需求高的产品	可进行小批量、定制加工。支持多种相似产品的混线生产和装配,灵活调整工艺,适应小批量、多品种的生产模式
2	通过改善生产线工艺、流程提高产品质量。在大批量生产中采用自动化生产线能提高劳动生产率、稳定性和产品质量	能够自我感知、自我学习、自我分析,提高产品质量。能够通过机器视觉和多种传感器进行质量检测,自动剔除不合格产品,并对采集的质量数据进行信息物理系统统计过程控制(SPC)分析,找出质量问题的成因,提高产品质量
3	生产线柔性低、流程固定。产品设计和工艺要求先进、稳定、可靠,并在较长时间内基本保持不变	智能生产线柔性高,生产过程、操作过程更智能。在生产和装配过程中,能够通过传感器或 RFID(射频识别)自动进行数据采集,并通过电子看板显示实时生产状态。具有柔性,如果生产线上有设备出现故障,能够调整到其他设备生产。针对人工操作的工位,能够给予智能的提示

3.2.2 智能制造生产线的基本构成

智能制造生产线基于先进控制技术、工业机器人技术、视觉检测技术、传感技术以及 RFID 技术等,集成多功能控制系统和顶尖检索设备,可实现产品多样化定制、批量生产。在智能制造生产线上,工人、加工件与机器可以进行智能通信和协同作业,同一条生产线能同时生产不同的产品。

智能装备是智能生产线运作的重要手段和工具。智能装备通过开放的数据接口,将专家知识和经验融入感知、决策、执行等制造活动,并实现数据共享与闭环反馈,赋予产品制造在线学习能力,进而实现自学、自律和自造。智能装备主要包括智能生产设备、智能检测设备和智能物流设备。

1. 智能生产设备

制造装备经历了机械装备、数控装备,目前正逐步向智能装备发展。智能生产设备包括数控机床、工业机器人、增材制造设备等。数控机床可以与相关辅助装置共同构成柔性加工系统或柔性制造单元,也可以将多台数控机床连成生产线,既可一人多机操纵,又可进行网络化管理。工业机器人能够通过集成视觉、力学等传感器准确识别工件,自主进行装配、自动避让人,实现人机协作。金属增材制造设备可以与切削加工(减材)、成型加工(等材)等设备组合起来,极大地提高材料利用率。智能化的加工中心具有误差补偿、温度补偿等功能,能够实现边检测边加工。

日本马扎克智能机床配备了针对加工热变位、切削振动、机床干涉、主轴监测、维护保养、工作台动态平衡性及语音导航等的智能化功能,可自行监控机床运转状态,并进行自主反馈,大幅提高机床运行效率和安全系数。马扎克公司在单机智能化、网络化的基础上,开发了智能生产中心管理软件,一套软件可管理多达250台数控机床,使生产的过程控制由车间级细化到每台数控机床。图3-7为日本马扎克五轴车铣复合机床。

ABB的YUMI是其首款强调人机协作的双臂工业机器人,YUMI的每个手臂有7个轴,工作范围大,灵活敏捷,精确自主,使YUMI能轻松应对各种小件组装,包括机械手表的精密部件、手机零件、计算机零件;YUMI拥有视觉和触觉,可以进行引导式编程,在触摸到小件后通过传感器感知并完成相应动作,无须人为控制,并能保证较高的操作精度(精确到0.02mm);YUMI的机械臂以软性材料包裹,同时配备创新的力传感器技术,一旦触碰到人体,即可在几毫秒内自动急停,确保人身安全。如图3-8所示。

图 3-7　日本马扎克五轴车铣复合机床　　　　图 3-8　ABB 的 YUMI 双臂工业机器人

2. 智能检测设备

智能检测设备以多种先进的传感器技术为基础,引入人工智能的方法与思想,能够自动地完成数据采集、处理、特征提取和识别,以及多种分析与计算,最终的检测结果能尽量减少人为干预的影响。此外,某些具有检测功能的智能装备还可以补偿加工误差,提高加工精度。例如,机器视觉技术可以替代目视检测,在SMT行业自动对电路板拍照,与标准的电路板进行比对,替代人工进行质量检测;语音识别技术可以帮助工人准确取货。

3. 智能物流设备

智能物流设备包括自动化立体仓库、智能夹具、AGV、桁架式机械手、悬挂式输送链、无人叉车、自主移动机器人(AMR)等。智能物流装备与物流系统相结合,可以有效衔接工厂内各加工环节,使物料在各工序有效流转,是智能工厂建设的基石。

重型卡车MAN的生产车间(图3-9)中建有大型自动化立体仓库,可满足混流生产中不同订单的物料配送需求。同时,大量的线边"物料超市"可以确保物料的精准配送。"物料超市"应用DPS,操作台上显示器标注不同颜色,帮助工人准确找到所需物料的位置,并按照最优化和高效的拣选路径完成物料选配,一旦出现拣选错误,就会给予提示和预警。针对线上紧急需求,还可提供呼叫补货的提醒。图3-10为重型卡车MAN生产线的吊挂系统。

图 3-9 重型卡车 MAN 的生产车间

图 3-10 重型卡车 MAN 生产线的吊挂系统

4. 信息处理与控制系统

信息处理与控制系统对来自各传感器的检测信息和外部输入命令进行集中、储存、分析、加工等处理,使之符合控制要求。实现信息处理的主要工具是计算机。在智能装备与生产线中,计算机与信息处理装置监测指挥整个生产过程的运行,信息处理是否正确及时,将直接影响系统工作的质量和效率。信息处理一般由计算机、可编程控制器(PLC)、数控装置、逻辑电路、AD 与 D/A 转换装置、IO(输入/输出)接口及外部设备等组成。

信息处理系统把传感器检测到的信号转化为可以控制的信号,系统如何运动还需通过控制系统控制,其控制方式主要包括线性控制、非线性控制、最优控制、智能控制等控制技术。图 3-11 为汽车自动焊接生产线,图 3-12 为锂电池装配生产线。

回顾智能制造装备的发展历程,从普通机床到数控机床,发展到能够实现自动换刀的加工中心,实现多个工序复合的车铣复合加工中心,实现加工与检测结合并能够实现误差补偿的加工中心,智能化程度越来越高。同时,智能装备已从单机应用发展到多台智能装备的组合应用,建立智能制造单元(或柔性制造系统),在此基础上集成各种智能物流装备,构建智

图 3-11　汽车自动焊接生产线

图 3-12　锂电池装配生产线

能制造产线。融合数据采集、设备联网和数控编程等功能的设备,智能化程度不断提高。同时,设备的操作与维护维修也日益复杂,一方面对工人的技术水平要求更高,另一方面也使设备检修维护服务外包的需求日益凸显。

　　为了提高生产效率,工业机器人、吊挂系统在自动化生产线上的应用越来越广泛,并且广泛使用 RFID 技术作为标识,自动切换工装夹具,实现柔性自动化。对于批量较大的产品,可以采用流水线式生产和装配;对于小批量、多品种的产品,一般采用单元式组装方式;对于机加工、钣金加工等工艺,可以采用柔性制造系统实现多种产品的全自动柔性化生产。要提高自动化率,企业需要注重面向自动化的设计(DFA)。例如,三菱电机在伺服电机生产时,将定子像金属手表链一样展开,便于实现绕线圈工艺的自动化,再合拢进行焊接。

　　目前,很多汽车整车厂已实现了混流生产,在一条装配线上可以同时装配多种车型。汽车行业正在推行安灯系统,实现生产线的故障报警。在装配过程中,通过准时按序送货(just in sequence)的方式实现混流生产。食品饮料行业的自动化生产线可以根据工艺配方调整 DCS 或 PLC 系统改变工艺路线,从而生产多种产品。目前,汽车、家电、轨道交通等行业的企业对生产线和装配线进行自动化、智能化改造的需求十分旺盛,很多企业在逐渐将关键工位和高污染工位改造为用机器人进行加工、装配或上下料。

相比传统产线,智能产线具有以下特点:在生产和装配过程中,能够通过传感器或RFID 技术自动进行数据采集,并通过电子看板显示实时生产状态;能够通过机器视觉和多种传感器进行质量检测,自动剔除不合格品,并对采集的质量数据进行 SPC 分析,找出质量问题的成因;支持多种相似产品的混线生产和装配,灵活调整工艺,适应小批量、多品种的生产模式;具有柔性,如果生产线上有设备出现故障,能够调整到其他设备进行生产;针对人工操作的工位,能够给予智能提示等。例如,西门子成都电子工厂的自动化流水生产线上安装了多个传感器,每个产品均附带条码,当产品经过特定位置时,由 RFID 技术进行自动识别。工人装配好产品后,通过操作工作台按钮,传感器自动扫描条码信息,由此记录产品在该工位的信息,形成产品实际生产路线。同时,MES 结合该产品的生产数据和检验数据,对产品行进路线进行优化调整。产品组装的生产线布局是在中间的循环导轨两侧布置装配各种元器件的设备,导轨上有标准的托盘,托盘上是半成品。MES 会自动根据生产工艺选择路线,将托盘转移到设备的导轨上,并将产品移动到某台设备中完成相应工序,实现混流生产。

FMS 已成为优秀制造企业进行机加工的标配,马扎克、FANUC、牧野机床、通快等知名企业都全面应用了 FMS,芬兰 FASTEMS 专门提供 FMS 的集成。FMS 集成了多台加工中心、清洗单元、去毛刺单元,待加工零件装夹在托盘上,并放在立体货架上,由轨道输送车将托盘运输到各台加工中心完成加工。在钣金加工方面,意大利萨瓦尼尼公司提供了全自动钣金加工解决方案,从钣金优化排样、板材库出库、激光切割、冲孔、折弯到焊接等工序全自动完成,在电梯、金属器皿等行业得到广泛应用。三菱电机通过机器人单元生产方式的开发,将生产单元模块化、集中部分工序、使用机器人,并有效利用人工,减少占地空间、提高设备品质和生产效率,如图 3-13 所示,快速响应矩阵图码(quick response code,QR 码)是二维码的一种。

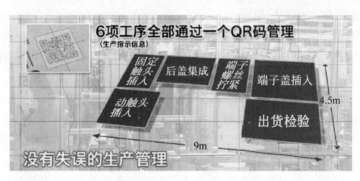

图 3-13　三菱电机名古屋制作所的智能生产线布局

3.2.3　精益生产线布局与规划

精益生产(lean production,LP)来源于日本的丰田生产方式。它是美国麻省理工学院根据其在题为《国际汽车计划》的研究中总结日本企业成功经验后提出的一个概念。之所以称为"精益",是因为它与大量生产方式相比,一切投入都大大减少——企业的工作人员、生产占用的场地和设备投资减为原来的一半。此外,在产品品种多且不断变化的情况下,所需的现场库存至少可以节省一半,废品也大大减少。

精益生产是以满足市场需求为出发点,以充分发挥人的作用为根本,对企业拥有的生产资源进行合理配置,使企业适应市场的应变能力不断增强,从而获得最大经济效益的一种生产模式。

1. 精益生产的基本思想及特点

(1) 以满足市场需求为出发点。传统企业的经营观念是以产品为出发点,而精益生产要求企业的一切活动均以适应市场变化、满足用户需求为出发点。

(2) 以"简化"为主要手段消除一切浪费,这是实现精益生产的基本手段,具体做法如下:简化产品开发过程;强调并行设计,并成立高效率的产品开发小组;简化零部件的制造过程;采用"准时制"生产方式,尽量减少库存等。

(3) 以"人"为中心。这里所说的"人"包括整个制造系统涉及的所有人,如本企业各层次的工作人员以及协作单位的员工、销售商和客户等。由于人是制造系统的重要组成部分,是一切活动的主体,因此,LP强调以人为中心,认为人是生产中最宝贵的资源,是解决问题的根本动力。

精益生产的特点如下。

(1) 拉动式准时化生产。以最终用户的需求为生产起点,强调物流平衡,追求零库存,要求上一道工序加工完的零件可以立即进入下一道工序,组织生产运作依靠看板进行,即由看板传递工序间的需求信息,根据市场销售的步伐制定一套时间规范,使各工序之间有节奏地联系起来。

(2) 全面质量管理与团队工作法。

(3) 并行工程。它是LP的基础,具有两个特点:产品开发各阶段的时间是并联式的,使开发周期大为缩短;信息交流及时,发现问题尽早解决。产品开发的成本、质量和用户需求能够得到有效的控制和保障。

2. 精益制造的生产线布局原则

个性化定制智能生产线的设计目的是通过数字化技术,在生产线实施前,通过仿真、分析、验证等技术实现对生产线功能和性能的预测,在设计时尽可能地发现缺陷与错误。

1)"一个流"生产设计

准时化生产理念的核心是使生产系统的出产速度与需求速度一致。但在市场环境下,需求是由消费者决定的,多数商品的需求是随机发生的,需求的速度也是无法控制的,所以实现生产准时的关键,在于控制生产系统的运行速度,使其出产的品种、产量、时间与需求一致。

为了解决这个问题,采取后补充的方式进行产品的生产与配送,也就是在流程的后一个环节(流程最后的环节是消费者)真正产生需求时,或者说实际消耗多少(产品或半成品),前面环节再补充生产多少送至后面环节。类似超市货架上的商品,被消费者买走多少,再补充上架多少,货架上总是保持最小数量的商品。如果生产流程也采用这种后补充的方式,就可以将库存水平控制到最低,实现准时制生产。因为只要控制补货的频次(两次补货的时间间隔最小)最高,库存数量就会最少。

在上述准时制生产的实现途径下,库存的极限值是仅有一件物品,也就是一件一件地生产与补货,即所谓的"一个流"生产。目前企业应用的实际情况是,许多企业已经做到一小时补货一次,甚至更短。可以认为,实现一件一件地生产与供货,就是实现了无库存生产,这正是精益生产追求的极限目标。

在实际生产加工过程中,企业一般采取两种分工模式,一是将同类设备集中起来,组成一个小的生产单元(工作中心)。因此,在这个小的单元内部完成的工艺是相同的,作业员工的技术工种也是相同的,但是一般只能完成产品流程的某一道工序。例如,某工件的加工工序包含 5 道工序,如果各工序用到的设备用 MA、MB、MC、MD、ME 表示的话,按照设备相同的原则构成 5 个小的单元,流程的设施平面布局如图 3-14 所示。

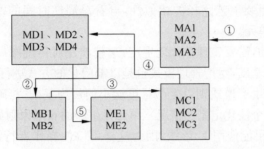

图 3-14　按工艺分布原则的流程设施布局

这种流程的布局形式实际上是按工艺专业化原则对流程进行分工,其优点是,流程按照多种产品的工艺要求组建,加工的产品品种范围较宽泛、流程较灵活,有较强的市场适应能力,即流程具有较高柔性。但问题是,因为某个单元仅完成一道工序,所以完成产品的全部流程,需要在各单元之间运送物品。例如,5 道工序在图 3-14 所示的布局环境下,物流路线如图中箭线所示。当然,各单元的相对空间位置会在流程设计时进行优化,但总的来讲,流程中间的运输路径周折、路线较长,并且在企业的实际运行中,各单元的空间距离有时会很远。毫无疑问,在这种流程布局的条件下,实施"一个流"生产方式是不经济的。

因此,在实施"一个流"生产进行流程改善时,第一项任务是改变流程的设施布局,组成线性的流程布局形式。例如,上例中将设施的流程布局调整为图 3-15 所示形式。

图 3-15　按工艺分布原则的流程设施布局

这种流程布局形式,实际上是对流程按产品专业化原则进行分工,将产品生产流程中使用的设备全部集中在一个空间,并且按产品的工艺路线顺序排列,形成一个生产单元,在单元中可以完成流程的全部工艺(个别情况是完成流程的大部分),而且设备的空间距离可以很近,中间可以采用自动化的、机械的传输装置,如传送带、辊道等。其优点是,单元内部的物流路线通畅,运输路径很短,工序间的运输时间很短,可以大幅缩短生产周期中的运输时间。另外,更重要的是,在工艺分布原则布局形式下,会发生多任务同时到达某一单元的情况,这样会产生一种特别的等待时间,即排队等待时间,这类似服务系统的窗口排队现象。如果采取线性流程布局,就不会发生因任务同时到达工作站而产生拥挤排队等待时间的情况。

2) 单元化生产设计

单元的英文名称是 Cell,在英文中有细胞的意思,细胞是人体功能的最基本单位。精益中使用"单元"的概念,顾名思义就是将生产某种产品的所有工序尽可能放在一起进行生产的组织形式,这种组织形式是工厂最基本的功能单元。单元生产模式的理念就是打破部门界限,以最小批量、最短交货期实现产品在工序间的不间断流动。

单元设计的前提是确定产品家族,根据产品的整个工艺流程及工序生产周期时间进行家族分类。上到组装工序,下到生产工序,同样需要对组装工序进行家族划分。例如,工件A系列组装的总时间(非工序生产周期时间)是38.2s,而B系列和C系列组装的总时间(非工序生产周期时间)是30s,是否属于同一组装家族而可以放在一个组装线中呢?

首先,需要确定其组装工艺路径的相似性,再看总周期时间的差异,如果相差30%以内,则为同一组装生产单元。

其次,要想实现流动,需要实现单元化生产,这就涉及对传统布局的调整。传统的生产模式以批量生产模式为基础,生产管理模式也是以部门化的方式进行组织,适合客户大批量定制的情况;单元化的生产模式则以生产尽可能小的量为基础,打破原有部门化的生产模式,适用于客户小批量、个性化定制的情况。单元化生产的布局原则如下。

(1) 单元的布局尽可能使用U形线,因为这样可以使操作者行走的路线最短,并可以随着客户节拍变化灵活调整员工的数量。

(2) 原料和成品在同一个方向,单元生产线的长度为5~6m,宽度约4m,其内部活动空间宽度保持在1.5m左右。

(3) 当有多个单元生产线时,避免独立安排单元生产线,而考虑以相互协作的方式安排单元生产线。

(4) 对于单元生产中操作的员工,选择站立作业还是坐立作业要结合工作特点并考虑员工的疲劳状况:站立作业的优点是员工的活动和动作范围较大,工作效率较高,但员工肌肉负荷会增加60%,容易疲劳,所以在选择站立作业的时候,可以通过在工作区域增加抗疲劳垫、脚踏管等方式减轻员工的疲劳度;坐立作业的优点是员工的疲劳度大大降低,但是动作幅度小,效率低。

(5) 利用流利架等方式,使物料及使用后的空周转箱等容器靠重力滑动到指定位置,减少操作者的搬运。

(6) 尽可能缩小工作台、设备之间的距离,以减小操作者的行走距离以及在制品的传递距离。

(7) 消除布局中任何阻碍操作者走动的障碍,包括物品以及狭窄的通道等。

(8) 尽可能缩小工序间的空间,避免放置多余的在制品。

(9) 保持工作台之间的相同操作高度,在设计工作台时优先考虑操作者站立作业的可操作性,并在人机工程学的指导原则下最大限度地降低操作者的疲劳度。

(10) 基于易拿取原则设计辅助工装放置的合理位置。

(11) 集成使用功能,减少工具的类型。

3) 单元化生产的常见布局方式

(1) 分割作业单元生产方式。如图3-16所示,分割作业单元生产方式的特点是:典型的U形布局,每个作业者独立完成单元生产中的几个作业步骤,由于其结构紧凑,员工的走动距离较小,相互协作比较方便。单元生产的目的是实现流动,而实现流动的前提是操作者之间实现平衡,如果不平衡,会造成流动受阻而出现在制品(WIP),因此,设计这样的单元生

产线,其难点是如何分配不同操作者之间的工作而实现线平衡,如果无法实现单件流,就要规定工序间的最大在制品数量。

(2) 独立作业单元生产方式。独立作业单元生产方式由操作者独立完成所有的作业。这样的生产线同样采用 U 形布局,其结构紧凑,占地面积小,但是对于员工的技能要求比较高。

① 以人为主的独立作业单元生产方式:U 形布局,以操作者手动作业为主,考虑人机工程学,通常人们习惯右手拿料,所以其作业步骤为从右到左逆时针,其中,使用设备的自动化等级为一级(纯手工作业),所有的作业步骤由一个人完成,如图 3-17 所示。这样的布局结构更紧凑,对员工的技能要求比较高,不涉及操作者之间周期时间是否平衡及工序 WIP 的问题。缺点是客户需求增加较大时,由于空间的限制,支援人员较难进行支援。

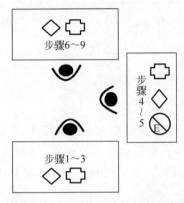

图 3-16　分割作业单元生产方式

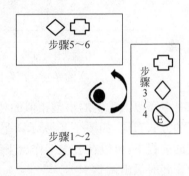

图 3-17　以人为主的独立作业单元生产方式

② 以设备为主的独立作业单元生产方式:U 形布局如图 3-18 所示,布局中设备的自动化等级为二级。员工的作业顺序如下:拿下设备 3 加工后的成品放入周转箱→走到设备 3 和设备 2 中间→在放置设备 2 加工后产品的位置拿取半成品→放到设备 3 上→启动设备 3 运行→操作者空手走到设备 2→从设备 2 上拿下加工后产品,放在设备 3 和设备 2 中间的物料放置区→操作者空手走到设备 2 和设备 1 中间→在放置设备 1 加工后产品的位置拿取

半成品→放到设备 2 上→启动设备 2 运行→操作者空手走到设备 1→从设备 1 上拿下加工后产品,放在设备 2 和设备 1 中间的物料放置区。

独立作业单元生产方式完全实现了单件流,其特点为员工的作业顺序和物料的移动顺序一致,员工在移动过程中,手里会有两件产品。所以,这样的布局又叫"逆向流动"布局。这里只进行简单的说明,实际情况可能复杂得多,还要根据现场不断尝试和调整以决定合理的布局。

(3) 组合作业的单元生产方式。大多数情况下,单元生产方式是组合式的生产方式,例

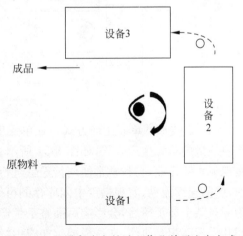

图 3-18　以设备为主的独立作业单元生产方式

如,将分割式单元生产方式和独立作业的生产方式进行组合,如图 3-19 所示,这样就形成了一个较大的空间、U 形布局的单元生产方式,其特点是多个操作者可在一个单元进行作业,可更多地相互协作,同时在整个单元引入一个"相互追逐、彼此竞争、及时发现异常"的机制,这种合并式的单元生产方式适用于多工序较复杂的生产方式。当然,组合作业的单元生产方式对操作者工作安排的合理性要求较高,这样才能保证整个生产单元的线平衡。

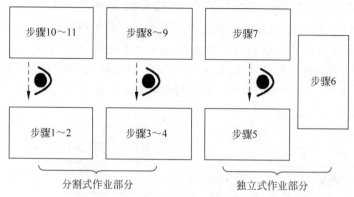

图 3-19　组合作业的单元生产方式之一

如果有多条以人为主的小型相似的独立作业单元,要避免孤立布局的模式,而是以能够相互支援的方式布局,如图 3-20 所示。另外要考虑单元布局调整的灵活性,例如,在不影响组装质量的前提下,可以在装配工作台下装可移动的脚轮,实现单元布局随着客户需求节拍时间的改变随时做出调整。

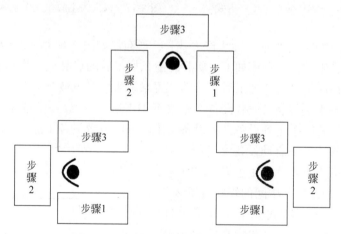

图 3-20　组合作业的单元生产方式之二

（4）直线形的单元生产方式。在单元生产中,应尽量使用 U 形布局方案,但是,还有一些直线形的单元生产方式,如图 3-21 所示。这种生产方式的特点是一个工序一个操作者,实现流水线作业,物料常常使用传送带进行传递。这种生产方式适用于大批量、少品种的生产,产品连续流动,实现最少中间库存的可能性,但是,对员工工作的平衡性要求非常高,因为一旦某个员工落后,会影响后面整个生产线的正常运行。另外,由于布局的特点,员工之间几乎没有相互协作,在这样的生产线中,经常看到由于上一工序发生问题,下一工序的员工等待和观望的情况。

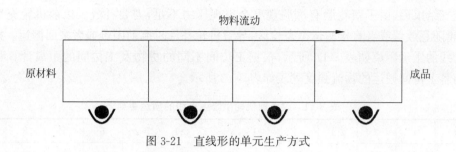

图 3-21　直线形的单元生产方式

3.2.4　精益制造生产线改进案例

D公司是一家专业维修飞机机轮和刹车的企业,主要为世界主流制造商制造的飞机提供飞机机轮、刹车的大修和小修服务。本案例以 D 公司飞机机轮小修生产线的生产布局为研究对象,运用系统布局规划(systematic layout planning,SLP)方法对生产线布局进行设计改善,使生产线具备一人多机的操作能力,缩短生产线,尽可能使布局紧凑,减少非必要的人员走动和路线交叉,由传统的直线形布局改进为新型布局生产线,便于实施"单件流"生产方式。图 3-22 是机轮小修生产线改善前的布局。

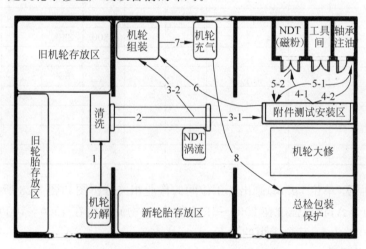

图 3-22　机轮小修生产线改善前的布局

1. 案例分析

图 3-21 机轮小修的工艺流程如下:①航空公司送修的机轮先在机轮分解工位进行分解;②分解后在清洗槽内清洗半轮毂和附件;③完成清洗后在检查检测工位进行螺栓磁粉探伤、螺帽自锁性测试、半轮毂涡流探伤等部件检测;④检测无问题后,转移至附件安装工位,在半轮毂上安装附件;⑤使用新的轮胎在机轮组装工位进行机轮组装;⑥组装完成后进行充气并保压;⑦完成机轮保压试验后进行最终检查及包装保护。

该布局存在的问题如下:①机轮小修生产线工位基本呈直线分布,空间浪费较大,面积利用率低,员工步行浪费严重;②生产线上的各工位太分散,小修的机轮在 3 个区域之间传递运输,搬运总距离太长,搬运次数多,产生搬运浪费;③工位分布分散,物料与人员流动的路线交叉,很难培养一人多岗能力,导致人员利用率低,员工数量多;④反复搬运的次数多。

初次充气结束后,由于新轮胎有涨胎现象会出现压力不足,需要补气。以前机轮充气完成后,机轮随意放置或者直接搬运至总检区,导致机轮补气时挪动困难或者来回搬运。机轮小修生产线的搬运距离如表 3-11 所示,根据工位间不同的货物及工位间的距离计算物流强度。将各工位间搬运的物流强度列表如表 3-12 所示。

表 3-11 改善前机轮小修生产线的搬运距离

路线号	1	2	3-1	3-2	4-1	4-2	5-1	5-2	6	7	8	—
距离/m	2	10	15	3	3	3	3	3	20	2	20	—
总距离/m	84											

表 3-12 各工位间搬运的物流强度

工位	1	2	3	4	5	6	7	8	9	10	11	12
1			3000									
2			2000									
3				3500								
4					3000	1200	800	800				
5						2500			2500			
6								2300	2600			
7									1200			
8									800			
9										2500	500	3500
10											1200	
11												
12												

根据物流强度(单位 kg/m)画出各工位间的作业相关分析图如图 3-23 所示,物流强度在 2000 以上的为 A,物流强度在 2000~1500 的为 B,物流强度在 1500~1000 的为 C,物流强度在 0~1000 的为 D,其余未填的为 E。

2. 布局改善设计

首先确定约束条件:工位中 NDT 磁粉探伤需要在黑暗环境中执行,无法搬出房间;徒手搬运重量较重的轮毂,存在坠落、磕伤等风险,尽量使用滚轮传送;轴承清洗后,长时间不注油,会造成氧化腐蚀,虽然清洗和轴承注油工作站之间的物流强度为 D 等级,但不能相距很远(这些实质上属于现实中的约束)。

其次依据精益生产思想提出改进措施。

(1) 对生产线的主要工位布局进行改造设计。将直线形布局调整为 U 形布局,有效利用厂房空间。将机轮分解、清洗、附件测试和安装工位集中到一个厂房内,缩短各工位之间的距离,使工作站更加紧凑,人员和物料的流动路线流畅,无交叉和倒流现象。清洗、附件测试和附件安装三个工作站之间采用滚轮传送,减少因重物搬运导致磕伤、坠落等事件发生。

(2) 提高机器自动化水平,改进自动化清洗、充气设备。在缩短工位之间距离的基础上,使用自动超声波清洗设备,可以实现与机轮分解工作站合并,使用自动充气设备,可以实

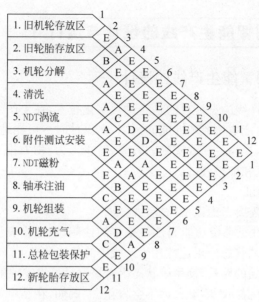

图 3-23　作业相关分析

现与机轮组装工作站合并,减少操作人员数量。

（3）轴承注油工序并入附件测试安装工作站。由于轴承清洗和检查后,放置在附件测试安装工作站待注油的货架上,极易发生氧化风险,所以轴承清洗检查后,应尽可能快地完成轴承注油工作,防止氧化严重。

（4）新增充气后的观察区。合理放置等待补气的机轮,减少反复搬运次数。

（5）将旧机轮、旧轮胎和新轮胎的临时仓储区与维修生产区域隔离。

如图 3-24 所示,改善后的 U 形布局更加紧凑,节省了机轮小修生产线的使用面积,作业区域与仓储区域完全隔离,作业环境得到很大的改善,改善后整个生产线的使用面积比改善前减少 28m^2。以后待维修市场需求上升时,仓储区域可以转移,为增设新的生产线提供便利。

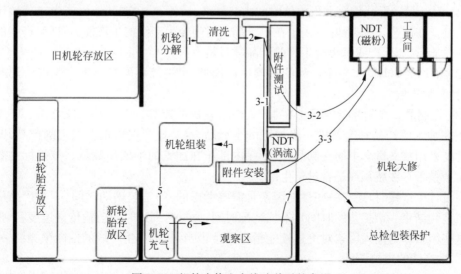

图 3-24　机轮小修生产线改善后的布局

93

3.3 个性化定制智能生产线的设计与运行

3.3.1 个性化定制智能生产线的设计

个性化定制智能生产线的设计目的是通过数字化技术,在生产线实施前,通过仿真、分析、验证等技术实现对生产线功能和性能的预测,在设计时尽可能地发现缺陷与错误,减少系统调试的时间和成本,提高生产线实施的效率,减少人力、物力投入。生产线设计包括生产线功能验证、性能仿真和虚拟调试。

1. 生产线的功能验证

生产线在设计阶段需要考虑以下功能性需求。

(1) 可达性。可达性是系统功能属性最基本的性质,该性质表示一个给定的系统状态是否能满足任何可达到的状态。可达性在生产线中的具体含义可以表示为:是否存在一条从生产系统初始状态开始的路径,使系统状态沿着该路径最终实现生产目标。

(2) 安全性。安全性表示"坏事永远不会发生"。例如,在核电站的模型中安全属性是运行温度总是(不变地)在某一值之下。安全属性的另一种描述是"有些事情可能永远不会发生"。例如,在生产线的模型设计中,安全属性是"一台设备总是同时生产容量内数量的零件",或者"两个执行同一工艺的设备永远不会同时失效"。

(3) 活性。活性表示某件事最终会发生。例如,当按下电视机遥控器的开机键时,电视机最终应该打开;或者在一个通信协议的模型中,任何已经发出的信息最终都应该被接收。这个性质在生产线中表示为"若一个产品开始加工,则有一个在制品生成"或者"若一个工艺开始运行,则有一个资源被调用"。

2. 生产线的性能仿真

在功能性验证的基础上,需要预测不同因素(如材料供应、材料处理,以及移动、制造和装配过程的执行等)对生产系统性能的影响,生产系统的性能包括但不限于吞吐量、平均周期时间和在制品等。

(1) 吞吐量。吞吐量通常指单位时间内在网络、设备、端口或其他设施中成功地传送数据的数量。在制造领域,吞吐量表示在一个周期时间内生产线的生产能力,即生产线的最大生产承受能力,如生产线每小时生产的产品数量最大值。

(2) 平均周期时间。一个产品的平均生产周期,可追踪从原材料进入生产线到产品产出的时间(最小值)。

(3) 在制品。在制品指的是正在加工、尚未完成的产品。有广狭二义之分:广义概念包括正在加工的产品和准备进一步加工的半成品,狭义概念仅指正在加工的产品,即在制品。此处采用狭义概念中的在制品,即工序内部正在加工的半成品数量。该指标主要用于衡量生产是否存在瓶颈或是否过量生产。

在设计生产线时,还有一些性能因素是需要考虑的,如工艺周期时间(一个产品从进入一个工艺到结束一个工艺的时间)、平均装配时间、原材料到达时间运输传送速度、节拍时间等。这些因素作为输入因素对上述性能指标产生影响,并影响生产线的性能预测结果。

3. 生产线的虚拟调试

虚拟调试是指通过虚拟仿真或形式化验证等非物理手段,对基于生产要素(也称组件)

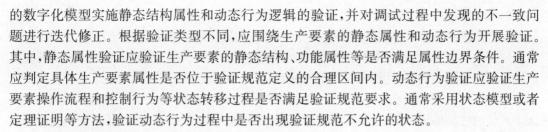

的数字化模型实施静态结构属性和动态行为逻辑的验证,并对调试过程中发现的不一致问题进行迭代修正。根据验证类型不同,应围绕生产要素的静态属性和动态行为开展验证。其中,静态属性验证应验证生产要素的静态结构、功能属性等是否满足属性边界条件。通常应判定具体生产要素属性是否位于验证规范定义的合理区间内。动态行为验证应验证生产要素操作流程和控制行为等状态转移过程是否满足验证规范要求。通常采用状态模型或者定理证明等方法,验证动态行为过程中是否出现验证规范不允许的状态。

1) 组件验证规范

从生产线与控制系统的角度,规定组件的期望特性和行为。根据验证类型不同,组件验证规范定义相关属性的合理数值区间和动态行为允许的状态空间,分别用于组件静态属性验证和动态行为验证。具体包括:①确定静态数值区间,针对组件的结构、功能等静态对象的合理数值区间进行限定,支持静态属性验证;②确定动态状态空间,针对组件运行过程中各类状态允许的动态空间范围进行限定,支持组件动态行为验证。

2) 静态属性验证

从生产线硬件和控制系统软件角度规定组件应具备的功能、属性和结构数值边界,包括组件工作空间范围,以及组件机械和电气接口等技术参数范围。具体包括:①空间干涉的验证,对接入组件的静态结构是否会与其他组件发生物理干涉进行判断;②接口兼容的验证,对接入组件的机械接口的尺寸和类型,电气接口的电压和方向,以及网络通信接口协议是否能够与生产线及控制系统兼容进行验证。

3) 动态行为验证

围绕组件运动干涉、工艺流程和控制逻辑等开展,应采用状态模型或者定理证明等方法,判定组件运动、工艺流程和控制过程中是否有动态状态超出规约限定的范围。具体包括:①运动干涉验证,针对带有运动部件的组件,判定其运动过程可达的各状态位置是否在组件规约限定的空间范围内;②工艺流程验证判定组件的工艺流程是否满足验证规范要求,如判定组件操纵工件的状态、参数和逻辑次序等是否满足组件验证规范要求;③控制逻辑验证,对控制逻辑变量应达到的正确状态,以及达到相应状态的时间约束要求进行验证,满足组件控制的周期实时性要求。

3.3.2 个性化定制智能生产线的运行需求

个性化定制智能生产线运行时要主动获取个性化产品的需求,通过对生产线运行状态进行感知生成动态调度方案。当新产品到达、新资源加入、新工具可用等事件出现后,个性化产品定制智能生产线的相关组件具有发布自身能力、参数、结构和行为信息的能力,以及自主决策及协同能力,通过对不同层级资源的动态重构满足生产线系统的运行性能要求。

个性化定制智能生产线的运行应具有以下功能。

1) 订单处理

生产线可以建立统一的产品订单管理系统,汇总各渠道生成的订单,并根据产品特征对产品订单进行拆分与合并。同时,还应对个性化产品的定制模块与现有库存的原材料等进行匹配以支持备货的需求。此外,应建立订单监控系统并增加订单取消功能,以满足客户取消产品订单与直接取消生产过程的需求。

2）生产调度

生产调度活动是将定制产品的生产任务分配至资源的过程，在考虑生产能力、工艺、产品模块需求的前提下，安排生产任务的顺序，并进行生产顺序和设备选择的优化，以平衡生产线的生产性能和效率。生产调度主要包括生产计划生成和生产计划调整。

（1）生产计划生成包括：①建立包含物料、资源、产品模块约束条件在内的知识库；②生产线的性能综合考量，主要参考生产工艺、物料配送时间、产品交期时间、生产能力等要素；③基于约束条件的订单分配，并按照约束条件优先级优化订单顺序；④基于个性化订单的预计产量及生产能力设置生产调度的频次；⑤根据个性化订单的交货期，优先安排已确认的生产订单；⑥根据工艺顺序和约束条件，动态调整生产线节拍；⑦建立生产调度的反馈机制，在生产调度完成后确定交付日期，将产品的识别码、生产进度等同步到订单信息。

（2）生产计划调整包括：①根据瓶颈资源的库存情况，为未确认订单的生产计划变更物料安排；②构建柔性生产管理系统，具有紧急插单、退单等功能，并实现自动派单后人工调整生产计划的需求；③支持生产计划变更功能，包括产品数量、交付日期和其他属性的调整。

3）生产执行

生产执行主要实现生产过程的监控，确保生产的成品与订单一致，包括数据采集与检测、工艺参数下发与生产信息反馈、产品与设备的即插即生产等功能。

（1）数据采集与检测包括：①在生产过程中实时采集数据，并对上层业务环节提供历史数据共享，实现设备的实时状态可视化；②统计设备运行时间、停机时间、故障时间等关键信息；③监控设备运行状态，分析设备利用情况，减少设备运转效率损失，为生产调度提供实时数据；④通过 RFID 与多传感器集成方式采集生产过程数据；⑤实现监控设备异常和报警功能。

（2）工艺参数下发与生产信息反馈包括：①建立设备与生产系统的网络通道，使生产计划的工艺数据可以远程输入设备；②实现远程设备状态诊断；③监控画面能够显示生产过程数据和设备故障信息，实现生产过程动态监控与管理；④实现产品状态信息的识别，以及对原材料的出入库信息、库存信息和原材料负责人的追溯与查询。

（3）产品与设备的即插即生产包括：①以通用的通信协议建立与制造系统的通信连接，屏蔽异构通信协议的差异性；②支持产品和资源以组件服务形式进行动态发现、动态注册与动态删除；③实现设备生产参数的自适应配置；④实现产品的实时定位；⑤以统一服务接口构建产品、资源和制造系统的交互通道，实现不同生产要素之间的互操作。

3.3.3 个性化定制智能制造的应用案例

随着客户的个性化需求越来越强烈，产业模式将进入规模的个性化定制生产：单批规模越来越小，产品制造成为"单件流"，同时兼具规模化生产的成本优势。这为制造业模式创新提出了更大的挑战。当前，服装、家具、汽车等领域已经出现个性化定制的趋势，维尚家具、酷特智能、宝马等企业都在开展个性化定制生产。

案例 3-1：维尚家具通过"智能制造技术＋规模定制化模式"实现转型升级

维尚家具公司全面推进智能制造技术,采用 C2B 和 O2O 的商业模式,实现从传统的家具制造企业转型升级为以规模定制化为主线的整体家居服务提供商。维尚打造了智能生产(圆方软件系统)＋网络商城(新居网)＋维意定制、尚品宅配(线下实体店)整体集成的"C2B＋O2O"制造系统,建立了协同设计系统、协同制造系统和精准产业链,实现了个性化定制的生产模式,如图 3-25 所示。

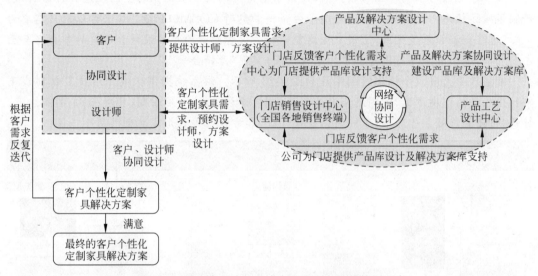

图 3-25　维尚家具个性化定制流程图与网络协同平台

(1) 网络化协同设计与个性化定制。维尚网络化协同设计云平台由产品及解决方案设计中心、产品工艺设计中心和门店销售设计中心构成。在这一平台上,三者共同为消费者提供家居空间及定制家具产品的设计服务。①消费者通过 PC 互联(SEM、SEO、论坛、社群)和移动互联(移动搜索、微博、微信)登录"新居网","新居网"平台通过云设计、大数据分析和 CRM 等用户体验方式,提高消费者的购买体验。②消费者通过"新居网"平台预约设计师上门量尺寸并到商品实体店进行参观、体验,实现从线上到线下、网店一体化经营新商业模式的转变。③消费者是个性化定制的发起者,提出个性化的家具需求,消费者和设计师在协同设计平台上进行空间及产品的预设计并记录消费者的个性化需求;产品及解决方案设计中心和产品工艺设计中心基于这些信息,利用在线(云计算服务系统)和离线设计软件协同设计家具产品和空间解决方案。这一过程中,消费者深入参与家具的造型和决策定制,经过多轮迭代形成用户满意的设计方案后,消费者完成下单。客户住所的户型、区域、装修类型,乃至客户的背景、家庭情况和构成,均会与产品数据形成大数据关联,成为服务客户的依据。

(2) 数字化、网络化制造和精准产业链管理。针对定制产品多品种、小批量的特点,维尚公司采用按批次、按部件生产的大规模混流生产模式。用户认可设计方案后,将方案直接分解为制造信息下发到工厂,工厂内实现对多个用户的个性化产品订单进行智能拆分、分批分部件量化生产、按生产区域进行协同物流配送,并对生产计划和配送方式进行优化,达到降低成本、节约能耗、缩短交货期的目标。同时,工厂按照交货的统一物流节点进行优化排产,不断提升供应链协同水平。最后,向客户交付 QCTS 最优化的家具个性化定制服务。

规模定制化生产模式颠覆了传统的生产模式,采用"销售先行、生产后行"的销售理念,改变了传统的以产定销的营销模式。电子商务、新零售等新型产品销售方式使企业准确获取客户需求、实现与客户实时交互成为可能,从需求侧驱动规模定制化生产模式形成;数字化、网络化、智能化技术能够为制造企业快速、低成本响应客户需求提供支撑。

案例 3-2:海尔卡奥斯 COSMO Plat 的大规模个性化定制生产

海尔作为国内家电行业的领头者,提出家电行业向大规模定制转型的理念并付诸实践,研制了国际领先的大规模个性化定制平台——卡奥斯 COSMO Plat。该平台以用户需求为中心,通过全流程深度交互,使用户从消费者和旁观者变身为产品设计和研发的参与者甚至主导者,创造出真正满足用户需求的家电产品,实现"产销合一"。

家电行业大规模个性化定制系统如图 3-26 所示。该系统提供从线上用户定制到线下柔性化生产的解决方案,定制流程覆盖交互定制、开放设计、精准营销、模块采购、智能生产、智慧物流、智能服务各环节,系统循环迭代升级,各方资源融合形成共创共赢生态圈。

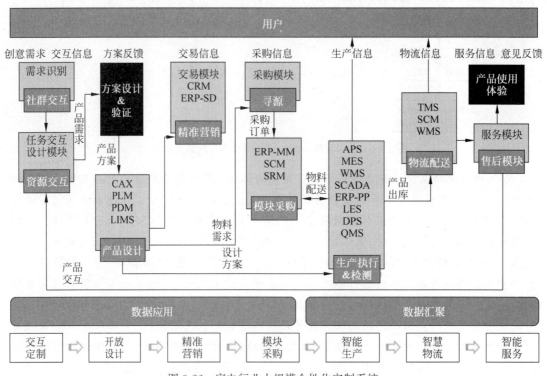

图 3-26　家电行业大规模个性化定制系统

海尔卡奥斯提出了"大规模定制化生产"制造模式,该制造模式具有四个特点:个性化的客户需求与设计;供应商与制造商之间的信息共享;生产、售后服务的快速响应;产品智能化、生产自动化的智能工厂。"大规模定制化生产"流程如图 3-27 所示。

图 3-27　"大规模定制化生产"流程

（1）用户交互：设计到制造全流程可视化，对象包括实时生产信息、核心模块供应商信息、核心质量信息等。

（2）个性化定制：通用性较强的部件为不变模块，可变模块由用户随意转变定制，如机身材质、容量、颜色等。

（3）互联工厂：通过工厂改造实现标准化、精益化、模块化、数字化、自动化、智能化。

（4）全流程可视：以 MES 为核心，对工厂内的制造资源、计划、流程等进行实时管控。

习题

1. 生产线布局需要遵循的基本原则是什么？
2. 简述生产系统平面布局设计的目标和依据。
3. 平面布局设计的基本形式有哪几种？有什么特点？
4. 简述自动化生产线与智能制造生产线的特点。
5. 简述智能制造生产线中你对智能装备的理解，并指出智能设备主要包含的内容。
6. 谈谈对精益生产的理解，并详述其基本思想和特点。
7. 单元化生产的布局原则包含哪些？（至少写出 5 点）
8. 生产线的性能仿真中包含哪些性能指标？
9. 某企业欲对 5 个部门进行合理布置，已知部门之间的作业相关图如图 3-28 所示，请据此做出合理布置。

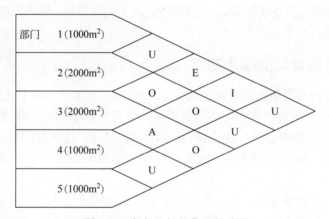

图 3-28　部门之间的作业相关图

10. 智能装备在智能产线运作中的作用是什么？智能装备主要包括哪些？
11. 通过本章的学习，谈谈你对个性化定制智能生产线的理解，并简述其运行需要具有的功能。

第4章 车间作业计划与智能生产调度

4.1 车间作业计划

车间作业计划(scheduling)是指安排零部件(作业、活动)的出产数量、设备,以及人工使用、投入时间及产出时间。生产控制是以生产计划和作业计划为依据,检查、落实计划执行的情况,发现偏差即采取纠正措施,保证实现各项计划目标。通过制订车间作业计划和进行车间作业控制,使企业实现如下目标:满足交货期要求;使在制品库存最小;使平均流程时间最短;提供准确的作业状态信息;提高机器/人工的利用率;缩短调整准备时间;使生产和人工成本最低。

4.1.1 车间作业计划的基本功能

为保证在规定的交货期内提交满足顾客要求的产品,在生产订单下达到车间时,必须将订单、设备和人员分配到各工作中心或其他规定的地方。典型的生产作业排序和控制功能包括:决定订单顺序,即建立订单优先级,通常称之为排序;对已排序的作业安排生产,通常称之为调度,调度的结果是将形成的调度订单分别下发给各工作中心,输入/输出车间作业的控制。

车间的控制功能主要包括:在作业进行过程中,检查其状态和控制作业的进度,加速迟缓和关键的作业。车间作业计划与控制是由车间作业计划员完成的。作业计划员的决策取决于以下因素:每种作业的方式和规定的工艺顺序要求,每个工作中心现有作业的状态,每个工作中心前面作业的排队情况,作业优先级,物料的可得性,当天较晚发布的作业订单,工作中心资源的能力。

生产计划制订后,将生产订单以加工单形式下达车间,加工单最后发到工作中心。对于物料或零组件来讲,有的经过单个工作中心,有的经过两个工作中心,有的甚至经过三个或三个以上的工作中心,经过的工作中心复杂程度不一,直接决定了作业计划和控制的难易程度。这种影响因素还有很多,在作业计划和控制过程中,通常要综合考虑下列因素的影响:作业到达的方式,车间内机器的数量,车间拥有的人力资源,作业移动方式,作业的工艺、路线,作业在各个工作中心上的加工时间和准备时间,作业的交货期,批量的大小不同的调度准则及评价目标。

4.1.2 基础数据与基础术语

车间作业计划和控制主要来自车间计划文件和控制文件。计划文件主要包括：项目主文件，用于记录全部有关零件的信息；工艺路线文件，用于记录生产零件的加工顺序；工作中心文件，用于记录工作中心的数据。控制文件主要有：车间任务主文件，为每个生产中的任务提供一条记录；车间任务详细文件，记录完成每个车间任务所需的工序，从工作人员处得到的信息。

除了了解车间作业计划和控制的信息源外，还要对相关术语有一定的了解，下面对一些常用术语做简单的介绍。

1. 加工单

加工单，也称车间订单或工序计划单。它是一种面向加工作业说明物料需求计划的文件，可以跨车间甚至厂际协作使用。加工单的格式与工艺路线报表相似，要反映以下信息：需要经过哪些加工工序（工艺路线），需要什么工具、材料，能力和提前期如何。加工单的形成，首先必须确定工具、材料、能力和提前期的可用性；其次要解决工具、材料、能力和提前期可能出现的短缺问题。加工单形成后要下达，同时发放与工具、材料和任务有关的文件给车间。如表 4-1 所示。

表 4-1　加工单（或工序计划单）

加工单号：IG01　　　　　　　　计划日期：2018/10/31　　　　　　　　计划员：C1

物料代码：MBHE2　　　　　　　需求数量：100　　　　　　　　需求日期：2018/11/08

工序号	工作中心代码	工时定额时间/h		本批订单时间/h	计 划 进 度			
		准备时间/h	加工时间/h		最早开工时间	最早完工时间	最晚开工时间	最晚完工时间
1	WC01	0.2	0.1	10.2	2018/11/1	2018/11/3	2018/11/3	2018/11/5
2	WC02	0.3	0.2	20.3	2018/11/3	2018/11/6	2018/11/5	2018/11/8

2. 派工单

派工单，也称调度单，是一种面向工作中心说明加工优先级的文件。它说明工作在一周或一个时期内要完成的生产任务。说明哪些工作已经完成或正在排队，应当什么时间开始加工，什么时间完成，加工单的需用日期是哪天，计划加工时数是多少，完成后又应传给哪道工序。同时要说明哪些作业即将到达，什么时间到，从哪里来。有了派工单，车间调度员、工作中心操作员就能对目前和即将到达的任务一目了然。如表 4-2 所示。

表 4-2　派工单

车间代码：VT002　　　　　　工作中心代码：WC01　　　　　　派工日期：2018/10/31

物料代码	任务号	工序号	需求数量/件	最早开工时间	最早完工时间	最晚开工时间	最晚完工时间	优先规则
MT001	B01	1	1	2018/11/1	2018/11/3	2018/11/3	2018/11/5	1
XT002	B02	1	2	2018/11/3	2018/11/5	2018/11/5	2018/11/8	2

3. 工作中心的特征和重要性

工作中心是生产车间中的一个单元,在这个单元中,组织生产资源完成工作。工作中心可以是一台机器、一组机器或完成某一类型工作的一个区域,这些工作中心可以按工艺专业化的一般作业车间组织,或者按产品流程、装配线、成组技术单元结构进行组织。在工艺专业化情况下,作业须按规定路线在按功能组织的各个工作中心之间移动。作业排序涉及如何决定作业加工顺序,以及分配相应的机器来加工这些作业。一个作业排序系统区别于另一个作业排序系统的特征是:在进行作业排序时是如何考虑生产能力的。

4. 无限负荷方法和有限负荷方法

无限负荷方法指的是当将工作分配给一个工作中心时,只考虑它需要多少时间,而不直接考虑完成这项工作所需的资源是否有足够的能力,也不考虑该工作中每种资源完成这项工作时的实际顺序。通常仅检查一下关键资源,大体上看看其是否超负荷。它可以根据各种作业顺序下的调整和加工时间标准计算出的一段时间内所需的工作量判定。

有限负荷方法是用每一订单所需的调整时间和运行时间对每种资源详细地制订计划。提前期是将期望作业时间(调整和运行时间)加上运输材料和等待订单执行而引起的期望排队延期时间,进行估算而得到的。从理论上讲,当运用有限负荷时,所有的计划都是可行的。

5. 前向排序和后向排序

区分作业排序的另一个特征是,基于前向排序还是后向排序。在前向排序和后向排序中,最常用的是前向排序。前向排序指的是系统接受一个订单后,对订单所需作业从前向后进行排序,前向排序系统能够告诉我们订单完成的最早日期。后向排序是从未来的某个日期(可能是一个约定的交货日期)开始,按从后向前的顺序对所需作业进行排序。后向排序告诉我们,为按规定日期完成一项作业必须开工的最晚时间。

4.1.3 车间作业排序的目标与分类

1. 排序的目标

当执行物料需求计划生成的生产订单下达至生产车间后,须将众多不同的工作按一定顺序安排到机器设备上,以使生产效率最高。决定某机器或某工作中心哪项作业首先开始工作的过程,称为排序或优先调度排序,在进行作业排序时,需要用到优先调度规则。这些规则可能很简单,仅须根据一种数据信息对作业进行排序。这些数据可以是加工时间,也可以是交货期内货物到达的顺序。

作业排序的目标是使完成所有工作的总时间最少,也可以是每项作业的流程平均延迟时间最少,或平均流程时间最少。除了总时间最少的目标外,还可以用其他目标进行排序。车间作业排序通常要达到以下目标:满足顾客或下一项作业的交货期,极小化流程时间(作业在工序中耗费的时间),极小化准备时间或成本,极小化在制品库存,极大化设备或劳动力的利用。最后一个目标是有争议的,因为保持所有设备和(或)员工一直处于繁忙状态,可能不是工序管理生产中最有效的方法。

2. 排序和计划的关系

编制作业计划与排序不是同义语。作业计划是安排零部件(作业、活动)的出产数量设备及人工使用、投入时间及出产时间,排序只是确定作业在机器上的加工顺序。可以通过一组作业代号的排列表示该组作业的加工顺序;而编制作业计划,不仅包括确定作业的加工顺序,还包括确定机器加工每项作业的开始时间和完成时间。因此,编制作业计划能够指导每个工人的生产活动。

人们常常不加区别地使用排序与编制作业计划。其实,编制作业计划与排序的概念和目的都是不同的,但是,编制作业计划的主要工作之一就是确定最佳作业顺序。而且,通常情况下都是按最早可能开(完)工的时间编排作业计划的。因此,当作业的加工顺序确定之后,作业计划也就确定了。

3. 排序问题的分类与表示法

作业的排序问题可以有多种分类方法,按机器的种类和数量,可以分为单台机器排序问题和多台机器排序问题;按加工路线的特征,可以分为单件车间排序问题和流水车间排序问题;按作业到达车间的情况,可以分为静态排序问题和动态排序问题;按目标函数,可以分为平均流程时间最短或误期完工的作业数最少;按参数的性质,可以分为确定型排序问题与随机型排序问题;按实现的目标,可以分为单目标排序和多目标排序。

排序问题必须建立合适的模型,存在一种通用的排序问题模型,即任何排序问题都可以用此模型描述,该模型是 $n/m/A/B$,其中 n 表示作业数量,n 必须大于 2,否则不存在排序问题;m 表示机器数量,m 等于 1 为单台机器的排序问题,m 大于 1 则为多台机器的排序问题;A 表示车间类型,即工件流经机器的形态类型。其中,J 表示单件车间调度问题(job-shop)、F 表示流水车间调度问题(flow-shop);perm 表示置换流水线调度问题(permutation flow-shop);O 表示开放式调度问题(open-shop);K-parallel 表示 K 个机器并加工调度问题;B 为目标函数,目标函数可以是单目标,也可以是多目标,常见的目标如下。

(1) 基于加工完成时间的性能指标,如 $C_{\max}$(最大完工时间)、$\bar{C}$(平均完工时间)、$\bar{F}$(平均流经时间)、$F_{\max}$(最大流经时间)等。

(2) 基于交货期的性能指标,如 $\bar{L}$(平均推迟完成时间)、$L_{\max}$(最大推迟完成时间)、$T_{\max}$(最大拖后时间)、$\sum_{i=1}^{n} T_i$(总拖后完成时间)、n_T(拖后工件个数)等。

(3) 基于库存的性能指标,如 $\bar{N}_w$(平均待加工工件数)、$\bar{N}_c$(平均已完工工件数)、$\bar{I}$(平均机器空闲时间)等。

(4) 多目标综合性能指标,如最大完工时间与总拖后完工时间的综合,即 $C_{\max} + \lambda \sum_{i=1}^{n} T_i$;提前/延迟(earliness/tardiness,E/T)调度问题,即 $\sum (\alpha_i E_i + \beta_i T_i)$,其中,$\alpha_i$ 和 β_i 为权重。

4.2 智能生产调度

4.2.1 智能生产调度概述

生产调度问题是生产过程中最古老的问题之一。20 世纪初,在 Henry Gantt 和其他先驱者的努力下,调度开始在制造业中受到重视。第一批调度的研究成果于 20 世纪 50 年代发表于 *Naval Research Logistics Quarterly*,其中包含 W. E. Smith、S. M. Johnson、J. R.

Jackson 等的研究。从此,调度问题引起了众多学者的关注。

20 世纪 50 年代到 70 年代,由于当时计算机和编程技术还不普及,研究主要集中在理论探讨上,求解方法主要是数学规划方法,如整数规划、分支定界、动态规划等。这一时期,由于提出数学规划算法较为困难,使能够快速地得到近似最优解的启发式算法得到发展,如 Palmer 法等。

1975 年,随着计算复杂性理论的出现,特别是 Garey 等证明 3 台以上机器的问题是 NP-Complete 问题以后,人们意识到数学规划方法仅适用于小规模问题,对于中到大规模问题显然是不合适的。于是,启发式算法成为研究重点,这一时期出现了许多著名的启发式算法,如 Gupta 法等。

近些年人们逐渐认识到,车间调度已成为生产过程的关键瓶颈之一。生产调度的优化是先进制造技术和现代管理技术的核心技术。国际生产工程科学院(CIRP)曾总结了 40 种先进的制造模式,无论哪种都是以优化的生产调度为基础的。有关资料表明,制造过程 95% 的时间消耗在非切削过程,因此生产调度方法将在很大程度上影响制造的成本和效率。当前,我国花巨资引进了大量的国外先进制造技术,但如不能研制开发出适应这些技术的车间级生产技术,包括生产调度技术,那么这些技术的效用将大打折扣,甚至完全失效。有效的调度方法优化技术的研究,将在我国由制造业大国向制造业强国迈进的过程中发挥积极的促进作用。

生产调度是指以某时间区间的生产任务为依据,基于现有资源和工艺约束条件,指派各工序在何时、何地由何人进行作业,以实现指定性能指标的最优化。对于调度问题的研究目前主要集中于生产调度问题的建模方法和调度问题的优化方法。目前对以下四类问题有较多研究,它们具有一定的代表性,这四类问题分别为单机、并行机、流水车间、作业车间调度问题。

(1) 单机调度。有 n 个工件需要在一台设备上进行加工,各工件的加工时间已知,要求合理安排各工件的加工顺序,以达到指定性能指标的最优。

(2) 并行机调度。有 n 个工件需要加工,现有 m 台设备可供选择,要求合理安排各工件的加工顺序,以达到指定性能指标的最优。

(3) 流水车间调度。有一批 n 个需要 m 道工序进行加工的工件,分别在 m 台不同的机器上进行加工,并且加工的顺序是一致的,任一工件的任一工序生产时间已知,要求合理地调度各工件的生产工序在每台机器上的顺序,以达到指定性能指标的最优。

(4) 作业车间调度。有一批 n 个需要 m 道工序进行加工的工件,分别在 m 台不同的机器上进行加工,并且不同工件的加工顺序不同,任一工件的任一工序生产时间已知,要求合理地调度各工件的生产工序在每台机器上的顺序,以达到指定性能指标的最优。

4.2.2 智能生产调度的特点

生产调度的对象与目标决定了这一问题具有复杂特性,其突出表现为调度目标的多样性、调度环境的不确定性和问题求解过程的复杂性。具体表现如下。

(1) 多目标性。生产调度的总体目标一般由一系列的调度计划约束条件和评价指标构成,在不同类型的生产企业和不同的制造环境下,往往种类繁多、形式多样,这在很大程度上决定了调度目标的多样性。对于调度计划评价指标,通常考虑最多的是生产周期最短,其他

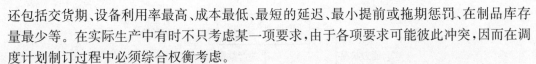

还包括交货期、设备利用率最高、成本最低、最短的延迟、最小提前或拖期惩罚、在制品库存量最少等。在实际生产中有时不只考虑某一项要求,由于各项要求可能彼此冲突,因而在调度计划制订过程中必须综合权衡考虑。

(2)不确定性。在实际生产调度系统中存在种种随机和不确定的因素,如加工时间波动、机床设备故障、原材料紧缺、紧急订单插入等各种意外因素。调度计划执行期间面临的制造环境很少与计划制订过程中考虑的完全一致,其结果即使不会导致既定计划完全作废,也常常要对其进行不同程度的修改,以便充分适应现场状况的变化,这就使更复杂的动态调度成为必要。

(3)复杂性。多目标性和不确定性均在调度问题求解过程的复杂性中得以集中体现,并使这一工作变得更艰巨。众所周知,经典调度问题本身已经是一类极其复杂的组合优化问题。即使单纯考虑加工周期最短的单件车间调度问题,当 10 个工件在 10 台机器上加工时,可行的半主动解数量大约为 $k(10!)^{10}$(k 为可行解比例,其值为 $0.05 \sim 0.1$);而大规模生产过程中工件加工的调度总数简直就是天文数字,如果再加入其他评价指标,并考虑环境随机因素,问题的复杂程度可想而知。事实上,在更复杂的制造系统中,还可能存在混沌现象和不可解性之类更难处理的问题。

调度问题的复杂特性制约着相关技术的应用与发展,使该领域内寻求有效方法的众多努力长期以来难以完全满足实际应用的需要。而智能调度技术的出现,为解决调度问题提供了新的方法。也正是因为存在如此巨大的挑战,多年来,对这一问题的研究吸引了不同领域的大量研究应用人员,提出了若干现行的方法和技术,在不同程度上对实际问题的解决做出了各自的贡献。

4.2.3　智能生产调度的意义

调度问题的基本描述是"如何把有限的资源在合理的时间内分配给若干任务,以满足或优化一个或多个目标"。调度不只是排序,还需要根据得到的排序确定各任务的开始时间和结束时间。调度问题广泛存在于各领域,如企业管理、生产管理、交通运输、航空航天、医疗卫生和网络通信等,几乎存在于工程科学的所有分支领域。它也是智能制造领域的关键核心问题之一,因此,调度问题的研究十分重要。下面介绍制造业中的调度。

制造业是国民经济的主体,是立国之本、兴国之器、强国之基。制造业是指利用某种资源(含物料、能源、设备、设施、工具、资金、技术、信息和人力等),按照市场要求,通过制造过程转化为可供人们使用和利用的大型工具、工业品与生活消费产品的行业。在这种从资源到产品的转化过程中,调度起着不可替代的作用。它能够使转化效率高效化、资源利用率最大化,是产品从研发走向大规模使用的必经之路。在制造业中,调度必须与工厂的其他决策进行交互。我国花费数十亿美元引进和开发了制造资源计划、企业资源规划等软件,但绝大多数没有得到很好的应用,主要原因之一是"生产作业计划"这个技术瓶颈没有得到突破。车间或者生产线上的生产作业计划及生产过程的调度管理仍然使用最初级、最原始的经验和手工方式,结果 ERP 与企业最关键的运转过程之间发生了断层(制造系统中的信息流如图 4-1 所示)。因此,智能调度技术不仅需要处理错综复杂的约束条件,还要从无穷多种满足约束的可行方案中找到优化的生产作业计划,从而满足预定的调度目标,例如,生产效率最高、拖期最小、能耗最低等。

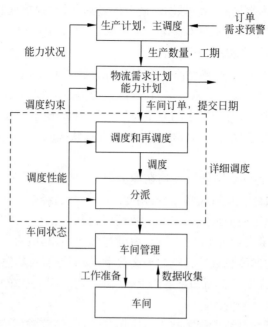

图 4-1　制造系统中的信息流

20 世纪 90 年代初,随着我国改革开放的进一步深化,国内面临着国际市场竞争的压力,迫切希望通过一种新的管理理论、方法与工具改善管理水平、降低生产成本、提高生产效率,我国的调度领域正是在这种背景下逐步建立并发展起来的。在这 30 年中,中国开始从制造大国向制造强国转变。在调度及相关学科的支持下,制造业基本完成了现代化转型,成为国家发展的基石。而服务业也完成了从起步到茁壮成长的过程。未来智能制造、智能服务的发展更离不开智能调度的研究与技术进步。

4.3 车间调度问题

车间调度又称生产调度,是指按时间分配生产资源以完成生产任务,达到某些指定的性能指标。生产调度问题一般可以描述为:针对某项可以分解的车间生产任务,在一定的约束条件下(如产品制造工艺规程、设备资源情况、交货期等),安排其组成部分(作业)占用的资源、加工时间及先后顺序,以实现完成该生产任务所需的时间或者成本等目标最优。

生产调度的性能指标可以是成本最低、库存费用最少(减少流动资金占用)、生产周期最短、生产切换最少、"三废"最少、设备利用率最高等。实际生产调度的性能指标大致可以归结为以下 3 类。

(1)最大能力指标,包括最大生产率、最短生产周期等,可以归结为在固定或者无限的产品需求下最大化生产能力以提高经济效益。在假定存在连续固定需求的前提下,工厂通过库存满足产品的需求,因此,调度问题的主要目标是提高生产设备的利用率、缩短产品的生产周期,使工厂生产能力最大化。这类生产调度问题可以称为最大能力调度问题。

(2)成本指标,包括最大利润、最小运行费用、最小投资、最大收益等。其中,收益指产品销售收入,运行费用包括库存成本、生产成本和缺货损失。

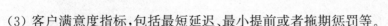

（3）客户满意度指标，包括最短延迟、最小提前或者拖期惩罚等。

上一节介绍了生产调度问题的四种类型：单机、并行机、流水车间、作业车间调度问题，接下来详细介绍各种问题的模型及目标。

4.3.1 单机调度问题

单机调度问题可以描述为一台可以完成所有工件加工的机器，一组相互独立的工件。其中每个工件仅包含一道工序，给定工件的所有信息（如加工时间、交货期等），求解加工顺序，从而优化一个或多个目标。

1. 单机调度的排序

当 n 项作业全部经由一台机器处理时，属于 n 项作业单台工作中心的排序问题，即 $n/1$ 问题，这里的作业可以理解为到达工作中心的工件。排序模型如图 4-2 所示。图中，J_i 表示作业（$i=1,2,\cdots,n$）。在这种情况下，可理解为每项作业或订单只有一道工序的情况，属于一种较为简单的排序方式。

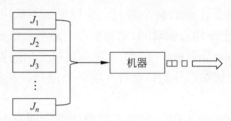

图 4-2 n 项作业单台工作中心的排序模型

2. n 项作业单台工作中心的排序目标如下

（1）平均流程时间最短。平均流程时间即 n 项作业经由一台机器的平均流程时间。若已排定顺序，则任何一项作业，假设排在第 k 位，其流程时间 $F_k = \sum_{i=1}^{k} p_i$，其中，p_i 表示作业 i 的加工时间，总的流程时间为 $\sum_{i=1}^{n} F_k$，全部作业的平均流程时间为

$$\overline{F} = \frac{\sum_{i=1}^{n} F_k}{n} = \frac{\sum_{k=1}^{n} \sum_{i=1}^{k} p_i}{n} = \frac{\sum_{i=1}^{n} (n-i+1) p_i}{n} \tag{4-1}$$

相应的目标函数为 $\min F$，即式（4-1）中的分子最小，可将式（4-1）写为

$$\min[np_1 + (n-1)p_2 + (n-2)p_3 + \cdots + 2p_{n-1} + p_n] \tag{4-2}$$

（2）最大延迟时间、总延迟时间（或平均延迟时间）最小。单个工作中心的延期时间为 T，如果以最大延迟时间为最小，则其目标函数为

$$\min T_{\max} = \max\{T_i\}, i = 1, 2, \cdots, n \tag{4-3}$$

若以总延迟时间为最小，则目标函数为

$$\min \sum_{i=0}^{n} T_i \tag{4-4}$$

进行作业排序，需要利用优先调度规则，这些规则适用于以工艺专业化为导向的场所。优先规则通常以定量的数值描述，常用的排序规则有以下几种。

（1）先到先服务（first come first served，FCFS）。按订单到达工作中心的先后顺序执行加工作业，先来的先进行加工。在服务业，通常利用这种规则满足顾客的要求，有时这种规则的实施要配合使用一些排队论的方法。与此类似的还有后到先服务（last come first served，LCFS）规则。

（2）最短作业时间（shortest operation time，SOT）。首先加工所需加工时间最短的作业，其次加工时间第二短的，以此类推，即按照作业时间的反向顺序安排订单。有的也将SOT规则称为最短加工时间（shortest processing time，SPT）规则。

通常在所有作业排序规则中，最短加工时间规则是经常使用的规则，它可以获得最少的在制品、最短的平均工作完成时间及最短的工作平均延迟时间。

（3）剩余松弛时间（slack time remained，STR）。剩余松弛时间是指用交货期前剩余的时间减去剩余的总加工时间所得的差值，剩余松弛时间值越小，越可能拖期，故STR最短的任务应最先进行加工。

（4）每项作业的剩余松弛时间（STR/OP）。STR是剩余松弛时间，OP表示作业的数量，STR/OP则表示平均每项作业的剩余时间。这种规则不常用，因为该规则计算的每项作业剩余松弛时间只是一个平均松弛时间，而每项作业的剩余松弛时间应该是不同的。

（5）最早到期日（earliest due date，EDD）。根据订单交期的先后顺序安排订单，即交货期最早的则最早加工，将交货期最早的作业放在第一个进行。这种方法在作业时间相同时往往效果非常好。

（6）紧迫系数（critical ratio，CR）。紧迫系数是用交货期减去当前日期的差值，再除以剩余的工作日数，即

$$CR = \frac{到期日 - 现在日期}{正常制造剩余的提前期} \tag{4-5}$$

CR的值有如下几种情况：CR＝负值，说明已经脱期；CR＝1，说明剩余时间刚好够用；CR＞1，说明剩余时间有富裕；CR＜1，说明剩余时间不够。

需要说明的是，当一项作业完成后，其余作业的CR值会变化，应随时调整。紧迫系数越小，其优先级越高，故紧迫系数最小的任务先进行加工。

（7）最少作业数（fewest operations，FO）。根据剩余作业数优先安排订单，该规则的逻辑是：较少的作业意味着有较短的等待时间，该规则的平均在制品少，制造提前期和平均延迟时间均较短。

（8）后到先服务（last come first served，LCFS）。该规则经常作为缺省规则使用。因为后来的工单放在先来的上面，操作人员通常先加工上面的工单。

上述排序的规则适用于若干作业在一个工作中心中的排序，这类问题被称为"n项作业—单台工作中心的问题"或"$n/1$问题"。理论上，排序问题的难度随着工作中心数量的增加而增大，而不是随着作业数量的增加而增大，对n的约束是，它必须是确定的有限的数。下面以具体例子说明上述排序规则。

案例 4-1：

现有5个订单需要在一台机器上加工，5个订单到达的顺序为A、B、C、D、E，订单的原始数据如表4-3所示。

表 4-3 订单的原始数据

订单	交货期/天	加工时间/天	剩余的制造提前期/天	作业数
A	7	1	5	5
B	5	2.5	6	3
C	6	4.5	6	4
D	8	5	7	2
E	9	2	11	1

分析：分别采用先到先服务规则、最短作业时间规则、最早到期日规则、剩余松弛时间规则、每项作业的剩余松弛时间规则、紧迫系数规则、最少作业数规则进行排序,并对排序的结果进行比较分析。

(1) 先到先服务。按照订单到达的先后顺序进行排序,到达的顺序为 A、B、C、D、E。则总流程时间为 $1+3.5+8+13+15=40.5$(天),平均流程时间为 40.5/5=8.1(天)计算结果如表 4-4 所示。

表 4-4 先到先服务的计算结果

订单	交货期/天	加工时间/天	作业数	流程时间/天	延迟时间/天
A	7	1	5	0+1=1	−6
B	5	2.5	3	1+2.5=3.5	−1.5
C	6	4.5	4	3.5+4.5=8	2
D	8	5	2	8+5=13	5
E	9	2	1	13+2=15	6

将每个订单的交货日期与其流程时间进行比较,发现只有订单 A 和 B 能按时交货。订单 C、D、E 将会延期交货。表中延迟时间为负的表示按时交货,3 个订单的延期时间分别为 2、5 和 6 天。总延迟时间为 $2+5+6=13$ (天),每个订单的平均延迟时间为 13/5=2.6(天)。

(2) 最短作业时间。订单加工顺序为 A、E、B、C、D。总流程时间为 $1+3+5.5+10+15=34.5$(天)。平均流程时间为 34.5/5=6.9(天)。订单 A 和 E 将准时交货,订单 B、C 和 D 将延迟交货,延迟时间分别是 0.5、4 和 7 天。总延迟时间为 $0+0+0.5+4+7=11.5$(天),每个订单的平均延迟时间为 11.5/5=2.3(天)。计算结果如表 4-5 所示。

表 4-5 最短作业时间的计算结果

订单顺序	交货期/天	加工时间/天	作业数	流程时间/天	延迟时间/天
A	7	1	5	0+1=1	−6
E	9	2	1	1+2=3	−6
B	5	2.5	3	3+2.5=5.5	0.5
C	6	4.5	4	5.5+4.5=10	4
D	8	5	2	10+5=15	7

(3) 最早到期日。订单加工顺序为 B、C、A、D、E。只有订单 B 按期交货,总流程时间为 $2.5+7+8+14+15=45.5$(天),平均每个订单的流程时间为 45.5/5=9.1(天)。订单 B 按期交货,订单 C、A、D 和 E 将延迟交货,延迟时间分别为 1、1、5 和 6 天。总延迟时间为

$0+1+1+5+6=13$(天),平均延迟时间为 $13/5=2.6$(天)。计算结果如表 4-6 所示。

表 4-6 最早到期日的计算结果

订单顺序	交货期/天	加工时间/天	作业数	流程时间/天	延迟时间/天
B	5	2.5	3	$0+2.5=2.5$	−2.5
C	6	4.5	4	$2.5+4.5=7$	1
A	7	1	5	$7+1=8$	1
D	8	5	2	$8+5=13$	5
E	9	2	1	$13+2=15$	6

（4）剩余松弛时间。订单加工顺序为 C、B、D、A、E。只有订单 C 按期交货,总流程时间为 $4.5+7+12+13+15=51.5$(天),平均每个订单的流程时间为 $51.5/5=10.3$(天)。订单 B、D、A 和 E 将延迟交货,延迟时间分别为 2、4、6 和 6 天。总延迟时间为 $0+2+4+6+6=18$(天),平均延迟时间为 $18/5=3.6$(天)。计算结果如表 4-7 所示。

表 4-7 剩余松弛时间的计算结果

订单顺序	交货期/天	加工时间/天	松弛时间/天	流程时间/天	延迟时间/天
C	6	4.5	1.5	$4.5+0=4.5$	−1.5
B	5	2.5	2.5	$4.5+2.5=7$	2
D	8	5	3	$7+5=12$	4
A	7	1	6	$12+1=13$	6
E	9	2	7	$13+2=15$	6

（5）每项作业的剩余松弛时间。订单加工顺序为 C、B、A、D、E。只有订单 C 按期交货,总流程时间为 $4.5+7+8+13+15=47.5$(天),平均每个订单的流程时间为 $47.5/5=9.5$(天)。订单 B、A、D 和 E 将延迟交货,延迟时间分别为 2、1、5 和 6 天。总延迟时间为 $0+2+1+5+6=14$(天),平均延迟时间为 $14/5=2.8$(天)。计算结果如表 4-8 所示。

表 4-8 每项作业剩余松弛时间的计算结果

订单顺序	交货期/天	加工时间/天	作业数	松弛时间/天	每项作业剩余松弛时间/天	流程时间/天	延迟时间/天
C	6	4.5	4	1.5	0.375	$4.5+0=4.5$	−1.5
B	5	2.5	3	2.5	0.83	$4.5+2.5=7$	2
A	7	1	5	6	1.2	$7+1=8$	1
D	8	5	2	3	1.5	$8+5=13$	5
E	9	2	1	7	7	$13+2=15$	6

（6）紧迫系数。订单顺序为 E、B、C、D、A。总流程时间为 $2+4.5+9+14+15=44.5$(天),平均每个订单的流程时间为 $44.5/5=8.9$(天)。订单 E 和 B 能按期交货,订单 C、D 和 A 的延期时间分别为 3、6 和 8 天,总延迟时间为 $0+0+3+6+8=17$(天),平均延迟时间为 $17/5=3.4$(天)。计算结果如表 4-9 所示。

表 4-9 紧迫系数的计算结果

订单顺序	交货期/天	加工时间/天	剩余的制造提前期/天	紧迫系数	流程时间/天	延迟时间/天
E	9	2	11	0.82	0+2=2	−7
B	5	2.5	6	0.83	2+2.5=4.5	−0.5
C	6	4.5	6	1.00	4.5+4.5=9	3
D	8	5	7	1.14	9+5=14	6
A	7	1	5	1.40	14+1=15	8

(7) 最少作业数。订单加工顺序为 E、D、B、C、A。只有订单 E 和 D 能按期交货,总流程时间为 2+7+9.5+14+15=47.5(天),平均每个订单的流程时间为 47.5/5=9.5(天)。订单 B、C、A 将延迟交货,延迟时间分别为 4.5、8、8 天,总延迟时间为 0+0+4.5+8+8=20.5(天),平均延迟时间为 20.5/5=4.1(天)。计算结果如表 4-10 所示。

表 4-10 最少作业数的计算结果

订单顺序	交货期/天	加工时间/天	作业数	流程时间/天	延迟时间/天
E	9	2	1	0+2=2	−7
D	8	5	2	2+5=7	−1
B	5	2.5	3	7+2.5=9.5	4.5
C	6	4.5	4	9.5+4.5=14	8
A	7	1	5	14+1=15	8

上述七大规则的排序结果对比如表 4-11 所示。

表 4-11 7 种排序结果的对比

排序规则	订单顺序	平均流程时间/天	平均延迟时间/天
FCFS	A、B、C、D、E	8.1	2.6
SOT	A、E、B、C、D	6.9	2.3
EDD	B、C、A、D、E	9.1	2.6
STR	C、B、D、A、E	10.3	3.6
STR/OP	C、B、A、D、E	9.5	2.8
CR	E、B、C、D、A	8.9	3.4
FO	E、D、B、C、A	9.5	4.1

由表 6-9 可知,采用最短作业时间规则进行排序获得的结果最好,对于"$n/1$"排序问题,无论是采用本案例中的评价指标,还是采用等待时间最小等其他指标,最短作业时间都能获得最佳方案,所以,该规则被称为"整个排序学科中最重要的概念"。

当然,最终采取什么样的排序方式,取决于决策部门的目标,通常的目标包括:满足顾客或下一道工序作业的交货期;平均延迟的订单数最少;极小化流程时间(作业在工序中耗费的时间);极小化在制品库存;延迟时间极小化;极小化设备和工人的闲置时间。这些目标也不是绝对的,因为有的订单可能强调交货期,而有的订单可能对交货期的要求不高,有的则可能强调设备的利用率,等等。实现这些排序的目标,还必须取决于设备及人员的柔性,而获得这种柔性则与作业方法的改善、设施规划、作业交换期的缩短、员工的多能化训练、制造单元技术、群组技术等相关。

单机调度的加工环境十分简单，是其他所有加工环境的特例。但是，任何复杂机器环境中的调度问题通常可以分解为若干单机问题，所以研究单机问题不仅可以加深对单机调度的认识，也能为更复杂生产环境的调度研究提供启发。图4-3是单机调度问题的甘特图。

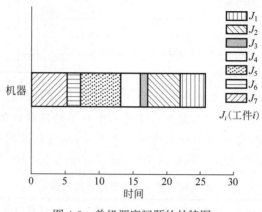

图 4-3　单机调度问题的甘特图

甘特图（Gantt Chart）又称为横道图、条状图。其内在思想简单，基本是一条线条图，横轴表示时间，纵轴表示活动（项目），线条表示在整个期间上计划和实际活动的完成情况。它直观地表明任务计划什么时候进行，以及实际进展与计划要求的对比。

4.3.2　并行机调度问题

并行机调度将加工资源的并行纳入考虑，它既是对单机调度的推广，也是混合流水车间调度的特例。在并行机调度问题中，机器负载率的平衡通常是首要关注的目标，它是提升整个并行机组效率的瓶颈。并行机组可以根据机器的特性分为同速并行机、异速并行机和不相关并行机。

一组相互独立的工件，每个工件仅包含一道工序，一个包含多台加工设备的并行机组给定工件的所有信息（如加工时间、交货期等），需要同时确定工件的加工顺序和机器分配而优化一个或多个目标。其模型可以描述为"n/m"排序问题。这种车间作业相对比较复杂，排序的计算量非常大，此时必须借助计算机利用一定的数学算法编制程序进行排序。算法很多，本节拟介绍一种整数规划方法。利用整数规划进行排序，首先要建立数学模型，建立数学模型时要考虑以下约束条件。

（1）考虑每个作业在机器上的作业次序，例如，对于第 i 个作业，如果需要先在第 j 个机器上加工，再到第 k 个机器上，则应满足如下约束条件：

$$t_{ik} \geqslant t_{ij} + p_{ij}, \quad i = 1, 2, \cdots, n, k = 1, 2, \cdots, m \tag{4-6}$$

式中，t_{ij} 为第 i 项作业在第 j 个机器上的开始加工时间；p_{ij} 为加工时间。

所有作业必须满足这个约束条件，即工艺路线的工序前后顺序约束。

（2）保证某一作业没有完成之前，不要插入其他作业，这里需要引入整数变量 x_{ir}，该变量取值如下：

$$x_{ir} = \begin{cases} 0, & \text{表示 } i \text{ 作业应在 } r \text{ 作业后面} \\ 1, & \text{表示 } i \text{ 作业应在 } r \text{ 作业前面} \end{cases} \tag{4-7}$$

若 $x_{ir}=1$，则第 i 项作业先做，此时应满足以下约束条件：

$$x_{rj}-x_{ij}\geqslant p_{ij}, \quad j=1,2,\cdots,m \tag{4-8}$$

即保证第 r 项作业开始的时间至少等待第 i 项作业完成后。

若 $x_{ir}=0$，则第 r 项作业先做，此时应满足以下约束条件：

$$x_{ij}-x_{rj}\geqslant p_{ij}, \quad j=1,2,\cdots,m \tag{4-9}$$

（3）保证所有作业完成总时间必须大于或等于最后一项作业的开始时间与加工时间之和，即

$$F\geqslant x_{ij}+p_{ij}, \quad i=1,2,\cdots,n, \quad j=1,2,\cdots,m$$

式中，F 为完成所有作业的总时间，目标函数为 $\min F$。

并行机调度问题的解空间大小通常为 $(n!)n^m$，其中，m 为并行机组包含的机器数。并行机调度问题可以拆分为单机调度中的排序问题与机器分配问题的组合，常用的方法是对这两个子问题采用不同的方法分别求解。对于机器分配子问题而言，常常采用调度规则求解，从而较好地平衡最优性和求解效率。图 4-4 是并行机调度问题的甘特图。

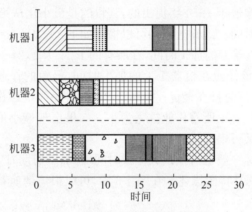

图 4-4 并行机调度问题的甘特图

4.3.3 流水车间调度问题

典型的流水车间调度问题（flow-shop scheduling problem，FSP）包括置换流水车间调度问题和混合流水车间调度问题。置换流水车间调度问题可以描述为：n 个工件在 m 台机器上进行加工，每个工件在各台机器上的加工顺序一致，同时限制每个工件只能在各台机器上加工一次，并且每台机器一次只能加工一个工件，各工件在各台机器上的加工时间已知。该调度问题即如何安排工件在第一台机器上的加工顺序，使某种指标最优。置换流水车间调度问题完工时间计算方法如下：

$$\begin{cases} C_{\sigma_1,1}=t_{\sigma_1} \\ C_{\sigma_1,j}=C_{\sigma_1,j-1}+t_{ij}, & j=2,3,\cdots,m \\ C_{\sigma_1,1}=C_{\sigma_{i-1},1}+t_{i1}, & i=2,3,\cdots,n \\ C_{\sigma_1,j}=\max(C_{\sigma_{i-1},j},+C_{C_{\sigma_i,j-1}})+t_{ij}, & i=2,3,\cdots,n,j=2,3,\cdots,m \end{cases}$$

式中，C 为每个阶段的完成时间；t_{ij} 为工件 i 在机器 j 上的加工时间。

置换流水车间调度问题是一个复杂的组合优化问题。随着工件数量的增加,解空间的大小将呈指数级增长,对于大规模问题,很难找到满意的解决方案。

现以 $n/2$ 排序问题的模型进行说明。设有 n 项作业,加工过程经过两个工作中心 A 和 B,并且所有作业的加工顺序都是先经过工作中心 A,再到工作中心 B,这种问题被称为 "$n/2$"排序问题,可以用约翰逊(Johnson)规则或方法进行排序。$n/2$ 相当于每项作业有两个顺序工序的一种排序问题。n 项作业两台工作中心的排序模型如图 4-5 所示。

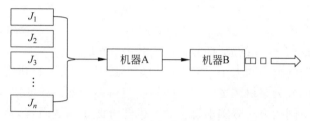

图 4-5 n 项作业两台工作中心的排序模型

约翰逊规则是由约翰逊于 1954 年提出的,其目的是最小化从第一项作业开始到最后一项作业结束的全部流程时间。约翰逊规则可以描述如下:设 $P_{ij}(i=1,2,\cdots,n;j=1,2)$ 表示第 i 项作业在第 j 台机器上的加工时间,在所有的 $P_{ij}(i=1,2,\cdots,n;j=1,2)$ 中,取其最小值,如果 $j=1$,即表示该作业在机器 1 上的加工时间,最短的作业来自第 1 个工作中心,则应首先加工该作业,排序时排在最优;如果 $j=2$,则排序时把该作业放在后面,待该作业删除后,再重复上述步骤,直至所有作业排完为止。如果出现最小值相同的情况,则任意排序,既可以尽量往前排,又可以尽量往后排。

多台机器排序的目标一般也可使最大完成时间(总加工周期)$F_{\max}$ 最短。可以将"$n/2$"排序问题用图 4-6 所示的甘特图描述。在图 4-6 中,可以很清楚地看出 $F_{\max}$ 的构成。

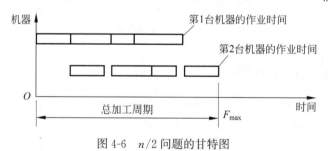

图 4-6 $n/2$ 问题的甘特图

例题 1:现有 5 个订单,每个订单在两个工作中心的作业时间如表 4-12 所示。

表 4-12 订单在两个工作中心的作业时间

订单	在工作中心 1 的作业时间/天	在工作中心 2 的作业时间/天
1	4	3
2	1	2
3	5	4
4	2	3
5	5	6

分析：如表 4-12 所列，$p_{11}=4$，$p_{12}=3$，$p_{21}=1$，$p_{22}=2$，$p_{31}=5$，$p_{32}=4$，$p_{41}=2$，$p_{42}=3$，$p_{51}=5$，$p_{52}=6$。

从上述 10 个时间值中找出最小值为 $p_{21}=1$，因为 $i=2$，$j=1$，则作业 2 排在最前面，然后将该作业从表中划掉。在剩下的 4 项作业中，最小值为 $p_{41}=2$，因为 $i=4$，$j=1$，则作业 4 尽量往前排，故排在作业 2 的后面。同样将该作业从表中划掉，此时，从作业 1、3 和 5 中找出最小值 $p_{12}=3$，因为 $i=1$，$j=2$，故作业 1 尽量往后排，应将它排在最后面。以此类推，最后得到排序结果为 2、4、5、3、1。排序过程和结果如表 4-13 所示。对应的甘特图如图 4-7 所示。由图 4-7 可知，机器 1 无闲置时间（一定是这样），机器 2 的闲置时间为 2 天。总完成时间为 21 天。

表 4-13　排序过程和结果

步骤	p_{ij} 最小值	排序结果
1	$p_{21}=1$	2, ___, ___, ___, ___
2	$p_{41}=2$	2, 4, ___, ___, ___
3	$p_{12}=3$	2, 4, ___, ___, 1
4	$p_{32}=4$	2, 4, ___, 3, 1
5	$p_{51}=5$	2, 4, 5, 3, 1

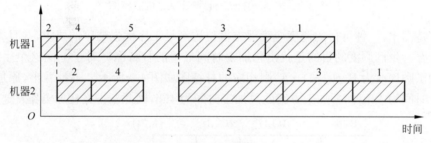

图 4-7　甘特图

对于 n 项作业在两台机器上的排序，必须注意下列问题。

（1）第 1 台机器为连续安排作业，无须等待时间，故闲置时间为零。

（2）第 1 台机器的排序结果和第 2 台机器的排序结果相同。同理，如果第 2 台机器排序和第 1 台机器排序不一样，则势必造成等待时间的增加，从而不能保证总完成时间最短。

（3）第 2 台机器的闲置时间是造成总时间增加的唯一因素，应尽量缩短这种闲置浪费时间。

（4）最短所有作业完成总时间有时不一定是唯一的一种排序结果，如果排序时出现最小时间值相同的两项作业，则可任意选择其中一种进行排序，这样就会产生不同的排序结果。

例题 2：确定多台机器加工多种工件的最优加工次序。

假设有 A、B、C、D 4 种工件，都需要进行先车后铣，其加工时间如表 4-14 所示。其中，A、B、C、D 是调度问题中的 4 个工件（或者称为作业），车床和铣床为 2 台机器，分别为 M_1 和 M_2，车和铣为两道工序（或者称为操作），分别为工序 1 和工序 2。

表 4-14　工件的加工时间

工件名称	车床工时/h	铣床工时/h
A	15	4
B	8	10
C	6	5
D	12	7
合计	41	26

在调度中,一般用三元组(i,j,k)表示工件i的工序j在机器k上加工。如果按照 A→B→C→D 的顺序加工,则加工进度即工序加工随时间分配的顺序,可以用图 4-8 的甘特图表示,图中的方框表示操作,方框长度表示操作(i,j,k)的加工时间$t_{i,j,k}$。

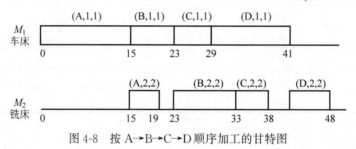

图 4-8　按 A→B→C→D 顺序加工的甘特图

在甘特图中,一种可行的调度应确保方框位置满足工序优先顺序的要求,并且方框之间不发生重叠。生产调度的目的是找出总加工时间最短的甘特图。对于上面这个生产任务,如果将加工顺序改为 B→C→D→A,则相应的甘特图如图 4-9 所示。不难看出,原加工方案的总加工时间为 48h,而新加工方案的总加工时间为 45h,因此新方案比原方案优越。

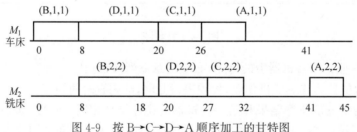

图 4-9　按 B→C→D→A 顺序加工的甘特图

混合流水车间调度是在置换流水车间调度的基础上加入机器选择。n个工件在m个阶段的流水线上进行加工,各阶段至少有一台机器且至少有一个阶段存在多台机器,在每一阶段各工件均要完成一道工序,并且可任意选择该阶段某台机器进行加工。该调度问题即如何安排工件的加工机器及每台机器上工件的加工顺序,以使某种指标最优,如图 4-10 所示。

混合流水车间广泛存在于化工、冶金、纺织、机械、物流、建筑、造纸等领域。每道工序存在多台并行机器,可以保证流水线生产过程中的连续性加工而不发生中途中断,在工件产生等待时间的情况下,缩短生产周期。

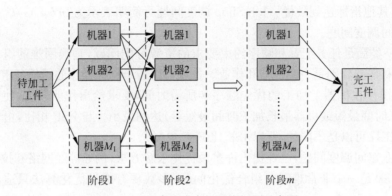

图 4-10 混合流水车间调度问题示意图

4.3.4 作业车间调度问题

作业车间调度问题(job-shop scheduling problem,JSP)可以描述为：n 个工件在 m 台机器上进行加工,每个工件有特定的加工工艺,每个工件使用机器的顺序及每道工序所需的时间已知。该调度问题即如何安排工件在每台机器上的加工顺序,使某种指标最优。

相对流水车间而言,作业车间调度问题的加工工艺不统一,因此具有更高的复杂度。而在柔性作业车间调度问题中,加入了机器的选择过程。每个工件可以在不同的机器上加工,使求解难度进一步上升,如图 4-11 所示。

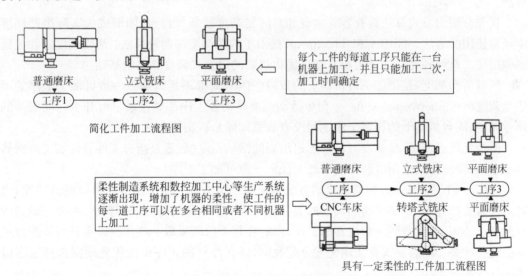

图 4-11 作业车间/柔性作业车间调度问题应用场景

作业车间调度问题的核心即如何安排工件在每台机器上的加工顺序,使某种指标最优,以下是 JSP 的部分约束条件。

(1) 不同工件的工序之间没有顺序约束。

(2) 某一工序一旦开始加工,就不能中断,每台机器在同一时刻只能加工一道工序。

(3) 机器不发生故障。

调度的目标是确定每台机器上工序的顺序和每道工序的开工时间,使最大完工时间

$C_{\max}$ 最小或其他指标达到最优。Job-Shop 调度问题可简明表示为"$n/m/G/C_{\max}$",此处 G 表示作业车间调度问题。

JSP 是一类满足任务配置和顺序约束要求的资源分配问题,是最困难的组合优化问题之一。资源和任务分别是一些机器和作业。作业可由若干称为操作的子任务组成。已知每项任务中诸操作在机器上加工的优先顺序和所需时间,要求给出作业调度,使目标函数值(如总的加工时间最短或机器最长加工时间最短等)达到最小。与 FSP 相比,由于 JSP 的每个工件加工工序可以是不同的,所以 JSP 比 FSP 更复杂。

对于作业车间调度问题,已经提出许多最优化求解方法,例如神经网络和拉格朗日松弛法,但由于 JSP 是一个非常难解的组合优化问题,多数现有的最优化算法只适用于规模较小的问题。

作业车间调度问题被证明属于 NP 难题,被数学界公认为最困难的组合优化问题之一,目前提出了许多启发式算法以解决简单的作业车间调度问题。但迄今为止,尚未提出确保性能的启发式算法,只有在一些特殊的场合才适用。很多研究表明,寻找作业车间调度问题的最优解是非常困难的,最有工程意义的求解算法是放弃寻找最优解的目标,转而试图在合理、有限的时间内寻找一个近似、有用的解。

作业车间调度问题是一个资源分配问题,这里的资源是指设备。由于 JSP 本身的 NP 难题特性,通常采用启发式算法进行求解。多数传统的启发式算法应用优先权规则,即在一个从未排序的工序特定子集中选用工序的规则。下面介绍一种常用的优先分配启发式算法。

优先分配启发式算法具有容易实现和时间复杂度较低等特点,因而成为实际生产调度中经常使用的方法。Giffler 和 Thompson 提出了构造调度的两种算法:活动调度法和无延迟调度法。这两种算法被视为所有基于优化规则的启发式调度算法的基础。

所谓活动调度,是指任一台机器上的每段空闲时间都不足以加工一道可加工工序的半活动调度(semi-active schedule)。而半活动调度是指各工序都是按最早可开工时间安排的作业调度(同台机器上的相邻工序之间没有故意间隔),否则为非活动调度。

所谓无延迟调度,是指没有任何延迟出现的活动调度(延迟是指有工件等待加工时机器出现空闲,即使这段空闲时间不足以加工任何一道可加工工序)。

Giffler 和 Thompson 构造调度的方法是树形结构方法。树中的节点对应部分调度,边对应可能的选择,叶子是可能的调度的集合。对于一个给定的部分调度算法,主要是识别所有的加工冲突,即竞争同一台机器的工序,而后在每个阶段采取一些步骤以多种可能的方式解决这些冲突。而启发式算法用优先分配规则,即在冲突的工序中按优先规则选择工序以解决这些冲突。

在构造调度过程中每安排一道工序称作一"步"(step)。设 $\{S_t\}$ 表示第 t 步之前已排序工序构成的部分作业调度;$\{O_t\}$ 表示第 t 步可以排序的工序集合;T_k 表示 $\{O_t\}$ 中工序 O_k 的最早可能开工时间,T'_k 表示 $\{O_t\}$ 中工序 O_k 的最早可能完工时间。以下是各算法的步骤流程。

1. 活动调度构造算法

步骤 1　设 $t=1$,$\{S\}$ 为空集,$\{O_1\}$ 为各工件第一道工序的集合。

步骤 2　求 $T^* = \min(T'_k,)$ 并找出 T^* 出现的机器 M^*。如果 M^* 有多台,则任选

一台。

步骤 3 从 $\{O_i\}$ 中挑选出满足以下条件的工序 O_j：需要机器 M^* 加工，且 $T_j < T^*$（因为 O_j 取自第 i 步可以排序的工序集合，因此保证了计划的半活动性；而 $T_j < T^*$ 则保证在机器 M^* 上安排 O_j 后，在 O_j 之前机器 M^* 上不会有足够的空闲插入其他工序，以此保证计划的活动性）。

步骤 4 将确定的工序 O 放入 $\{S_i\}$，从 $\{O_t\}$ 中消去 O_j，并将 O_j 的<math>之后工序放入 $\{O_i\}$ 中，使 $t = t+1$。

步骤 5 若还有未安排的工序，则转至步骤 2，否则停止。

2. 无延迟调度构造算法

步骤 1 设 $t = 1$，$\{S_i\}$ 为空集，$\{O_1\}$ 为各工件第一道工序的集合。

步骤 2 求 $T^* = \min\{T_k\}$，并找出 T^* 出现的机器 M^*。如果 M^* 有多台，则任选一台。

步骤 3 从 $\{O_i\}$ 中挑选出满足以下条件的工序 O_j：需要机器 M^* 加工，且 $T_j = T^*$。

步骤 4 将确定的工序 O_j 放入 $\{S_t\}$，从 $\{O_t\}$ 中消去 O_j，并将 O_j 的<math>之后工序放入 $\{O_i\}$ 中，使 $t = t+1$。

步骤 5 若还有未安排的工序，则转至步骤 2，否则停止。

下面给出一个简单的算法示例。

例题 3：有一个 2 个工件、3 台机器、以流经时间为优化目标的作业车间调度问题（$2/3/G/F_{\max}$），其路线矩阵 D 和加工时间矩阵 T 分别如下：

$$D = \begin{bmatrix} 1,1,1 & 1,2,3 & 1,3,2 \\ 2,1,3 & 2,2,1 & 2,3,2 \end{bmatrix}$$

$$T = \begin{bmatrix} 2 & 4 & 1 \\ 3 & 4 & 5 \end{bmatrix}$$

其中，D 中的每个元素 (i,j,k) 用于描述某个工件的某道工序：表示工件 i 的第 j 道工序在机器 k 上进行。例如，$1,2,3$ 表示第 1 个工件的第 2 道工序在机器 3 上进行。T 中的每个元素对应 D 中工序的加工时间。

表 4-15 和图 4-12 分别给出了活动调度构造过程及其调度结果。

表 4-15 活动调度构造过程

步骤	$\{O_i\}$	T_k	T'_k	T^*	M^*	O_j
1	1,1,1 2,1,3	0 0	2 3	2	M_1	1,1,1
2	2,1,3 1,2,3	0 2	3 6	3	M_3 M_3	1,2,3 （任选工序）
3	2,1,3 1,3,2	6 6	9 7	7	M_2	1,3,2
4	2,1,3	6	9	9	M_3	2,1,3
5	2,2,1	9	13	13	M_1	2,2,1
6	2,3,2	13	18	18	M_2	2,3,2

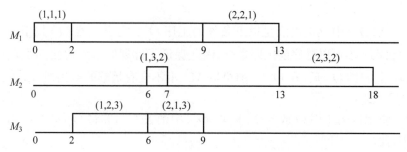

图 4-12 活动调度得到的调度结果(机器甘特图)

表 4-16 和图 4-13 分别给出了无延迟调度构造过程及其调度结果。

表 4-16 无延迟调度构造过程

步骤	$\{O_i\}$	T_k	T_k'	T^*	M^*	O_j
1	1,1,1	0	2	0	M_1	1,1,1
	2,1,3	0	3	0	M_3	(任选机器)
2	1,2,3	2	6	0	M_3	2,1,3
	2,1,3	0	3			
3	1,2,3	3	7	3	M_3	1,2,3
	2,2,1	3	7	3	M_1	(任选机器)
4	1,3,2	7	8	3	M_1	2,2,1
	2,2,1	3	7			
5	1,3,2	7	8	7	M_2	2,3,2
	2,3,2	7	12	7	M_2	(任选工序)
6	1,3,2	12	13	12	M_2	1,3,2

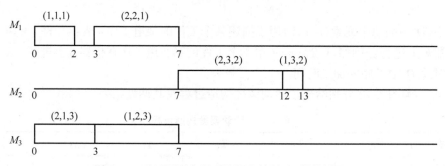

图 4-13 无延迟调度得到的调度结果(机器甘特图)

柔性作业车间调度问题(flexible job-shop scheduling problem,FJSP)是传统单体车间调度问题的扩展。在传统的单件车间调度问题中,工件的每道工序只能在一台确定的机床上加工。而在柔性作业车间调度问题中,每道工序可以在多台机床上加工,并且在不同的机床上加工所需的时间不同。柔性作业车间调度问题减少了机器约束,扩大了可行解的搜索范围,增加了问题的复杂性。

柔性作业车间调度问题在实际生产中广泛存在,是迫切需要解决的一类问题。此外,在离散制造业或流程工业中广泛存在的另一类问题——混合流水车间调度问题(hybrid flow-shop scheduling problem,HFSP),可看成是柔性作业车间调度问题的一种特例,即所有工件的加工路线相同。目前,遗传算法是主要应用于求解柔性工作车间调度问题的元启发式方法。

柔性作业车间调度问题的描述如下:一个加工系统有 m 台机器,要加工 n 种工件。每个工件包含一道或多道工序,工件的工序是预先确定的;每道工序可以在多台不同的机床上加工,工序的加工时间随机床的性能不同而变化。调度目标是为每道工序选择最合适的机器、确定每台机器上各工件工序的最佳加工顺序及开工时间,使系统的某些性能指标达到最优。此外,在加工过程中还需满足以下约束条件。

(1) 同一时刻同一台机器只能加工一个零件。

(2) 每个工件在某一时刻只能在一台机器上加工,不能中途中断任何一个操作。

(3) 同一工件的工序之间有先后约束,不同工件的工序之间没有先后约束。

(4) 不同工件具有相同的优先级。

在 FJSP 中,存在循环排列的特性,即同一个工件的多道工序可以在同一台机器上连续或间隔加工。当 FJSP 中每道工序确定加工机器之后,即转变为一般的作业车间调度问题。而析取图(disjunctive graph)模型是描述车间调度问题的一种重要形式。

析取图模型被定义为 $G=(N,A,E)$,其中,N 是所有工序组成的节点集,用 0 和 $*$ 表示两个虚设的起始工序和终止工序,每个节点的权值等于此节点工序在对应机器上的加工时间;A 是连接同一个工件的邻接工序间的有向弧集,表示工序之间的先后加工顺序约束;E 是连接在同一台机器上相邻加工工序间的析取弧集。

例题 4:确定多台机器加工多个工件的 FJSP。

一个包括 3 个工件、3 台机器、9 道工序的柔性作业车间调度加工时间表如表 4-17 所示。

表 4-17 柔性作业车间调度加工时间

工件	工序	加工机器和时间		
		M_1	M_2	M_3
J_1	O_{11}	2	7	—
	O_{12}	—	3	6
	O_{13}	7	—	5
J_2	O_{21}	3	8	
	O_{22}	—	9	3
	O_{23}	7	3	
J_3	O_{31}	—	3	8
	O_{32}	4	8	—
	O_{33}		8	3

在此图中,节点集 N 可以表示为
$$N=\{0,O_{11},O_{12},O_{13},O_{21},O_{22},O_{23},O_{31},O_{32},O_{33},*\}$$
有向弧集 A 可以表示为
$$A=\{(O_{11},O_{12}),(O_{12},O_{13}),(O_{21},O_{22}),(O_{22},O_{23}),(O_{31},O_{32}),(O_{32},O_{33})\}$$
图 4-14 所示为一个可行调度方案:

如图 4-14(b)所示,机器 1 上的选择为 $S_1=\{O_{21},O_{11},O_{32}\}$,机器 2 上的选择为 $S_2=$

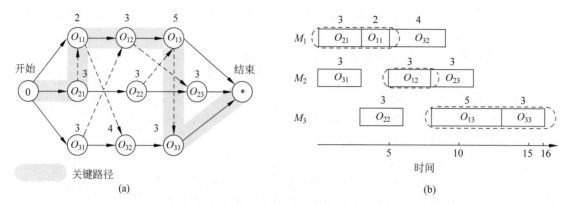

图 4-14　析取图与甘特图

(a) 析取图；(b) 甘特图

$\{O_{31}, O_{12}, O_{23}\}$，机器 3 上的选择为 $S_3 = \{O_{22}, O_{13}, O_{33}\}$。

在非循环有向图 4-14(a) 中，从起点 0 到终点 * 的最长路径称为关键路径，其长度等于该调度的最大完工时间。用析取图描述调度问题，就是为了找到此关键路径，并使之最小。属于关键路径上的每道工序称为关键工序。同一台机器上紧邻的几个关键工序的组合称为关键块，同一台机器上可能有多个关键块，其中每个关键块的第一个工序为块首工序，每个关键块的最后工序称为块尾工序，其他称为内部工序。其中，$O_{21}, O_{11}, O_{12}, O_{13}, O_{33}$ 表示关键工序。两个关键块为 $\{O_{21}, O_{11}\}$，$\{O_{13}, O_{33}\}$。关键路径的长度为 16，需要注意的是，同一个调度方案可能存在多条关键路径。

与传统的单机车间调度比较，柔性作业车间调度问题是更复杂的 NP 难题。迄今为止，比较常用的求解方法有基于规则的启发式方法、遗传算法、模拟退火算法、禁忌搜索算法、整数规划法和拉格朗日松弛法等。

柔性作业车间调度中运用较多的是基于规则的启发式方法。各种调度规则按其在调度过程中所起的作用又分为加工路线选择规则和加工任务排序规则，它们的共同特点是求解速度快、简便易行。然而，现行的调度规则大多是在一般单机车间调度甚至是单台机床排序的应用背景下提出的，它们对于柔性作业车间调度问题的解决虽然有一定的借鉴价值，但与在一般调度应用中一样，其对应用背景有较大的依赖性。目前，尽管大量研究开展了新型规则设计、调度规则比较，以及不同调度环境下各种规则的性能评估等方面的工作，但要给出一种或一组在各种应用场合中均具优势的调度规则尚有一定困难。

习题

1. 加工单与派工单分别需要说明哪些任务？
2. 简述无限负荷方法与有限负荷方法的区别。
3. 调度的目标可以分为哪几类，分别有什么？
4. 经典的调度问题可以分为哪些？分别简述它们的特点。
5. 现有 A、B、C、D 四种工件，其工序都为：工序 1，车床加工；工序 2，铣床加工，工件的具体加工时间如表 4-18 所示，请画出加工工件顺序为 A→B→C→D 的排产甘特图，若第一种加工工件必定为 A,通过不同工件顺序的排列组合找到加工时间最短的加工工件排序并画出其甘特图(任一即可)。

表 4-18 车间调度加工时间

工件名称	车床工时/h	铣床工时/h
A	6	7
B	4	3
C	7	5
D	4	8
合计	21	23

6. 现有 A、B、C、D 四种工件,其工序都为:工序 1,车床加工;工序 2,铣床加工,工件的具体加工时间如表 4-19 所示,请画出加工工件顺序为 B→D→C→A 的排产甘特图,若第一种加工工件必定为 B,通过不同工件顺序的排列组合找到加工时间最短的加工工件排序并画出其甘特图(任一即可)。

表 4-19 车间调度加工时间

工件名称	车床工时/h	铣床工时/h
A	6	9
B	4	3
C	8	7
D	5	6
合计	23	25

7. 确定多台机器加工多个工件的最优加工次序。假设有 3 种工件,在车床(M_1)、铣床(M_2)、刨床(M_3)3 种设备上加工,每个工件的工序在不同的机器上加工,其加工顺序和加工时间如表 4-20 和表 4-21 所示。分别使用活动调度构造算法及无延迟调度构造算法计算调度结果,要求写出过程并画出最终调度甘特图。

表 4-20 工件加工工序

工件	工 序		
	1	2	3
1	M_3	M_1	M_2
2	M_1	M_3	M_2
3	M_2	M_3	M_1

表 4-21 车间调度加工时间

工件	车床工时/h	铣床工时/h	刨床工时/h
1	4	6	7
2	3	5	3
3	5	4	4

8. 作业车间调度与柔性作业车间调度有什么区别?

9. 活动调度构造算法与无延迟调度算法的区别是什么?

10. 关键路径指什么,它有什么特点?

11. 指出图 4-15 中的连接弧集及析取弧集,并指出其关键路径。

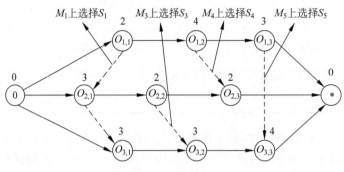

图 4-15 析取图

12. 确定多台机器加工多个工件的 FJSP。一个包括 3 个工件、3 台机器的柔性作业车间调度加工时间表如表 4-22 所示。设计一个调度方案,根据调度方案画出析取图模型并由析取图模型画出对应的甘特图。

表 4-22 车间调度加工时间表

工件	工序	加工机器和时间		
		M_1	M_2	M_3
J_1	O_{11}	2	7	—
	O_{12}	—	3	6
	O_{13}	7	—	5
J_2	O_{21}	3	8	—
	O_{22}	—	9	3
	O_{23}	7	3	—
J_3	O_{31}	—	3	8
	O_{32}	4	8	—
	O_{33}	—	8	3

第 5 章　智能装配工艺

对于机械制造业等行业，装配是其产品生命周期的一个重要环节，是实现产品功能的主要过程。除了快速灵活地装配设备以外，合理的装配规划是加快新产品上市周期、降低产品的装配难度及提高装配效率的重要途径。随着装配技术的不断发展，产品装配正从手工阶段、半自动化阶段、自动化阶段，向数字化、智能化阶段发展。

5.1　装配的定义及工艺

装配是一个具有丰富内涵的有机整体，它不仅是将零件简单组装到一起的过程，更重要的是，组装后的产品应能够实现相应的功能、体现产品的质量。

5.1.1　装配的定义

装配是将零件按规定的技术要求组装起来，使各种零件、组件、部件具有规定的质量精度与相互位置关系，并经过调试、检验，使之成为合格产品的过程。

产品是由若干零件、组件和部件组成的。在产品研制过程的最后阶段，需要将这些零件、组件和部件合理地进行组装，使之成为合格产品。在《中国大百科全书》中，机械装配指的是"按设计技术要求将零件和部件配合并连接成机械产品的过程"。《机械制造工艺学》中对装配的解释为"按规定的技术要求，将零件、组件和部件进行配合和连接，使之成为半成品或成品的工艺过程。装配不仅是零件、部件、组件的配合和连接过程，还应包括调整、检验、实验、油漆和包装等工作"。纵观飞机、汽车、电子设备等各大制造业，装配就是将具有一定形状、精度、质量的各种零件、组件、部件按照规定的技术条件和质量要求进行配合与连接，并进行检验与实验的整个工艺过程。按照装配件的复杂程度，可将装配阶段划分为组件装配、部件装配和总装配。

按照产品研制过程工作内容的先后次序划分，产品研制过程主要分为设计阶段、制造阶段及验证阶段。其中，设计阶段给出产品质量的固有属性；制造阶段通过产品定义技术、零件加工技术、装配技术及测量与检验技术等一系列技术保证产品的最终质量和使用寿命；验证阶段通过设计指标对产品质量做出评价。

图 5-1 飞机装配工作量占制造整体
过程的比例

毛坯制造
零件加工
装配安装
试验检验
其他

装配是制造阶段的最终环节,也是最关键的环节,是复杂产品制造全生命周期中最重要、耗费精力和时间最多的步骤之一,在很大程度上决定了产品的最终质量、制造成本和生产周期。以飞机装配为例,其工作量占整个产品研制工作量的 20%～70%,平均为 45%,装配过程约占产品制造总工时的 50%,装配相关的费用占生产制造成本的 25%～35%,如图 5-1 所示。产品的可装配性和装配质量直接影响着产品的性能与寿命、制造系统的生产效率和产品的总成本。因此,采用先进的装配技术与适当的装配方法,实现装配质量的更优控制,具有重大的工程意义。

案例 5-1:

以飞机装配为例,飞机的结构不同于一般的机械产品,其外形复杂、尺寸大、零件及连接件数量多、协调关系复杂,在装配过程中极易产生变形,如图 5-2 所示。飞机的装配过程是将大量的飞机零件按设计及技术要求进行组合、连接的过程。如图 5-3 所示,一般是先将零件装配成比较简单的组合件和板件,再逐步装配成比较复杂的段件和部件,最后将各部件对接成整架飞机。

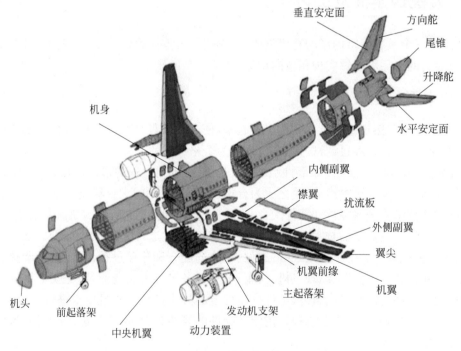

图 5-2 飞机结构部件

案例 5-2:

汽车产品(包括整车及总成等)的装配是汽车产品制造过程中最重要的工艺环节之一,

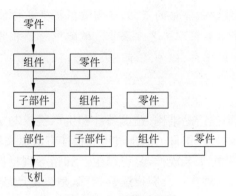

图 5-3　飞机装配流程

也是汽车全部制造工艺过程的最终环节。其流程是把检验合格的数以千计的零部件按照规定的精度标准和技术要求组合成总成、分总成、整车,并经严格的检测程序,确认其是否合格的工艺过程。汽车装配工艺是使汽车这个生产对象在数量、外观上发生变化的工艺过程。数量的变化表现为装配过程中零部件、总成的数量不断增加并相互有序地结合起来。外观的变化表现为零部件、总成之间有序结合后具有一定的相互位置关系,在流水线装配推进过程中,外形不断发生变化,最后组装成一辆完整的汽车。

汽车装配过程是在机械化的流水生产线上完成的,汽车的生产大致分为五个部分:冲压→焊接→涂装→总装→售前检查。简单来说,就是先经过冲压等加工工艺,将车身、零部件等生产出来,然后通过焊接等工艺把部分部件连起来,再进行表面防锈、防蚀的涂装处理,最后将所有的部件组装起来。汽车装配工艺流程如图 5-4 所示。

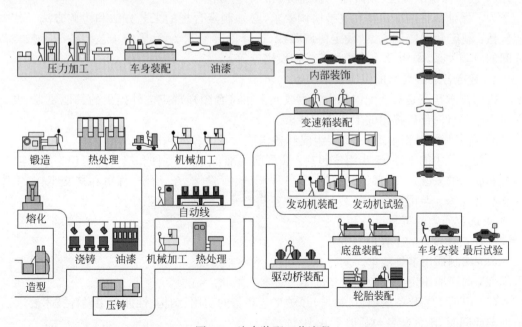

图 5-4　汽车装配工艺流程

随着国内外精密/超精密加工技术的快速发展,产品零部件的加工精度和一致性得到显著提高,装配环节对产品性能的保障作用正日益凸显。装配过程中不能仅依靠零件自身形状与尺寸的加工精度保证装配出合格的产品,还需要根据产品特征设计装配工艺方案,包括装配工艺设计、装配工艺基准和装配工艺方法等。装配中除了采用各种通用机床、常用工具和实验设备,还要针对不同的零件、组件及部件采用专门的装配工艺装备。

5.1.2 装配工艺

装配工艺是工艺部门根据产品结构、技术条件和生产规模制定的各装配阶段运用的基准、方法及技术的总称。将零件、组件的装配过程和操作方法以文件或数据(三维模型)的形式做出明确规定而形成的装配工艺规程,是组织生产和指导现场操作的重要依据。装配工艺可保证产品的装配精度、物理指标及服役运营指标,是决定产品质量的关键环节,其主要内容包括装配工艺设计、装配工艺基准及装配工艺方法等。

1. 装配工艺设计

装配工艺设计是产品装配的工艺技术准备,是确定产品的最优装配方案,其贯穿于产品设计、试制和批量生产的整个过程。虽然部件装配工艺设计在产品生产研制各阶段的工作重点不同,但其主要内容包括以下 8 个方面。

1)装配单元划分

根据产品的结构工艺特征合理进行工艺分解,可将部件划分为装配单元。装配单元是指可以独立组装达到工程设计尺寸与技术要求,并作为进一步装配的独立组件、部件或最终产品的一组构件。

2)确定装配基准和装配定位方法

装配工艺设计的任务是采用合理的工艺方法和工艺装备以保证装配基准的实现。

3)选择保证准确度、互换性和装配协调的工艺方法

为了保证部件的准确度和互换协调要求,必须制定合理的工艺方法和协调方法。其内容包括:制定装配协调方案,确定协调路线,选择标准工艺装备,确定工艺装备与工艺装备之间的协调关系,采用设计补偿和工艺补偿措施等。

4)确定各装配元素的供应技术状态

供应技术状态是对装配单元中各组成元素在符合图样规定之外提出的其他要求,也就是对零件、组件、部件提出的工艺状态要求。

5)确定装配过程中工序、工步组成和各构造元素的装配顺序

装配过程中的工序、工步组成包括:装配前的准备工作,零件和组件的定位夹紧、连接,系统和成品的安装,互换部位的精加工,各种调试、实验、检查、清洗、称重和移交工作,工序检验和总检等。装配顺序是指装配单元中各构造元素的先后安装次序。

6)选定所需的工具设备和工艺装备

选定工具设备的工作内容如下。

(1)编制通用工具清单。

(2)选择通用设备及专用设备的型号、规格、数量。

(3)申请工艺装备的项目、数量,并对工艺装备的功用、结构、性能提出设计技术要求。

与此同时,工艺装备包括以下几类。

(1)标准工艺装备,包括标准样件、标准模型、标准平板、标准量规及制造标准的过渡工艺装备等。

(2)装配工艺装备,包括装配夹具(型架)、对合型架、精加工型架、安装定位模型(量规、

样板)、补铆夹具、专用钻孔装置、钻孔样板(钻模)等。

(3) 检验实验工艺装备,包括测量台、实验台、振动台、清洗台、检验型架、平衡夹具、实验夹具等。

(4) 地面设备,包括吊挂、托架、推车、千斤顶、工作梯等。

(5) 专用刀具量具,包括钻头、扩孔钻、铰(拉、镗)刀、锪钻、塞规(尺)及其他专用测量工具。

(6) 专用工具,包括用于拧紧、夹紧、密封、铰接、钻孔等的工具。

(7) 二类工具,包括顶把、冲头等。

7) 零件、标准件、材料的配套

选定工艺装备的主要工作内容如下。

(1) 按工序对零件(含成品)、标准件进行配套。

(2) 计算材料(基本材料、辅助材料)定额。

(3) 按部件汇总标准件、材料。

8) 进行工作场地的工艺布置

工艺布置的内容包括概算装配车间总面积、准备原始资料、绘制车间平面工艺布置图。

2. 装配工艺基准

基准是确定结构件之间相对位置的一些点、线或面。基准可分为设计基准及工艺基准。设计基准是设计用于确定零件外形或决定结构相对位置的基准,如飞机轴线、弦线等。工艺基准是指在工艺过程中使用,存在于零件、装配件上的具体的点、线或面,用于确定结构件的装配位置。设计基准是空间的线或面,需要通过模线样板、基准孔或标准样件等协调手段,间接地实现设计基准与工艺基准的统一。

根据功用不同,工艺基准可分为定位基准、装配基准和测量基准 3 种。

(1) 定位基准,用于确定结构件在设备或工艺装备上的相对位置。一般确定装配元件的定位方法包括画线、装配孔、基准零件、工装定位件等。

(2) 装配基准,用于确定结构件之间的相对位置。

(3) 测量基准,用于测量结构件装配位置的起始尺寸位置。一般用于测量产品关键协调特征是否满足设计要求。

(4) 混合基准-K 孔,即在数字量协调技术中,为减少误差累积,尽量保证定位基准、装配基准和测量基准的统一,大量应用 K 孔作为零件制造过程和装配过程中共用的基准。

案例 5-3:

如图 5-5 所示为壁板化机翼结构示意图。由于前、中、后翼肋和前、后梁都有弦向分离面,可能预先分为壁板进行装配。例如,上翼面可分解为 3 个板件,下翼面也可分解为 3 个

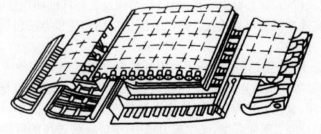

图 5-5　壁板化机翼结构示意图

板件。其装配过程大致如下：首先在机翼中段型架内将中段上、下壁板紧贴在卡板上，选择合适的垫片，将上、下半梁装配起来；其次在机翼总装型架内将前、后段的上、下壁板紧贴在卡板上，与机翼中段组合并拼接。这个装配过程就是以蒙皮外形为基准的装配方法。

3. 装配工艺方法

1) 装配定位方法

装配定位方法是确定装配单元中各组成元素相互位置的方法。

装配定位方法是在保证零件之间的相互位置准确、装配以后能满足产品图样和技术条件要求的前提下，综合考虑操作简便、定位可靠、质量稳定、开敞性好、工装费用低和生产准备周期短等因素后选定的。传统装配定位方法有 4 种，即画线定位法、基准件定位法、定位孔定位法和装配夹具定位法，如表 5-1 所示。

表 5-1 传统装配定位方法

类　型	方　法	特　点	选　用
画线定位法	① 用通用量具或画线工具画线 ② 用专用样板画线 ③ 用明胶模线晒相方法	① 简便易行 ② 装配准确度较低 ③ 工作效率低 ④ 节省工艺装备费用	① 成批生产时，用于简单的、易于测量的、准确度要求不高的零件定位 ② 作为其他定位方法的辅助定位
基准件定位法	用产品结构件上的某些点、线确定待件的位置	① 简便易行，节省工艺装备，装配开敞，协调性好 ② 基准件必须具有良好的刚性和位置准确度	① 有配合关系且尺寸或形状一致的零件之间的装配 ② 与其他定位方法混合使用 ③ 刚性好的整体结构件装配
定位孔定位法	在相互连接的零件（组合件）上，按一定协调路线分别制出孔，装配时零件用对应的孔定位确定零件（组合件）的相互位置	① 定位迅速、方便 ② 不用或仅用简易的工艺装备 ③ 定位准确度比工艺装备的定位准确度低，比画线定位法的定位准确度高	① 内部加强件的定位 ② 平面组合件非外形零件的定位 ③ 组合件之间的定位
装配夹具定位法	利用型架（如精加工台）定位确定结构件的装配位置或加工位置	① 定位准确度高 ② 限制装配变形或强迫低刚性结构件符合工艺装备 ③ 保证互换部件的协调 ④ 生产准备周期长	应用广泛的定位方法，能保证各类结构件的装配准确度要求

2) 装配连接方法

当各零件完成定位后，需要针对零件的材料、结构及装配件的使用性能等选择恰当的装配连接方法，从而实现产品的可靠连接。产品装配中常用的连接方法包括机械连接、胶接和焊接等。

（1）机械连接。机械连接是一种采用紧固件将零件连接成装配件的方法，常用的紧固件有螺栓、螺钉、铆钉等。机械连接作为一种传统的连接方法，在装配过程中应用最为广泛，具有不可替代的作用，其主要特点如下：连接质量稳定可靠；工具简单，易于安装，成本低；检查直观，容易排除故障；削弱强度，产生应力集中，造成疲劳破坏的可能性大。

（2）胶接。胶接是通过胶黏剂将零件连接成装配件。通常情况下，胶接可作为铆接、焊接和螺栓连接的补充；在特定条件下，可根据设计要求提供所需的功能。与传统的连接方法相比，胶接具有如下特点：充分利用被黏材料的强度，不会破坏材料的几何连续性；无局部应力集中，提高接头的疲劳寿命；胶接构件有效地减轻重量；可根据使用要求选取相应的胶黏剂，实现密封、抗特定介质腐蚀等功能；胶接工艺简单，但质量不易检查；胶接质量易受诸多因素影响，存在老化现象。

（3）焊接。焊接是通过加热、加压或两者并用，使分离的焊件形成永久性连接的工艺方法。焊接结构的应用领域越来越广泛，包括航空航天、汽车、船舶、冶金和建筑等。焊接的主要特点如下：节省材料，减轻重量；生产效率高，成本低，显著改善劳动条件；可焊范围广，连接性能好；可焊性好坏受材料、零件厚度等因素的影响；质量检测方法复杂；装配测量与检验。

4. 典型装配工艺实例

同样地，由于飞机、汽车等产品的功能、零部件结构、数量均不同，导致它们的装配工艺各具特点，如飞机装配时由于组件尺寸大、刚度低，需要专门的工装保证装配时结构形状固定；汽车装配件种类、数量繁多，装配工作较为复杂。下面分别对飞机装配、汽车装配的典型装配工艺实例进行说明。

1）飞机装配工艺实例

（1）壁板类组合件装配。飞机机翼通常由翼梁、翼肋、桁条、蒙皮等构件组成。翼梁由缘条和腹板铆接而成，翼肋铆接在翼梁腹板上，长桁条铆接在翼肋上，蒙皮铆接在翼梁缘条、翼肋周缘、长桁条上。它们组成一个整体结构，以承受机翼外部载荷引起的切变力、弯矩、扭矩，形成并保持必需的机翼外形。机翼的结构如图 5-6 所示。

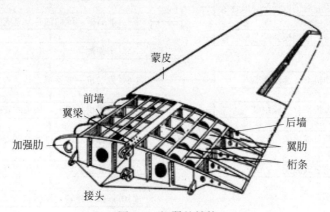

图 5-6 机翼的结构

（2）机身类部件装配。某机型后机身是由框梁和整体壁板等纵、横构件组成的半硬壳式结构。为承受和传递发动机和垂尾的集中载荷，后机身横向布置了 4 个加强框。在各加强框之间布置了普通框，用于维持机身的界面形状。在纵向布置了尾梁内、外侧壁板，发动机推力梁，上大梁、下大梁等承力构件，纵、横向承力构件共同承受机身总体弯矩、扭矩和剪力。平尾接头布置在尾梁区，在结构上分别在尾梁内、外侧壁板的后端外伸出两个接头，与平尾交点接头两根主梁上的接头连接。后机身的主要结构及层次关系如图 5-7 所示。

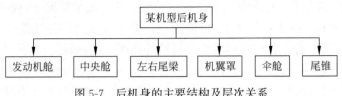

图 5-7 后机身的主要结构及层次关系

2）汽车底盘装配工艺实例

汽车底盘装配的主要工艺流程如图 5-8 所示，为一个典型的车架式客车底盘装配生产流程。客车底盘进行装配的基础件是车架，为此车架总成，应首先上装配线，然后在车架上依次安装各总成和零部件。其装配工艺流程由两个阶段构成。第一阶段（主 0 至主 4 工位），车架反放置，对前桥、后桥、悬架、传动轴等总成进行安装。将车架翻转，进入第二阶段（主 6 至主 10）的装配，即发动机、变速器、操纵机构、冷却、消声、排气装置、轮胎等总成的安装。将外加工的前、后车架吊放在辅助生产线上，将前桥总成、转向机构、操纵机构等安装在前车架上；将发动机、变速器、后桥各总成安装在后车架上。将组装完工的前车架总成、后车架总成吊入客车生产流水线，并定轴距；中车架与前后车架总成组焊；安装油、气、电路；进行车身底盘的扣合等。

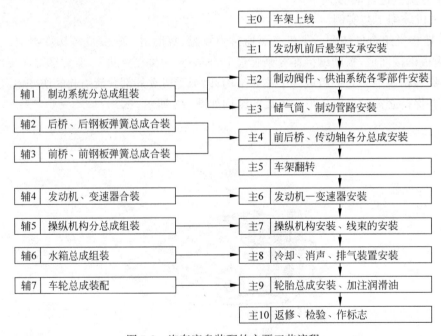

图 5-8 汽车底盘装配的主要工艺流程

汽车底盘的构成不同，其具体的装配工艺过程也有所差异，但实际生产中发现，不同构成的底盘装配模块只存在工序数的差异，主体的装配工艺基本相同。

飞机、汽车的装配具有高精度、多部件、多工序等特点，具体的装配工艺和装配流程存在相同之处，比如由于装配过程中零部件数量大、种类多，飞机与汽车的装配均可划分为组件装配、部件装配、总装的"分-总"装配模式。由于两者的结构、功能需求各不相同，在具体的装配工艺上必然存在差异。飞机部件体积大、刚度小、装配精度要求高，在装配过程中不能仅依靠自身形状和加工精度保证装配质量,需要针对不同机型、不同部件定制专用工装夹具。汽车制造需求高、产量大,自动化、机械化水平较高,流水线生产趋于成熟,一种车型产量数以百万计,且新型号的汽车更新换代速度快,对于生产线的产能、适配性要求较高;而飞机制造由于零部件数量多、装配精度要求高,单一型号产量不足万架,且更新换代速度慢,对于生产线的质量需求远大于产量需求。

5.1.3 装配的发展趋势及意义

目前智能化、绿色化已成为制造业发展的主流方向,智能制造也成为世界各国竞争的焦点。在智能制造模式下,装配车间将呈现集成化、网络化、协同化、标准化、绿色化、柔性化、智能化等特征。

1) 集成化

智能装配车间融合了先进的智能技术、制造技术及管理技术,实现从总装生产过程中的生产制定、生产下达、生产执行、生产调度及生产完成的全过程集成管控。通过先进的信息采集手段,实现对总装车间中资源流、计划流、物流、质量流及信息流的有效采集和集成,从而增强企业对车间的管控能力。

2) 网络化

智能化装配过程的实现需要充分利用物联网及其相应技术。通过车间无线传感网络,有效利用总装车间内部和外部(其他车间)的各种资源,为生产过程物流信息和系统的集成提供必要条件。

3) 协同化

智能装配模式的实现是总装车间装配生产过程与产品设计、企业经营管理等其他环节协同交互的过程,共同实现总装车间装配生产计划、物料、质量、工艺及装配资源的协同运作。

4) 标准化

标准化是指智能制造模式的体系架构和功能的标准化、技术的标准化、实施过程及方法的标准化等。它用于规范和约束智能制造模式的建设,并通过执行标准和规范的方法,保证智能装配单元的有效集成性和柔性,提高智能化装配实施的成功率。

5) 绿色化

智能装配模式是一种综合考虑资源效率的制造模式。它通过绿色工艺的执行,生产优化调度与控制,使资源消耗最少、环境影响最小。

6) 柔性化

智能化装配车间以智能化、集成化、网络化和协同化等方式的共同作用,支持总装车间装配生产过程的柔性化目标,实现多种产品装配生产情况下生产计划、生产进度、物流、质量和设备资源等的有效运转和控制,从而低成本、快速的为用户提供满意的产品。

7) 智能化

通过先进的信息采集、传输及信息处理技术,实现对装配车间全生命周期生产过程的智能管控,包括关键装配工序的异常预警及全方位的动态监控等。

智能装配的转型主要围绕用户对产品的多品种、个性化需求,围绕产品的高质量需求,融合先进的智能制造技术与管理技术,快速分析捕获制造资源,以总装车间装配生产计划、物流、质量流、制造资源等为核心进行全过程跟踪、执行、优化、调度和有效控制，实现从装配任务的制定、下达、执行、调度到完成全生命周期的集成运行和智能化管控，从而快速响应市场，提升制造企业的生产制造能力和综合竞争能力。

5.1.4 智能装配的意义

智能装配是智能制造的重要组成部分，是数字化装配向更高阶段发展的必然产物。智能装配是将人工智能、网络与信息、自动化及传感器等先进技术应用于产品装配中，面向装配的产品设计、装配工艺设计、装配工艺方法及工艺装备、装配测量与检验及装配全生命周期管理等环节，通过知识表达与学习、信息感知与分析、智能决策与执行实现产品装配过程的智能感知、实时分析、自主决策、精准执行。智能装配的特征如图 5-9 所示。

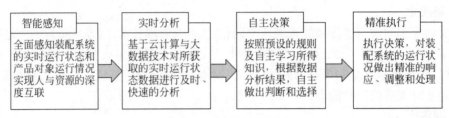

图 5-9　智能装配的特征

在现阶段，智能装配方法逐渐应用于多种产品的研发，在相关工业品研制过程中，具有重要的意义。

1）智能装配是装配技术发展的必然趋势

智能化装配是数字化、自动化装配向更高阶段发展的必然产物，是数字化技术、自动化技术、传感器技术及网络技术等学科交叉融合的高新技术发展的结果。技术的不断发展在带来生产效率和生产能力大幅提升的同时，也会带来不可避免的问题，当前我们面对的信息量是原有的生产模式无法比拟的，与信息量匹配的决策力同样是制约生产的重要因素，在现有的生产模式下，加工制造结果很大程度上依赖决策者的水平，而在如今的物联网时代，随着信息量和信息复杂程度的增加，仅仅依靠人的决策是难以实现的，尤其是对于飞机这类高端制造产品来说，在实现更高效、精确化的进程中，借助智能装备自感知、自适应、自诊断、自决策的特点与优势可以有效弥补主观决策带来的缺陷，更高效地实现装配过程的精确化和稳定性。

2）智能装配是提高产品核心竞争力的关键

随着互联网的深度应用，人类对信息技术的认知和创造呈现革命性跃变，即将开启全新的智慧时代。云计算、大数据、物联网、移动互联等新一代信息技术的大爆发，为人与物、物与物之间相互联系，构建远程管控、智能化网络提供了充分的保障。我们处在一个信息化变革的时代，世界各国纷纷应对新一轮科技革命和产业变革，积极布局和规划。"中国制造2025"战略计划指出，要实现信息化与工业化的深度融合。抢占"智能"这一制高点，有助于我国实现制造业的追赶与超越，各类技术发展的核心最终归结于提高产品的核心竞争力，因而对产品性能提出了更高的要求，无论是对于更新换代越来越快的家电、汽车等民用制造业产品，还是对于飞机等以高性能为导向的高端制造业，装配作为各类制造业产品中重要的环节，智能制造必将带动产品性能迈向新的阶段。

3）智能装配是促进产业链转型升级的基石

目前，中国制造在国际市场上已不再具备价格优势，我国制造业需要加快转型升级，虽然装配在不同类型产品的加工生产过程中占据着不同的地位与时间比重，但毋庸置疑的是，装配性能直接决定着产品性能，甚至可以弥补生产加工的一定缺陷。在智能化已经成为必然的趋势下，实现装配的智能化在生产环节意义重大。家电与汽车类产业作为与消费者生活关系最为紧密的制造业，其转型与升级受到消费者群体变化和其他相关因素的影响。我国的家电产业作为最早市场化、最早对外开放的产业之一，多年的市场化竞争及与国际企业同台竞技，使中国家电产业深度融入全球分工，嵌入了全球家电产业价值链，在国际舞台上时刻面临国际市场的高水准要求。而对于以飞机为代表的高端制造业来说，智能装配将直接带动各大装配装备及其他学科、技术的发展，推动智能仪器仪表、智能数控系统、机床等设备的转型升级；在生产环境方面，智能装配必将推动制造过程向可持续化和绿色化发展。智能与工业的结合必将迸发出无限的活力。

5.2 智能装配工艺设计

智能装配工艺是基于装配知识和模型的设计与规划，其核心内容包括：智能装配工艺规划，是指将物联网、大数据、云计算、人工智能等技术引入装配工艺，以实现工艺方案的快速设计与智能优化；智能装配仿真技术，即对装配过程中涉及的人员、设备、工具、物料、在制品等多源信息进行自动采集和全面感知，并将多源异构数据经统一处理后传递至仿真模型，结合仿真模型与智能优化算法对产品装配过程进行智能规划、控制、调度和优化；装配容差分析，即建立容差分析模型，采用数字量传递的方法进行零部件及工装制造，以确保产品装配的协调性，进而提高产品的装配质量。本节先从装配工艺规划展开学习。

5.2.1 装配工艺规划

装配工艺规划是工艺设计的首要工作，也是一切工艺准备工作的基础。为了适应基于模型的工艺设计方法与流程，装配工艺规划应由顶向下进行，即先进行总体规划，再进行详细规划。总体规划主要是对产品的装配规程进行规划，包括产品分离面的划分、装配顺序等，再根据产品的交付状态、检测方案、装配基准、零件加工基准进行资源配置和仿真，调整完善装配顺序规划，进而制定基于工艺知识推理的智能装配工艺规程，完成开放、灵活的智能装配工艺知识建模，以满足企业集成应用的需求和数据管理的需求。

1. 分离面的划分

在产品装配过程中，由于设计和工艺的要求，结构必须能够进行分解，而后在两个装配单元之间的对接面形成分离面。装配分离面主要包括两种形式，即设计分离面和工艺分离面。

1）分离面的定义

在产品装配过程中，产品一般是分解为单元部件进行组装、部装和总装的。首先将各单个零件按照一定的顺序组合，形成组合件，其次将各组合件逐步装配成复杂的部件，最后将各部件对接，形成产品整体。这些相邻单元之间的对接处或结合面就叫作分离面。

2）分离面的划分原则

分离面的划分与集中装配和分散装配有关。分离面划分得越细，型架夹具越简单，开敞性也越好,便于连接工作机械化,有利于保证装配质量;同时还可扩大装配工作面,实现平行交叉作业,缩短装配周期。其缺点是工艺装配协调关系复杂,尤其是增加一个分离面,便会增加一定的结构重量。

分离面划分的一般原则如下。

(1) 在符合总体布局要求的同时,要考虑运输及工装设备情况。分离面应尽量选在低应力区,结构形式简单,且便于制造加工。

(2) 针对生产批量不同,应考虑便于分段装配、便于实验,特别要考虑现有的工艺水平、材料供应、成形设备、成形产品大小和壁板化程度,以便采用压铆技术。

(3) 尽可能选在单曲度外形与双曲度外形的交界处,或外形发生剧烈变化处,以减少或简化单曲度段的工艺装备。

(4) 在气密与非气密结构交界处,以及不同材料结构之间选用工艺分离面,以便按不同的工艺特点组织生产。

(5) 在承力结构与非承力结构之间选用工艺分离面。

(6) 系统件分离面与结构分离面应一致,否则会给协调、互换带来困难。

(7) 在简单结构与复杂结构之间可选择分离面,以便结构布置。

(8) 尽量避免出现套合结构。

分离面划分明确后,再针对不同装配单元的结构特点进行装配方案设计。在装配过程中,首先完成装配单元内部的装配,然后按照由底而上的顺序将各装配单元组装在一起,进而完成产品的装配。

3) 分离面的设计要求

分离面的划分取决于产品结构工艺分解的可能性,因此产品结构设计阶段就应考虑满足批量生产要求的产品结构工艺分解的可能性。为满足工艺的需要,在对图样进行工艺性审查时,工艺分解应遵循以下要求。

(1) 尽量减少装配周期长的总装架内工作量,如部件总装、分部件总装等。尽可能多地形成大型组件,避免以散件的形式进入部件总装。

(2) 结构设计规范化,以便采用机械化、自动化连接技术,提高劳动生产率,缩短装配周期。

(3) 尽可能减少工艺分离面上的不协调部位。对于有协调要求的部位必须采取相应的措施,如设计补偿、工艺补偿或者采用工装保证。

(4) 工艺分离面上结构件之间的装配关系应采用对接或搭接形式,避免采用插装。

(5) 工艺分离面上的结构连接应有充分的施工通路。在可能的情况下,装配顺序应由内向外。

(6) 不同装配特点(环境条件、实验条件、连接形式、工艺特点)的装配件应通过工艺分离面或设计分离面单独划分出来。例如,飞机机身的气密部分、复合材料、蜂窝件、胶接件等。

(7) 工艺分离面的划分应使各装配工作站的装配周期基本平衡。

2. 装配工艺规程

对于结构复杂、要求严格的产品,为保证装配工作顺利进行,工作时必须依据装配工艺规程进行。以文件的形式将装配内容、装配顺序、操作方法和检验项目等进行规定,作为指导装配工作和组织装配生产的依据,即为装配工艺规程。它会对产品的最终质量、成本及生产率产生重大影响,所以制定装配工艺规程是生产技术准备工作的重要内容之一。

1) 制定装配工艺规程的基本原则

制定装配工艺规程的原则是在保证质量的前提下,尽量提高生产率并降低成本。具体来说包括以下几点。

(1) 保证产品的装配质量,以延长产品的使用寿命。

(2) 合理安排装配工序,尽量减少手工劳动量,缩短装配周期,提高装配效率。

(3) 尽量减少装配占地面积。

(4) 尽量减少装配工作的成本。

2) 制定装配工艺规程的原始资料

(1) 产品的装配图和验收技术标准。

在装配图上可以看到所有零件的相互连接情况、技术要求、零件明细表及数量等,所以产品和部件的装配图是制定装配工艺规程的依据。产品验收技术标准中规定了产品技术性能的检验内容和方法,这对于制定产品总装配工艺规程来说是不可缺少的。为了核对和验算装配尺寸,有时还需要某些有关的零件图。

(2) 产品的生产纲领。

产品的生产纲领决定了装配的生产类型。在制定产品或部件的装配工艺规程时,应首先依据产品的技术要求明确生产类型,再根据不同生产类型的工艺特点制定合理的工艺规程。

(3) 现有的生产条件。

现有的生产条件主要包括现有装配车间的面积、工艺装备和工人技术水平情况等。

3) 制定装配工艺规程的步骤

(1) 研究产品装配图及验收技术标准。

在研究产品装配图的过程中,应了解和熟练掌握产品及部件的具体结构、装配精度要求和检查验收的内容及方法,审查产品的结构工艺性,研究设计人员确定的装配方法等。

(2) 确定装配方法和装配组织形式。

确定装配方法。设计人员在产品设计阶段已经初步确定产品各部分的装配方法,并据此规定了有关零件的制造公差,但装配方法随生产纲领和现有生产条件的变化可能发生不同的变化。所以制定装配工艺规程时,在充分研究已定装配方法的基础上,还要根据具体情况综合考虑已定的装配方法是否合理,如不合适则提出修改意见,并与设计人员一起确定最终装配方法。装配方法的确定主要取决于产品结构的尺寸、重量和产品的生产纲领。一般单件小批量生产和重型产品多采用固定式装配,大批量生产多采用移动式装配流水线,成批生产则介于两者之间。多品种平行投产时采用变节奏流水装配形式较为合理。

确定装配组织形式。装配的组织形式可分为固定式和移动式两种。固定式装配是将产品或部件的全部装配工作安排在一个固定的工作地进行。装配过程中产品的位置不变,所需的零部件全汇集在工作地附近,由一组工人完成装配过程。移动式装配是将产品或部件安放在装配线上,通过连续或间歇的移动使其顺次经过各装配工位以完成全部装配工作。

装配的组织形式主要取决于产品的结构特点、生产纲领和现有的生产技术条件及设备状况。装配的组织形式确定后,装配方式也就相应地确定了。各种生产类型装配工件的特点如表 5-2 所示。

表 5-2　各种生产类型装配工件的特点

生产类型	大 量 生 产	成 批 生 产	单件小批量生产
装配工作特点	产品固定,生产活动经常重复,生产周期一般较短	产品在系列化范围内变动,分批交替投产或多品种同时投产,生产活动在一定时期内重复	产品经常变换,不定期重复生产,生产周期一般较长
组织形式	多采用流水装配线,有连续移动、间隔移动及可变节奏等移动方法,还可采用自动装配机或自动装配线	产品笨重、批量不大的装配,批量较大时采用流水装配,多品种平行投产时用多品种可变节奏流水装配线	多采用流水装配线,有连续移动、间隔移动及可变节奏等移动方法,还可采用自动装配机或自动装配线
装配工艺方法	按互换法装配,允许少量简单的调整,精密偶件成对供应或分组供应装配,无任何修配工作	主要采用互换法,可灵活运用其他保证装配精度的装配工艺方法,如调整法、修配法,以节约加工费	以修配法和调整法为主,互换件比例较少
工艺过程	工艺过程的划分很细,力求达到高度的均衡性	工艺过程的划分须适合批量生产,尽量使生产均衡	一般不制定详细的工艺文件,工序可适当调整,工艺也可灵活掌握
工艺装备	专业化程度高,宜采用专用高效的工艺装备,易于实现机械化、自动化	通用设备较多,但也采用一定数量的专用工、夹、量具,以保证装配质量、提高工效	一般为通用设备,即通用工、夹、量具
手工操作要求	手工操作的比重小,熟练程度容易提高,便于培养新工人	手工操作的比重大,技术水平要求高	手工操作的比重大,要求工人具备较高的技术水平和多方面的工艺知识
应用实例	汽车、拖拉机、内燃机、滚动轴承、手表、缝纫机	机床、机动车辆、中小型锅炉、矿山机械等	重型机床、重型机器、汽轮机、大型内燃机等

4) 划分装配单元,确定装配顺序

(1) 组成机器的任何机械产品都是由零件、合件、组件和部件组成的。零件是组成机器的最基本的单元。若干零件永久连接或连接后再加工,便成为一个合件,如镶了衬套的连杆、焊接成的支架等。若干零件与合件组成在一起,则成为一个组件,它不具有独立完整的功能,如主轴和装在其上的齿轮、轴、套等构成主轴组件。若干组件、合件和零件装配在一起,成为一个具有独立、完整功能的装配单元,称为部件,如车床的主轴箱、溜板箱和进给箱等。将产品划分为上述可以独立进行装配的单元,是制定装配工艺规程最关键的一个步骤,对于大批量生产结构复杂的产品尤其重要。

(2) 选择装配的基准件。上述各装配单元首先要选定某一零件或低一级的单元作为装配基准件。基准件的体积(或重量)应较大,有足够的支撑面以保证装配的稳定性,如主轴组件的装配基准件,主轴箱体是主轴箱部件的装配基准件,床身部件又是整台机床的装配基准件等。

(3) 安排装配顺序的原则。划分好装配单元并选定装配基准件后,就可安排装配顺序。安排装配顺序的原则如下:先安排工件的处理,如倒角、去毛刺、清洗、涂装等;先难后易、先内后外、先上后下，以保证装配顺利进行；位于基准件同一方位的装配工作和使用同一工装的工作尽量集中进行；易燃易爆等有危险性的工作尽量放在最后进行。

5）划分装配工序，设计工序内容

装配顺序确定以后，根据工序集中与分散的程度将装配工艺过程划分为若干工序，并进行工序内容的设计。

划分装配工序的一般原则如下。

（1）前面的工序不应妨碍后面工序的进行。因此，预处理工序要先行，如将清洗、倒角、去毛刺和飞边、防腐除锈处理、涂装等工序安排在前。

（2）后面的工序不能损坏前面工序的装配质量。因此，冲击性装配、压力装配、加热装配、补充加工工序等应尽量安排在早期进行。

（3）减少装配过程中的运输、翻转、转位等工作量。因此，相对基准件处于同一范围的装配作业，应尽量使用同样的装配工装、设备；对装配环境有同样特殊要求的作业，应尽可能连续安排。

（4）减少安全防护工作量及其设备。对于易燃、易爆、易碎、有毒物质或零件、部件的安装，应尽可能放到后期进行。

（5）电线气管、油管等管、线的安装应根据情况安排在合适的工序中。

（6）安排检验工序，特别是在对产品质量影响较大的工序后，要确保检验合格方可进行后面的装配工序。

工序内容设计如下。

（1）划分装配工序，确定工序内容，如清洗、刮削、平衡、过盈连接、螺纹连接、校正、检验、试运转、油漆、包装等。

（2）确定各工序所需的设备和工具，如需专用设备和工装，应提交设计任务书。

（3）制定工序的操作规范，如清洗工序的清洗液，清洗温度及时间，过盈配合的压入力，变温装配的加热温度，紧固螺栓、螺母的旋紧力矩和旋紧顺序，装配环境要求等。

（4）制定各工序的装配质量要求与检验方法。

（5）确定各工序的时间定额，平衡各工序的工作节拍。

6）填写工艺文件

单件小批量生产时，通常只绘制装配单元系统图。成批生产时，除绘制装配单元系统图外，还要编制装配工艺卡，其上写明工序次序、工序内容、设备和工装名称、工人技术等级和时间定额等。大批量生产中，不仅要编制装配工艺卡，还要编制装配工序卡，以便直接指导工人进行装配。

7）装配单元系统图

为了清晰直观地表示装配顺序，生产中常常使用装配单元系统图。在系统图中，每个零件或组件、部件用一个长方格表示，长方格的上方注明单元名称，左下方填写单元编号，右下方填写参加装配的单元数量。绘制装配单元系统图的方法是先画一条横线，横线的左端画出代表装配基准件的长方格，右端指向代表装配单元的长方格，再按照装配顺序从左向右依次将装入基准件的零件、组件及部件引入。零件画在横线上方，组件或部件画在横线下方，然后在图上相应的部位加注所需的工艺说明，如焊接、配钻、检验等，即成为装配单元系统图，如图 5-10 所示。

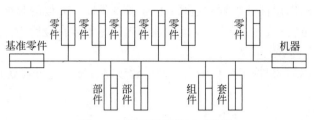

图 5-10　机器装配单元系统图

8）制定产品的检测和实验规范

产品装配完毕，要按设计要求制定检测和实验规范，其内容一般包括：检测和实验的项目及质量指标；方法、条件及环境要求；所需工装的选择与设计；程序及操作规程；质量问题的分析方法和处理措施。

案例 5-4：飞机装配过程

为了满足飞机的使用、维护及生产工艺上的要求，整架飞机的机体可分解为许多大小不同的装配单元。飞机的机体可分解为若干部件，如某歼击机的部件包括前机身、后机身、机翼、襟翼、副翼、水平尾翼、垂直安定面、方向舵、前起落架和主起落架等，如图 5-11 所示。

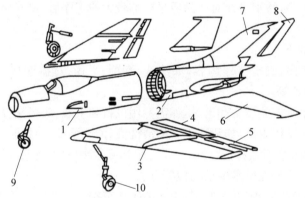

1—前机身；2—后机身；3—机翼；4—襟翼；5—副翼；6—水平尾翼；7—垂直安定面；
8—方向舵；9—前起落架；10—主起落架。

图 5-11　飞机结构划分为部件

飞机机体结构划分为许多装配单元后，两相邻装配单元间的结合面就形成了分离面。飞机机体结构的分离面，一般可分为以下两类。

（1）设计分离面。设计分离面是根据构造和使用方面的要求确定的。如飞机的机翼，为便于运输和更换，需设计为独立的部件；如襟翼、副翼或舵面，需在机翼或安定面上做相对运动，也应把它们划分为独立的部件；又如歼击机机身后部装有发动机，为便于维修、更换，应将机身分为前、后机身两个部件。设计分离面都采用可卸连接(如螺栓连接、铰链连接等)，而且一般要求它们具有互换性。

（2）工艺分离面。工艺分离面是由于生产的需要，为了合理地满足工艺过程的要求，按部件进行工艺分解而划分出的分离面。由部件划分出的段件，以及由部件、段件再进一步划分出的板件和组合件，都是工艺分离面。工艺分离面一般采用不可拆卸连接，图 5-12 所示为机身划分为板件和组合件的工艺分离面示意图。

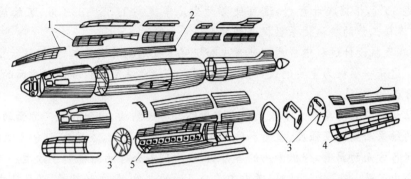

1—侧板件；2—中段大梁；3—隔框；4—机身后段下板件；5—机身中段下板件。

图 5-12　机身划分为板件和组合件的工艺分离面示意图

工艺分离面的合理划分，具有显著的技术经济效果。

(1) 增加了平行装配工作面，可以缩短装配周期。

(2) 减少了复杂的部件装配型架数量。

(3) 改善了装配工作的开敞性，可以提高装配质量。

部件划分为组合件、板件、段件等装配单元后，机体装配过程如图 5-13 所示。

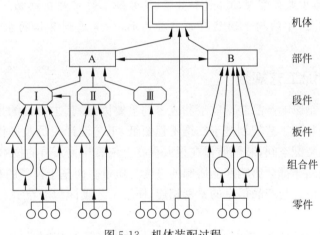

图 5-13　机体装配过程

将飞机部件、段件按工艺分离面进一步合理划分为板件后，将产生明显的技术经济效果，便于安排和组织生产。这种划分具有以下两个主要优点。

(1) 为提高装配工作的机械化和自动化水平创造了条件。目前，国内外已设计各种形式的自动铆接机。有的铆接机自动化程度很高，如可钻孔、锪窝、插入铆钉、铆接以及铣平埋头铆钉钉头等。若铆接机配置专用托架及计算机控制装置，可以自动调平、确定铆钉孔位置，还可进一步自动调整工艺参数。但现有铆接机一般只适用于板件结构，故部件板件化程度已成为评定结构工艺性的重要指标之一。

(2) 有利于提高连接质量。部件划分为板件后，装配工作的开敞性提升，连接工作可采用机械化设备。以铆接为例，可用压铆代替锤铆，进而改善劳动条件、提高产品质量、缩短装配周期。因此,在结构设计中应尽量提高板件化程度。在现代飞机结构中,有些部件的板件化程度高达 90%,根据统计资料,这可使劳动生产率提高 1.35～3.3 倍、装配周期缩短为 2/3～3/4、连接工作的机械化系数提高到 80%。

因此,在飞机设计过程中应周密地考虑和研究飞机结构的划分工作,以设计出最合理的划分方案。这是一项极为重要的设计任务,因为它不仅要满足结构和使用方面的要求,还要满足生产方面的要求。

飞机结构划分的重要意义不仅表现在需要综合考虑结构、使用和生产方面的要求,而且在于划分的结果必然涉及强度、重量和气动方面的问题。因此,在决定划分方案时,必须综合研究上述各方面的因素,分析矛盾的各方面,以得到最合理的结构划分方案。

应当指出的是,在飞机设计时,考虑工艺分离面的部位、形式和数量,必须从成批生产的要求出发。在新机设计阶段,虽然还不能肯定是否成批投入生产,但在设计阶段如不考虑成批生产时对飞机划分提出的要求,那么试制以后,若转入成批生产,此时再增减或修改各种分离面的部位和形式,将面临很大的困难,甚至是不可能实现的。

对于飞机结构已具备的工艺分离面,是否在生产中加以利用,也就是在生产中是否按此分离面将工件分散装配,这取决于综合技术经济分析的结果。例如,在机翼装配时,若结构上前、后梁处存在工艺分离面,当产量大时,可将前、后两段分别在两个装配型架上装配,然后将这两段在机翼总装型架上与机翼中段的板件及翼肋等装配成机翼。但在试制生产或小批量生产时,为减少装配型架的品种和数量,其装配工作可都在机翼总装型架上完成,无须分段装配。换言之,即结构上固然有工艺分离面,但考虑到具体的生产情况,也可以不利用。

5.2.2　智能装配工艺规划

装配工艺规划是影响产品装配质量和成本的重要因素,其主要目的是确定产品的最优装配方案。传统的装配工艺规划基于二维工程图纸,工艺设计人员及操作人员均需根据二维图样想象出三维装配空间,装配质量在很大程度上依靠相关人员的技术水平和工作经验,任何一个环节出现问题都会影响产品研制的进度与质量。而基于模型的数字化三维装配工艺规划实现了工艺信息与产品信息的紧密相连,便于工艺设计和指导工人操作,提高了产品的装配质量。

在数字化技术的推动下,目前形成了基于模型的产品数字化定义(MBD)技术的数字化三维装配工艺规划,其特点是产品设计不再发放传统的二维图样,而是发放产品设计结构(EBOM)和三维设计数模,建立产品工艺结构(PBOM),制定装配工艺协调方案,划分工艺分离面,并进行全流程装配工艺仿真,最终形成经过装配仿真验证的产品制造清单(MBOM)顶层结构,将此 MBOM 发放到下游的工装设计、专业制造和检验检测等部门,同时工艺部门完成详细的工艺设计并进行仿真验证,编制三维装配指令。数字化三维装配工艺规划的主要内容如下。

1) 装配分离面划分

数字化三维装配工艺规划是以设计三维模型和产品设计结构到产品制造清单的重构形式实现的,目前可以通过大量的三维装配工艺设计系统(如 DELMIA 等)实现。装配工艺分离面的划分除遵循传统的工艺分离面划分原则外,还要遵循以下规则:将柔性装配不同产品间的类似结构组件按相同的原则划分为分装配件；不同产品间结构区别大的部分应划分为单独的组合件；分离面的选取应考虑总装对合的便利性；不同产品分离面的划分应保证装配协调方式一致。

2）装配控制码

装配控制码也称为区域控制码，最初的含义是指装配中不同工作地的控制代码，在工艺划分时称其为装配控制码，是零件需求生产计划和装配进度计划排产的重要依据。装配控制码的生成应符合以下规则：一个装配控制码对应装配树中的一个装配单元或一个生产站位；每个装配控制码可以表示该装配单元或站位所属的组织、装配层次及继承关系；装配控制码应符合自上而下的生成关系，并在工艺规划仿真验证后由工艺设计系统软件自动按规则生成。

3）装配工艺方案

装配工艺方案是以装配控制码为单元编写，用于描述装配顺序、工艺装备和质量控制要求的制造工程文件，是编制装配工艺流程，装配工艺图解操作与检验记录，硬件可变性控制HVC，以及工艺装备技术条件的基础。

4）工艺布局

数字化工艺布局可借助装配仿真软件实现装配车间多维立体规划布局，建立厂房、工装、工具、设备、辅助资源等装配资源的数字模型知识库，并按照装配工艺方案和精益装配过程对装配资源进行合理布置，保证装配工作顺利完成。

5）MBOM 构建与制造数据管理

在产品的生产制造过程中，设计物料清单是原始的输入。之后按照分工路线、工艺组合件的规划，配合工艺过程及制造资源逐步形成制造物料清单。设计物料清单到制造物料清单的演变是产品制造不可或缺的过程。

相对于传统的装配，智能装配工艺规划以三维的形式生成现场作业指导文件，使工人可以在生产现场以直观的形式准确无误地理解操作技术规范，从而使产品满足技术要求。在实际装配阶段，虽然使用了大量的数字化检测设备与装配工装设备，实现了对几何量的精准控制与调节，但是产品形变、工装设备定位误差等物理量的存在及其状态变化的不断累积等原因使产品的实际装配状态与理论值之间存在差异，基于理论模型的工艺仿真结果与现场实际情况不一致，装配质量无法满足现代复杂产品高性能、高协调精度与长寿命等制造与使用要求。

5.2.3 智能装配工艺知识库

智能装配工艺规划是基于工艺知识库及资源库，面向新的工艺需求，采用适当的工艺推理方法，在工艺设计过程中由机器模拟人类的思维推理过程，构建经过优化的装配工艺。智能装配工艺规划中涉及的关键理论及方法主要包括工艺知识推理及基于知识推理的智能决策。其中，工艺知识推理包括工艺逻辑推理和工艺参数优化等方面。在这些技术的支撑下，可实现基于工艺模板的快速工艺决策，进一步实现工艺模板与制造资源相融合的智能工艺决策。

推理是指从已知的判断出发，按照某种策略推导出一种新的判断的高级思维过程。从推理方向的角度看，工艺推理策略可分为正向推理与反向推理。正向推理是指从原始数据出发，按照一定的策略，依据数据库知识推导出结论的方法。反向推理则是从目标出发，通过推理最终得到初始数据的方法。从推理方法的角度看,工艺知识推理可分为基于实例的推理与基于知识的创成式推理,以及综合了这两种方法及人工交互法的混合式推理方法。基于实例的推理以成组技术为基础,建立典型的装配工艺规程,并利用相似性原理检索现有的工艺规程。创成式推理是根据装配输入信息,在推理过程中综合应用各种工艺决策规则进行判断,为新的产品自动生成新的工艺规程。

工艺智能决策可分为两个层次,即基于工艺模板的快速工艺决策和工艺模板与制造资源相融合的工艺智能决策。基于工艺模板的快速工艺决策是指在工艺模板的基础上,通过可视化、图形化、便捷化的方式实现工艺决策模型的自定义,进而实现模型驱动的快速工艺决策。工艺模板与制造资源相融合的工艺智能决策是指通过读取 MBD 中的工艺要求,结合产品三维模型的特征识别结果,自动选择工艺模板及制造资源,并将模板与资源进行深度融合,进而实现工艺的自动决策。同时,通过建立一定的规则,对工艺方案的有效性进行检查。图 5-14 所示为工艺智能决策流程。

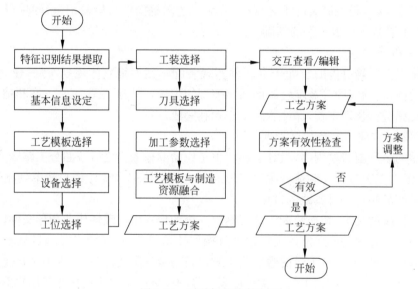

图 5-14　工艺智能决策流程

智能装配工艺知识库是装配工艺知识的集合,智能装配工艺知识库的建立是将知识体系中的隐性知识显性化、显性知识结构化、结构化知识标准化,从而使标准化的知识得到自动化应用,完成基于知识的专家工艺决策。

1. 智能装配工艺知识库的种类

装配领域涉及的知识与经验非常广泛,在产品装配单元划分、工序的装配定位方法选择、装配装夹方案设计、装配工序方法选择及工序资源选择等过程中均需要装配工艺知识库的支持。对装配工艺设计进行深入分析,可将智能装配工艺知识库分为以下 4 类。

1)典型工艺流程库

通过总结产品装配的典型工艺流程、各类操作方法流程等,形成典型工艺模板、典型工序模板、工步模板、典型操作方法,通过融合相应的工艺资源,形成典型工艺方案、典型工序、典型工步及典型操作,构成多层次的产品装配典型工艺流程库,为基于知识的工艺决策提供典型宏观工艺流程,提高工艺决策结果的实用化水平。

2）工艺资源库

工艺资源库中包括装配工装、设备、刀具、量具等资源知识，可为装配工艺决策提供统一的工艺资源平台。每一类资源均包含几何参数、工艺参数及三维模型等数据，用于完整表达资源的相关信息。例如，刀具资源库中的每把刀具均包括刀具类型、几何参数、加工参数及刀具的三维模型。其中，工艺资源的三维模型主要用于装配工艺过程仿真，包括人体模型、工装模型、产品模型及厂房模型等。

3）工艺规则库

形成一套有效、合理的装配工艺需要大量的工艺经验及知识，而这种经验及知识可以通过规则的形式进行表达，这些规则通过结构化和实例化处理后可存储于数据库中，实现装配工艺规则的构建，形成工艺规则库，为智能化的工艺设计提供规则。

4）事实参数库

装配工艺设计过程中存在一些客观的工艺信息，这些工艺信息通常不随工艺资源的改变而变化，如紧固件类型、夹层材料、密封形式等。在构建数据库的过程中，应对装配工艺规划过程中涉及的这种非资源类对象按照类别建立相应的参数库，并明确其属性信息。这些事实参数可作为智能化工艺设计系统的界面输入，或者作为计算过程中的输入数据。

根据装配工艺的特点，可建立典型装配工艺流程库、工艺资源库、工艺规则库、事实参数库及参数优化模型库，用于装配工艺决策。而建立这些工艺知识库最关键的问题是如何有效地表示工艺知识，主要包括典型装配工艺流程建模、工艺资源信息建模、工艺规则建模、事实参数建模等。

2. 智能装配工艺知识建模与表达

1）典型装配工艺建模

采用结构化的树状模型可以较好地表示工艺流程、操作流程等工艺过程，根据装配宏观工艺流程，抽取关键节点作为树状结构的节点，并结构化表示其属性信息，约束各层级节点的父子关系，即可建立典型工艺的模型。如图 5-15 所示，装配过程可以大致表示为工位、工序、工步等节点，每个节点均有相应的属性信息，各节点间存在父子关系、兄弟关系，用以表示过程信息，因此这种表示方法可以完整、有效地表达典型装配工艺及流程化的工艺过程。

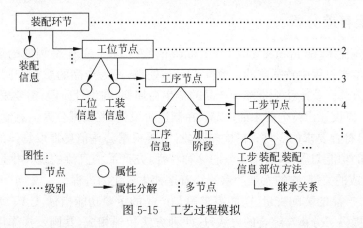

图 5-15 工艺过程模拟

2）工艺资源信息建模

对各类工艺资源进行属性分析，并考虑各类资源间的关联关系，采用 E-R 实体关系模型表示装配工装、刀具、量具、设备等制造资源,建立多对多的关系模型,然后将企业中现有的工艺资源进行实例化并存储到数据库中,实现产品装配工艺资源库的构建。对于装配工装、刀具、标准人体等三维模型,可以采用参数化的建模方法,实现对象的参数化建模。

3) 工艺规则建模

装配工艺规划涉及各类制造资源及典型工艺流程的选择,装配数据库应针对这些方法建立相应的规则。采用 if/else 原则对装配工装选取、刀具选择、装配方案选择等方法建立相应的规则。

4) 事实参数建模

对装配工艺过程中的各种事实类参数进行分类、总结,并分析其属性,采用对象建模方法建立事实参数模型。图 5-16 所示为事实参数建立的模型,每个事实对象均存在多个参数值,每个参数值均为可选项。

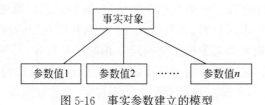

图 5-16　事实参数建立的模型

5.3　装配工艺容差

复杂产品制造技术难度大、工程艰巨、协作面广、误差传递链较长,各部件、零件之间必须具有良好的协调性。以飞机产品为例,其装配是一个多层级装配过程,各零部件之间关联度较大,尺寸传递关系较为复杂,必须构建合理的尺寸链传递系统。由于制造误差及装配误差的存在,误差在尺寸链上的累积会直接影响装配质量。若装配容差设计不合理,一方面难以满足装配准确度的要求,另一方面将导致返工或修改,造成一次装配成功率低,进而浪费人力和时间。因此,怎样设计容差,并选择合理的装配方法,是保证产品研制成功的关键。

5.3.1　装配容差分析

计算机容差技术(computer aided translation,CAT)是产品生命周期的重要环节,它不仅有利于产品生产过程中数据流的一致性表示与处理,还为产品的质量控制过程提供量化与系统的分析方法。公差几乎贯穿于产品的全生命周期,在设计阶段,需要根据公差信息预测产品的精度,以设计出符合要求的产品;在制造阶段,需要根据公差信息制定详细的加工方案,以加工出符合要求的零件;在检测阶段,需要根据公差信息提取具体的测量信息,以评定实际产品的功能与质量,由于公差的这种特性,在产品信息流的统一化过程中 CAT 是 CAD/CAM 集成的关键,它的发展严重制约着这种集成化的进程。

与此同时,产品的装配质量、功能需求等是产品的重要功能指标,CAT 为它们的预测、控制及管理等提供了分析与综合的方法,这两种方法相辅相成,共同发挥作用,不仅能使产品达到规定的质量和成本要求,还能辅助开发人员设计出最优化功能配置的产品。对于大批量复杂产品的装配过程而言,容差分析与优化是提高产品装配质量的有效方法,下面先介绍几个概念。

容差：描述几何形状和尺寸基准变动方向和变动量的精度特征。

公差：允许的几何形状和尺寸的变动量。

公差建模：关于公差的语义信息的合理解释。公差建模是指对公差标准中的所有公差类型、定义，以及相关的复合公差、公差原则、基准优先次序等全部语义信息做出合理而正确的解释。

容差分析：又叫容差验证，即已知装配零部件的公差，在装配过程中，因装配件的误差累积，在一定的技术条件下，分析求解装配成功率或闭环尺寸公差的过程。计算结果若达不到设计要求，需要调整各组成环的容差，重新计算。

关键装配特性：零部件装配过程中配合部位对装配质量影响最大的几何特征。

关键装配特性是飞机制造过程中关键特性中的一类，是装配工艺部门需要特别关注的质量特性。该特性的波动会显著影响产品装配的准确度。关键装配特性超出规定要求会严重影响产品的装配质量，甚至出现产品无法装配的现象。

5.3.2 装配协调

由于产品气动力学性能和后续装配的要求，在装配过程中会就部件的关键特性提出装配准确度的要求。装配准确度会对产品的使用寿命产生直接影响。在大型产品的装配过程中，不可避免地使用大量工装以保持装配部件的形状。所以除了零部件的制造准确度，装配准确度也在一定程度上取决于装配型架的准确度。

如果一味提高制造准确度以保证零部件配合面之间的尺寸和形状准确度，不仅在技术上难度较大，而且不经济。同时，实际制造中有些零部件配合面之间尺寸和形状的协调准确度要求往往比自身的制造精确度高。如果两者之间的协调误差过大，则会造成两者无法装配，或者即使强迫装配，也会在部件中产生较大的内应力，进而影响部件的使用和寿命。

1. 对装配准确度的要求

产品装配好以后应达到规定的各项性能指标要求，比如操作性能、强度、刚度等。产品装配的准确度除了对产品的各种性能产生直接影响，还会影响产品的互换性能。为了保证产品的质量，一般对装配的准确度提出以下要求。

1）空气动力外形准确度

空气动力外形准确度包括外形准确度和外形表面光滑度两种。

（1）外形准确度。外形准确度是指装配后的实际外形偏离设计给定的理论外形的程度。对于飞机、汽车等产品，其外形的准确度要求较高（图 5-17）。外形准确度主要通过外形波纹度误差衡量：

$$\Delta\lambda = H/L \tag{5-1}$$

其中，H 为两相邻波峰与波谷的高度差，单位为 m；L 为波长，单位为 m。

（2）外形表面光滑度。外形表面的局部凸起或凹陷对产品的动力性能也有影响，因此对

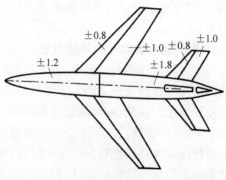

图 5-17 某型号飞机的外形准确度要求

外形表面上的铆钉头、螺钉头、对缝的阶差等局部凹凸不平度均有一定的要求。

2) 各部件之间对接的准确度

各部件之间对接的准确度取决于各部件对接接头之间和对接接头与外形之间的协调度要求。为了保证各部件的互换性,以及部件对接时避免因接头之间尺寸不协调采用强迫连接而在结构中产生过大的残余应力,会对各部件对接接头的配合尺寸和对接螺栓孔的协调准确度提出比较严格的要求。

3) 部件内各零件和组合件的位置准确度

部件内各零件和组合件的位置准确度一般容易保证。以飞机为例,要求大梁轴线位置允差和不平度允差一般为±0.5～±1.0mm,翼肋和隔框轴线位置允差一般为±1.0～±2.0mm,长轴线位置允差一般为±2.0mm。

2. 制造准确度和协调准确度

1) 制造准确度

零件、组合件或部件的制造准确度是指它们的实际形状和尺寸与图纸上所定的公差尺寸相符合的程度,符合程度越高,制造准确度越高,即制造误差越小。

2) 协调准确度

协调准确度是指两个相配合的零件、组合件或部件之间配合部分的实际形状和尺寸相符合的程度,相符合的程度越高,协调准确度越高。一般的机械产品在制造过程中首先要保证协调准确度。为保证零件、组合件和部件之间的协调准确度,可通过模线、样板和立体标准装备工业(如标准量规和标准样件等)建立相互联系的制造路线。在零件制造和装配中,零件和装配件最后形状和尺寸的形成过程是:先根据图纸通过模线、样板和标准工艺装备制造出模具、装配夹具,再进行制造零件、装配等一系列形状和尺寸的传递过程。下面以飞机为例,讲解装配过程中对协调准确度的要求。

在飞机装配中,对协调准确度的要求包括以下两个方面。

(1) 工件与工件之间的协调准确度。如果工件与工件之间配合表面的协调误差大,配合表面之间必然存在间隙或者过盈,或者螺栓孔轴线的不重合,连接时形成强迫连接,连接后结构中会产生残余应力,影响结构的强度。

(2) 工件与装配夹具之间的协调准确度。为保证飞机装配的准确度,重要的组合件、板件、段件和部件一般在装配夹具(型架)中进行装配。进入装配的各零件和组合件在装配夹具中是以定位件的定位面(或孔)进行定位的。如果工件和定位件的定位面(或孔)协调误差大,装配时可通过定位夹紧件的夹紧力使工件与定位件的定位面贴合,同样会在工件内产生内应力。

3. 提高装配准确度的补偿方法

在实际制造和装配过程中,由于各部件是根据设计模型独立制造和组装的,因此它们之间的结构尺寸是相互独立的。零件从制造到装配的整个过程,经历了图纸、样品、模具、成品这一漫长的生产周期,零件的最终形状和尺寸也随着这一过程完成传递。但是在这个传递过程中,各部件在制造过程中会产生制造误差,在组件装配协调过程中会产生协调误差,而以上两种误差都将累积到当前装配阶段,对目标部件的可装配性和装配质量产生影响。一般希望进入装配各阶段的零件、组合件及部件具有生产互换性。但对于某些复杂零件在经济上是不合理的,技术上也难以实现,因此在装配过程中,需要采用一些补偿方法以提高装配的准确度。目前,常用的补偿方法有工艺补偿方法和设计补偿方法两种。

1) 工艺补偿方法

(1) 修配。在制造中,有对准确度要求高的配合尺寸,在零件加工时,如果采用一般的加工方法难以达到要求,或者在零件加工时虽然能达到要求,但是在装配过程中由于存在装配误差装配后难以达到给定的要求,装配时则可采用相互修配的方法实现。由于修配工作一般是手工操作,在相互修配时,有时要反复试装和修配,工作量比较大。而且,相互修配的零件或部件不具有互换性。因此,在成批生产中应尽量少用修配的方法。

比如在进行飞机装配时,飞机外蒙皮之间的对缝间隙有时要求比较严格,甚至要求对缝间隙小于1mm。因机身和机翼蒙皮的尺寸一般比较大,有的长达 5m 甚至超 20m,如果单靠零件制造的准确度来保证这些蒙皮的对缝间隙,在技术上是难以实现的。解决方法如下:制造蒙皮时,在蒙皮的边缘处留一定的加工余量,装配时对蒙皮的边缘进行修配,最后达到蒙皮对缝间隙的要求。在修配时,通过过装,按蒙皮对缝间隙的要求确定修配余量大小,然后去掉加工余量。为使整个蒙皮对缝达到要求的间隙,有时需要多次反复试装和锉修,而且修配工作多属于手工操作,手工工作量大。对于起落架护板、舱盖和舱门的边缘、长端头等,有时为了保证配合或间隙要求,也采用相互修配的方法。

(2) 装配后精加工。在装配中,对准确度要求比较高的重要尺寸(一般为封环尺寸),因零件加工和装配过程中的误差累积,装配以后往往达不到要求的准确度。若采用相互修配的方法,不但手工工作量很大,而且达不到互换要求。为了减少手工修配工作量并使产品达到互换要求,应采用装配后进行精加工的工艺补偿方法。

例如,歼击机的前机身与机翼和前起落架用叉耳式接头进行连接,各部件上这些叉耳接头螺栓孔的位置尺寸准确度和配合精度要求都比较高,并且要求部件之间具有互换性。为了最终达到这些要求,在零件加工和装配过程中,各叉耳接头上的螺栓孔均留有一定的加工余量,部件装配好后再对接头螺栓孔进行最后的精加工,以消除零件加工和装配过程中产生的累积误差。

2) 设计补偿方法

设计补偿是指在产品的结构设计方面采取的补偿措施,以保证产品的准确度。常用的设计补偿方法有垫片补偿、间隙补偿、连接件补偿和可调补偿件等。

(1) 垫片补偿。垫片补偿是制造中经常使用的补偿方法,用以补偿零件加工和装配过程中因误差累积而偶然产生的外形超差,或消除配合零件配合表面之间因协调误差而产生的间隙。

(2) 间隙补偿。间隙补偿也是制造中常用的补偿方法。间隙补偿常用于叉耳对接配合面,或用于对接螺栓和螺栓孔。

(3) 连接件补偿。为减少零件之间的协调问题和强迫连接,便于满足装配准确度的要求,在进行结构设计时,往往在重要零件或组合件之间的连接处增加过渡性的连接角材或连接角片,这些连接角材或角片可起到补偿协调误差的作用。

连接件补偿在飞机设计中比较常见,比如在机翼上,翼肋中段两端若通过弯边直接与前、后梁连接,装配时在翼肋弯边和前、后梁腹板之间必然出现间隙或紧度而形成强迫装配。因此,机翼的翼肋中段与前、后梁一般是通过连接角材连接的,如图 5-18 所示。连接角材一方面起到加强前、后梁腹板的作用,另一方面起到补偿协调误差的作用,避免翼肋中段和前、后梁之间出现不协调和强迫装配问题。当然，在装配过程中连接角材应先装在梁组合件上，而不能先装在翼肋中段上，否则，就起不到补偿作用。

（4）可调补偿件。上述各种工艺补偿和设计补偿方法是在装配过程中用于补偿各种误差的，装配完成后一般不能再进行调整。而可调补偿件的特点是装配完成后或使用过程中，仍然可以方便地进行调整。可调补偿件可根据需要采用各种结构形式，如螺纹补偿件、球面补偿件、齿板补偿件、偏心衬套或综合采用各种补偿形式的补偿件等。

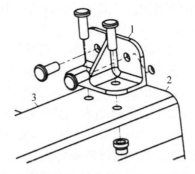

1—连接角片；2—翼肋腹板；3—长桁缘条。

图 5-18　机翼的翼肋连接

5.3.3　装配尺寸传递

1. 装配尺寸链

尺寸链理论在机械设计、制造及性能和质量分析中有着广泛的应用，特别是在飞机制造系统中，尺寸链分析计算显得尤为重要。例如，在飞机装配过程中应用尺寸链原理的目标是将装配质量要求与零件制造误差联系起来，一方面由零件制造误差研究分析装配体的质量能否保障；另一方面，根据装配体的装配质量要求，适当修正各零件上有关尺寸的制造容差。

1）尺寸链的基本概念

尺寸链是指在机器装配或零件加工过程中，互相联系的尺寸形成的封闭尺寸组。而在产品的装配过程中，由于零件本身存在制造误差，夹具、型架产生变形误差，装配中会产生装配误差累积，最终反映在装配过程中，形成封闭环组。某汽车产品挡风玻璃尺寸链如图 5-19 所示。

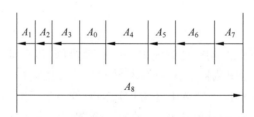

图 5-19　某汽车产品挡风玻璃尺寸链

尺寸链中的每个尺寸称为尺寸链的环，按不同性质可分为封闭环和组成环，其定义和性质如下。

（1）封闭环。装配过程中最终形成的环称为封闭环。通常用下标为"0"的字母表示，如图 5-19 中的 A_0 封闭环是其他尺寸间接形成的最终环，组成环的误差必然累积到封闭环上，所以封闭环的误差是所有组成环误差的总和。

（2）组成环。尺寸链中对封闭环有影响的全部环称为组成环。通常用下标"1,2,3,…"表示，如图 5-19 中的 A_1、A_2、A_3 等。组成环误差的大小由加工方法和加工设备决定，不受其他环影响。按照对封闭环的影响，组成环又分两种：①增环，某一组成环的变化引起封闭环的同向变化，即当其他组成环不变时，该环增大，封闭环也增大，该环减小，封闭环也减小，则该环为增环,如图 5-19 中的 A_8;②减环,某一组成环的变化引起封闭环的反向变化,即其他组成环不变时,该环增大,封闭环减小,该环减小,封闭环增大,则该环为减环,如图 5-19 中的 $A_1 \sim A_7$。

根据图 5-19 及上述内容,可以清晰地看出尺寸链具有两个基本特征:①封闭性,即全部相关尺寸依次连接构成封闭的尺寸组,这是尺寸链的形式;②精度相关性,即任一组成环的变动都直接导致封闭环的变动,这是尺寸链的实质。

2) 尺寸链自动生成技术

尺寸链自动生成技术是计算机辅助公差设计的基础工作,在产品设计阶段,通过尺寸链生成的尺寸链设计函数是后续公差分析和公差综合的基础;在产品装配阶段,封闭环一般代表间隙或者装配要求,通过尺寸链技术可以控制分析产品精度;在工艺设计阶段,可在工艺尺寸链生成的加工方程的基础上,解决零件工艺尺寸、定位尺寸与基准尺寸的精度问题。

装配尺寸链自动生成是指在计算机表达尺寸和公差信息的基础上,利用计算机自动建立封闭环和组成环之间的设计函数,为后续的计算机辅助公差分析和综合奠定基础。主要包括以下几种自动生成方法。

(1) 基于 CAD 模型的三维尺寸链自动生成方法。该方法从定义装配性能特征入手,首先对 CAD 装配模型进行深层次的解析及预处理,以获取隐含在模型内部的公差分析所需的信息。其次利用图论理论,通过构建特征-尺寸邻接矩阵、特征-装配约束关系邻接矩阵、装配关系传递图等,将装配体中参与装配的零件和特征及其之间的装配约束关系、尺寸及形状等信息传递过程以图的形式进行表达。最后将三维尺寸链分为显式和隐式两类,对于显式尺寸链,由装配关系传递图搜索连通通路,可直接获取尺寸链图和方程;对于隐式尺寸链,提出尺寸方向差异度的概念、封闭环方向优先的搜索策略及构建过渡尺寸链的方法,最终可获取尺寸链图和方程。

(2) 基于信息单元的装配尺寸链自动生成技术。通过建立层次化的装配模型,提出并建立尺寸及公差信息单元、装配约束信息单元,同时对公差信息进行规范化处理。在此基础上,基于信息单元间几何特征的关系构建装配关系传递图,在考虑搜索优先级的基础上实现装配尺寸链的自动生成。

(3) 基于图论的装配尺寸链自动生成技术。首先建立四层结构的装配精度信息模型,并对公差信息进行规范化处理和约束信息转化,在此基础上获得几何公差特征矩阵和装配特征关联矩阵。其次采用图论建立装配体有向图模型,并剔除与装配精度无关的有向图的顶点和边。最后利用最小路径原理实现装配尺寸链的自动生成。

(4) 基于装配约束的尺寸链自动生成技术。依据零件间装配定位约束的不同,建立 SDT(small displacement torsor)模型的表示模型和作用模型,以改进装配有向图,在有向图中添加基准约束信息。基于改进有向图,建立主尺寸链及辅助尺寸链的装配约束关联矩阵,通过最短路径及对关键特征的自动搜索,实现尺寸链的自动生成。

2. 尺寸传递系统

为了实现预期的功能要求,机械产品各零件之间根据功能需求采取不同的连接方式进行装配,只要两个零件之间存在装配关系,那么其配合表面对应的尺寸之间就会形成一定的约束关系。同时由于这种配合需要与尺寸建立约束关系,使一个零件尺寸的变化必然引起与其配合的零件尺寸的变化,并向下个零件传递。因此,如何正确、合理地建立零件间的尺寸约束和传递关系,是变型设计中需要解决的关键问题。

1) 尺寸传递原则

在生产应用中,要使两个相互配合的零部件的同名尺寸相互协调,它们的尺寸之间必然存在一定的联系。通常按照以下 3 种不同的尺寸传递原则进行协调,以确保协调准确度。

(1) 独立制造原则。这种协调原则是以标准尺上所定的原始尺寸开始尺寸传递。原始尺寸是尺寸传递发生联系的环节,也称作公共环节。除此之外的各环节都是独立进行的,所以称作独立制造原则。

独立制造原则有一个典型的特点,就是对于相互配合的零件,当按照该原则对其进行协调时,协调准确度实际上低于各零件本身的制造准确度。

独立制造原则仅适用于那些形状比较简单的零件,形状复杂的零件应采用相互联系制造原则。在制造中将那些制造难度大、制造准确度不可能达到很高的环节作为尺寸传递的公共环节,这样能显著提高零件之间的协调准确度。对于一些构造复杂的产品,采用这种原则对于保证装配准确度具有特别重要的现实意义。

(2) 相互联系原则。当零件采用相互联系制造原则进行协调时,零件之间的协调准确度只取决于各零件尺寸单独传递的那些环节,而不受尺寸传递过程中公共环节准确度的影响。

如果其他条件相同,采用独立制造和相互联系两种不同的协调原则时,即使零件的准确度相同,得到的协调准确度也不同。采用相互联系原则能够得到更高的协调准确度,而且在尺寸传递过程中,公共环节数量越多,协调准确度越高。

(3) 相互修配原则。相互修配原则具有更大的联系系数,在一般情况下,采用这种协调原则比采用相互联系原则能够得到更高的协调准确度。

采用相互修配原则进行协调,虽然能够保证零件之间有很好的协调性,但不能满足零件互换性的要求,而且修配劳动量大、装配周期长。只有当其他协调原则在技术和经济方面都不合理,且不要求零件具有互换性时,方可采用这一原则。

2) 尺寸传递方法

在产品制造模式中,采用模线样板方法协调产品的形状和尺寸。这种方法基于产品相互联系制造的原则,借助有具体形状和尺寸的专门实物样件,将形状和尺寸从图传递到所制造的零件和产品。原始尺寸形成的一些误差也伴随形状和尺寸的传递而转移,这些误差的累积,最终体现到产品最后的形状和尺寸上。因此,协调路线的设计直接影响产品的制造准确度和协调准确度,协调路线应该满足飞机零部件的互换性,即保证它们主要的几何参数——外形、接头和分离面的互换性。下面以飞机为例,讲解具体的尺寸传递方法及其应用。

在飞机生产中,以模线样板为基础的工件、工艺装备及其之间在几何形状与尺寸上的传递过程,可归纳为模线样板工作法、模线样板-标准样件工作法、综合工作法 3 种典型的模拟量尺寸传递体系。

(1) 模线样板工作法。模线样板协调的基本原理是以平面模线和外形检验样板为总的协调依据。以各类样板为协调依据,通过基准孔和通用坐标设备、光学仪器协调制造与外形有关的各类平面或立体的成形模具,以及各种装配型架等,其协调路线如图 5-20 所示。这种协调方法协调路线短、协调环节少、转换误差小、样板结构简单、易加工,工装制造可平行

进行,生产周期短,经济性好;但在制造复杂的曲面工
装时误差大,容易产生不协调现象,适用于飞机上外形
简单、要求准确度不高的部件或产量较小的飞机。

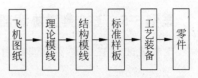

图 5-20　模线样板典型协调路线

(2) 模线样板-标准样件工作法。标准样件的协调
原理是以模线样板为原始依据,以外形表面样件为总的
协调依据。样件的有关部分进行了对合检查,并以此为主要移形根据,协调制造与外形有关
的各类工艺装备,其协调路线如图 5-21 所示。标准样件包括全部要协调的外形接头,外形
上所有点是连续的,任何要控制的部位和切面及接头空间位置都由样件保证。这种协调方
法使相互联系制造的环节增多,能够减少尺寸形状转换、移形环节误差,提高协调准确度;
制造、复制、检修简单、方便,适用于产量大的小型飞机及形状复杂、协调要求高的大型飞机
的小部件。

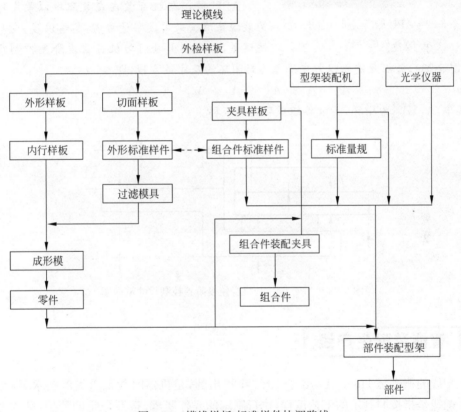

图 5-21　模线样板-标准样件协调路线

(3) 综合工作法。综合工作法的协调原理是在模线样板的基础上,结合局部样件,通过
型架装配机、画线钻孔台、光学仪器保证工艺装备的协调性。这种方法具有模线样板工作法
和模线样板-标准样件工作法的优点。对于简单的平面零件,可广泛地配合样板制造成形模
具;对于复杂的立体结构件,可采用局部样件法制造,并用于协调型架,实现平行作业,缩短
生产周期。

案例 5-5：飞机典型协调部位装配误差累积分析

飞机装配过程中需要协调的内容很多,但总体而言主要协调的问题包括两类,即外形协调和交点协调。在飞机典型结构的装配中,采用数字量协调能够减少误差累积的中间环节,简化尺寸链的组成形式,提高装配准确度和协调准确度。下面以外形协调问题进行分析。

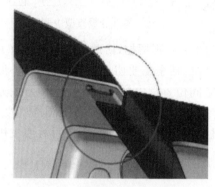

图 5-22　APU 舱门与机身蒙皮
连接处的结构

蒙皮阶差的控制是飞机装配中外形协调的一个重要部位,在飞机尾段的结构中,APU 舱门与机身蒙皮阶差控制就是典型的外形协调问题。APU 舱门与机身蒙皮连接处的结构如图 5-22 所示。

APU 舱门与机身蒙皮在装配中以蒙皮外表面为装配基准。采用数字量协调,忽略温度、变形等系统误差,可以做出舱门与机身蒙皮阶差控制尺寸链简图(图 5-23),并据此建立以蒙皮阶差为封闭环的尺寸链方程,即

$$A_0 = A_1 + A_2 - (A_3 + A_4 + A_5 + A_6)$$

其中,A_1、A_2 为增环,其余各组成环均为减环。

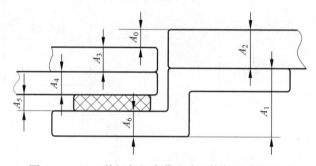

图 5-23　APU 舱门与机身蒙皮阶差控制尺寸链简图

5.4　智能装配生产线

装配线的概念是 Henry Ford 于 1913 年提出的,是机器时代最重大的技术革新之一。所谓装配线是指按照制定的工艺流程,执行制定的操作步骤,按照一定的节拍,对各装配目标有序进行组装的生产过程。它是一种广泛应用的人机工程,是一种重要的规模化生产方式。20 世纪 80 年代,美国学者赖特(P. K. Wright)和布恩(D. A. Bourne)提出了智能制造的概念,随着机器学习、大数据、物联网、云计算等智能技术的不断发展,智能装配生产线作为典型的智能制造装备之一,是实现高端制造转型的重要需求。

5.4.1　智能装配生产线的概念

针对智能装配生产线,首先需要厘清智能单元与生产线、节拍、装配线平衡等重要概念。

1）智能单元与生产线

智能单元与生产线是指针对制造加工现场特点，将一组能力相近相辅的加工模块进行一体化集成，实现各项能力的相互接通，具备适应不同品种、不同批量产品生产能力输出的组织单元。智能单元与生产线是数字化工厂的基本工作单元。

智能单元与生产线具有独特的属性与结构，具体包括结构模块化、数据输出标准化、场景异构柔性化与软硬件一体化，这样的特点使智能单元与生产线易集成为数字化工厂。在建立智能单元与生产线时，需要从资源、管理、执行 3 个维度实现基本工作单元的智能化、模块化、自动化、信息化功能，最终保证工作单元的高效运行。总体来看，智能化生产线的建设离不开高度信息化的总体布局与智能化装配装备。

以汽车发动机装配为例，发动机装配线要保证发动机的装配技术条件，实现高精度；要保证装配节拍，实现高效率；要多机型同时装配，实现高柔性；要有效控制装配精度，实现高质量。要实现以上几方面，必须从生产线的规划着手。传统的汽车零部件装配线虽然能实现流水线式生产，但是由于生产过程中无法保存产品的生产和测试参数，导致一旦出现质量问题，就无从查起。因此，对人工成本上升、原料价格上涨、出口订单萎缩的中国汽车零部件制造业而言，走升级现有装配、检测设备的智能化道路是未来产业发展的必然趋势。实现汽车发动机装配线智能化，体现在成熟的装配工艺、智能化装备的选择、质量控制与智能化物流方式等方面。如图 5-24 所示。

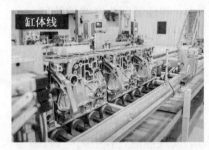

图 5-24 发动机智能装配生产线

民机制造方面的装配工作量更大，飞机装配工作量约占整个飞机制造工作量的 1/3，整个装配过程中涉及大量工装、系统的整合，因此对智能化设备进行合理的规划与管理是实现装配智能化过程的重要环节。波音公司采用数字化工厂实现全方位、全周期的生产管控，在制造环节显著提高生产效率并降低质量缺陷率。借助计算机建模仿真和信息通信技术的巨大潜力，不断优化产品设计和制造过程，获得显著的经济效益。图 5-25 为波音机身装配生产线，采用机器人紧固机身壁板。

图 5-25 波音机身装配生产线

2）节拍

节拍是指整个生产系统在规定的时间内产出规定的数量。对于单台设备而言，指单个工件的平均产出时间；对于一条生产线而言，指瓶颈工位产出单个工件的平均时间。

3）装配线平衡

装配线平衡是指位于同一条装配线上的各工位，生产同一种产品所需节拍的差异情况。

装配线平衡率 f 能够直接反映企业的生产能级水平，是一项重要的指标。装配线的平衡率越高，其产能越大。f 的计算式为

$$f = \frac{T}{CT \times n} \times 100\%$$

式中，T 为各工序时间总和；CT 为生产线工序中的最大标准工时，即生产线节拍；n 为工序数。

5.4.2 智能装配生产线的特征与架构

1. 智能装配生产线的特征

智能装配生产线基于传感技术、网络技术、自动化技术、人工智能技术等先进技术，通过智能化的感知、人机交互、决策和执行，实现产品设计、生产、管理、服务型制造活动的智能化。智能装配生产线具有状态感知、实时状态分析、自主决策、高度集成和精准执行等特征。

1）状态感知

状态感知是指对制造车间人员、设备、工装、物料、刀具、量具等多类制造要素进行全面感知，实现制造过程中物与物、物与人、人与人之间的广泛关联。基于传感器与网络实现物理制造资源的互联、互感，确保制造过程中多源信息的实时、精确和可靠获取。

2）实时状态分析

基于状态感知技术获得各类制造数据，对制造过程中的海量数据进行实时检测，实时传输与分发，实时处理与融合等，是数据可视化和数据服务的前提。实时状态分析对智能制造过程中的自主决策及精准决策起着决定性作用，是智能制造的重要组成部分。

3）自主决策

智能装配生产线能够在制造过程中不断充实制造知识库，还能搜集与理解制造环境信息和制造系统本身的信息，并自行分析判断和规划自身行为。智能制造系统与人类共同支配的各类制造资源具有不同的感知、分析与决策功能，能够拥有或扩展人类智能，使人与物共同组成决策主体，促使信息物理融合系统实现更深层次的人机交互与融合。

4）高度集成

智能装配生产线不仅包括制造过程硬件资源间的集成、软件信息系统的集成，还包括面向产品研发、设计、生产、制造、运营等产品全生命周期的集成，以及产品制造过程中所有行为活动、实时制造数据、丰富制造知识之间的集成。

5）精准执行

精准执行又称为智能执行，是车间制造资源的互联感知、海量制造数据的实时采集分析、制造过程中自主决策的最终落脚点。制造过程的精准执行是使制造过程及制造系统处于最优效能状态的保障，也是实现智能制造的重要体现。

2. 智能装配生产线架构

智能装配生产线将物联网、人工智能、大数据、云计算、计算机仿真及网络安全等关键共性技术作为支撑技术,提供制造过程中的智能装配设备、制造要素动态组网、制造信息实时采集与管理、自主决策与执行优化的集成方案,解决智能技术应用集成问题,形成可扩展、可配置的智能制造应用系统,实现制造过程和管理的自动化、数字化与可视化。从设备层、控制层、车间层、企业层、协同层 5 个层面提升装备制造系统的状态感知、实时状态分析、自主决策、高度集成和精准执行水平,为制造业推进智能制造技术发展奠定坚实的技术基础。智能制造体系架构如图 5-26 所示,主要由关键技术支撑层、智能设备载体层、数据采集分析层、制造执行与优化层和企业信息系统集成层构成。

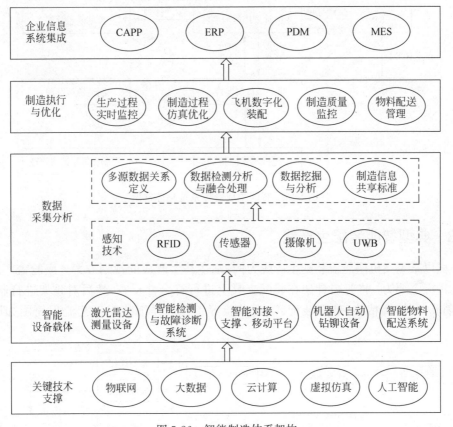

图 5-26　智能制造体系架构

(1)智能装配装备制造技术。智能装配装备作为智能装配技术的载体,首先应具有装配装备的基本功能,包括定位、装配、物料配送、故障检测等,可以完成产品的制造与装配。除此之外,智能装配装备须具有基于物联网、大数据、云计算、虚拟仿真与人工智能等关键技术支撑的智能化装备,可具备多设备交互、人机交互和虚拟现实交互等能力,达到先进制造技术、信息技术与智能技术集成融合的目的,实现装配装备智能化。

(2)数据采集与分析技术。依托传感器技术、测试技术、仪器技术、电子技术与计算机技术等先进制造技术,数据采集与分析可以实现多物理量数据的测量存储、处理与显示,包括产品信息、设备信息、程序序号、操作人员工号等与产品生产制造过程有关的信息。

（3）生产线设备的执行与优化技术。智能装配生产线中多台设备的执行与优化构成制造执行系统，其在整个信息化模型中处于企业机械化管理层和自动化控制层之间，是实现装配过程管控一体化的重要组成部分。智能制造执行系统是对装配生产过程中计划管理信息与自动化控制信息的集成，通过对装配执行过程的整体数字化进行管理和控制，达到提高生产效率、降低生产成本、提高产品质量的目的。

（4）智能集成管控系统。智能集成管控系统是集设计工艺系统、作业计划导入、生产过程控制与数据采集、生产过程检验、产品质量管控、设备状态监控、智能物流配送、自主决策等功能于一体的生产线管理系统。其总体框架如图 5-27 所示。

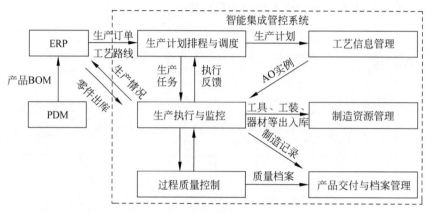

图 5-27　智能集成管控系统总体框架

5.4.3　典型智能装配生产线

下面以某型飞机座舱盖装配生产线为例，阐述其生产线的规划方案。座舱盖产品的装配工艺过程主要为：将舱盖骨架在装配夹具上进行符合性检查，然后对骨架进行制孔、铆接、玻璃验合、玻璃粘接、玻璃装配、气密试验等工作。详细装配工艺流程简图如图 5-28 所示。

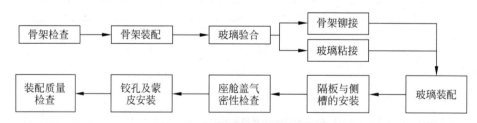

图 5-28　座舱盖装配工艺流程简图

在装配过程中，要求产品以固定的节拍在生产线上移动，操作人员则在固定区域进行相对固定的装配作业，以降低工人劳动强度，改善装配现场操作环境，同时提高装配效率，改善产品装配质量，实现低成本、高质量和快速响应的制造。

根据现有的厂房条件，在生产线规划过程中，要求生产线具备 4～10 个不同型号混线生产能力，生产节拍为 2 天，年产量达到 120 件；玻璃粘接区的温度为 18～25℃，湿度为 30%～75%；生产线要有独立的玻璃光学检查间、配胶间、办公区和工人休息区；生产线中的辅助设施应符合技安环保要求。

1）生产线总体规划

在生产线规划过程中应遵循一些基本的规划原则。例如,项目涉及的各系统应采用成熟且先进的技术和产品;在进行方案设计时应充分考虑操作人员及系统的安全性,消除安全隐患;装配线的各系统应能够可靠运行,避免不必要停产带来的损失;装配线应布局合理、操作方便,使操作人员能够快速掌握使用方法;在保证系统先进性和可靠性的前提下,使机电一体化系统的性能和价格达到最优匹配。

基于上述原则,在装配生产线的总体规划中应考虑实际装配工艺流程,并基于此重点进行生产线的总体布局。

（1）装配工艺流程。

根据最高年产量要求,按照脉动式生产方式调整工艺流程,使其能够按照固定的节拍在各工位上均衡进行装配。由此确定座舱盖产品装配工艺流程,如图 5-29 所示。

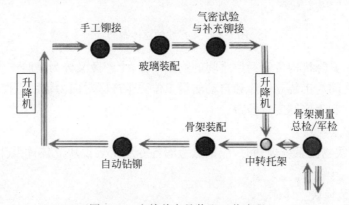

图 5-29 座舱盖产品装配工艺流程

根据生产的工艺流程将座舱盖装配生产线设计为 6 个工位,分别为测量工位、骨架装配工位、自动钻铆工位、补充装配工位、玻璃安装工位、气密试验工位。产品总检时回到测量工位。

测量工位:自动测量骨架的外部轮廓及气密带槽位置,进行产品的总检与客户代表检验。

骨架装配工位:对骨架进行拆解,除油清理结合面、涂底涂与密封胶,再进行螺栓连接。

自动钻铆工位:角材及托板螺母与座舱骨架铆接自动制孔和自动铆接。

补充装配工位:进行后蒙皮及其他小零件的手工铆接。

玻璃安装工位:进行玻璃及气密带槽安装。

气密试验工位:安装工艺侧蒙皮,进行气密试验,拆卸工艺侧蒙皮。

（2）生产线总体布局。

在座舱盖的生产过程中,需要进行玻璃的光学性能检查、密封剂的配制、玻璃粘接固化,这些辅助工艺环节都需要一定的特殊环境与面积。为实现最高年产量的目标、合理利用现有厂房的空间,可将生产线设计为上下两层结构。生产线的总体布局如图 5-30所示。

在厂房端头设置一个辅助工作区,一层为办公区,二层为光学检查间和工人休息区。生

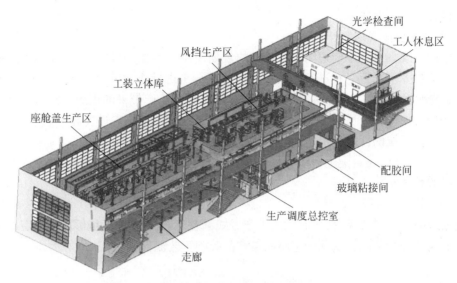

图 5-30　生产线的总体布局

产区为上下两层,升降机构负责两层之间的物流传输,生产区又分为座舱盖生产区和风挡生产区,两生产区之间为工装立体库和自动测量工位。生产区对面为辅助工作区,其中设置配胶间、玻璃粘接间和生产调度总控室。

2) 生产线物流规划

在进行生产线物流系统规划时,应重点考虑各专用工装模块立体库及生产线吊运系统的规划。

(1) 专用工装模块立体库。

专用工装模块立体库中存放 4~7 个型号的座舱盖与风挡专用工装模块,共约 100 套。这些专用工装模块与各工位的工装平台配合,形成不同型号的专用工装,供操作者使用。每个工装模块上都装有工装信息卡,记录工装名称、图号、生产日期、检定日期、检定周期等信息。立体库采用射频识别技术,对每个出入库的工装模块进行自动识别,并与库位管理系统结合进行工装模块的定检和日常管理。

(2) 生产线吊运系统。

吊运系统用于实现工件在工位之间的运输,生产线工件的吊运采用全自动化方式实现,用一套吊运手爪,按照工位逐个吊运工件。吊运系统采用直角坐标机器人系统实现,具有 X、Z 两个方向的运动自由度,末端手爪能够根据不同的工件型号调整爪间距离。吊爪运行过程具有声光提示及下落区安全检测功能。在气密试验区、停放工位及转运滑台工位处,由于没有工装,吊运手爪采用柔性锁链并由人工辅助进行吊运。

3) 生产线工位规划

如上所述,根据实际生产需求,生产线中共规划 7 个工位。

(1) 测量工位。

座舱盖骨架由多个复杂零件组成,结构刚性较弱,需要与舱盖玻璃协调的部位较多。骨架零件的准确度对座舱盖外形准确度及气密性有很大影响。因此,装配前需要对骨架组合件进行全面的数字化检测。

测量系统用于不同型号座舱盖骨架组合件的集中检测及座舱盖成品的总检,主要检测部位包括骨架的外轮廓、气密带槽位置和成品的外轮廓,如图 5-31 中线条所示。

图 5-31　座舱盖的测量位置

测量工位的设备主要包括非接触式激光测量系统和快速换装平台。

测量设备可以采用龙门式五轴联动的数控运动平台,也可以采用机器人操作的方式进行激光扫描测量。这种非接触式激光扫描的方式获取零件位置信息具有测量速度快、效率高的特点。例如,线扫描激光位移传感器每秒钟可以采集 30 次,采集点达 2 万个以上。

在此工位设有可快速换装的工装平台,利用快速换装接口更换不同型号产品的前后弧专用工装模块,可形成各型号产品的测量工装。将骨架组合件置于工装上进行数字化测量。此后的装配过程中前后弧专用工装模块与骨架组件一同在工序间流转,便于工序间的快速装夹,避免工序间组件与工装之间反复定位安装。

(2)骨架装配工位。

装配工位上主要安置骨架装配工作台,便于进行骨架的手工拆解、零件除油清洗、涂底涂和密封胶,以及骨架的连接装配与质量检查。装配过程中需要重点检测 4 个侧型材底面与前弧弧度。

骨架装配工作台包括专用工装模块固定台、工件支撑杆和支撑台等部分,支撑杆内具有位置检测传感器,用于检测工件拆装前后的位置变化。支撑台具有升降功能,专用上装模块撤离工件后,支撑台升起(图 5-32),形成一个工作台面,便于人工操作。

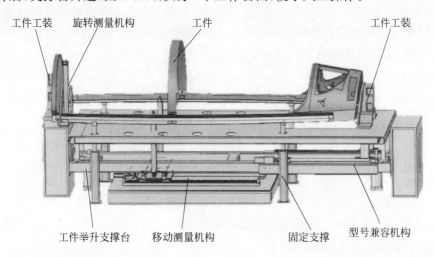

图 5-32　支撑台

(3)自动钻铆工作台。

自动钻铆工位主要由两套机器人自动钻铆系统、工装和辅助夹紧机构、托板螺母选筛和输送机构、自动换刀刀库、检刀台和总控台组成。其中,自动制孔系统具备自动制孔、换刀以及检刀功能。自动铆接系统具备铆钉自动筛选和输送、托板螺母自动排列和输送、自动寻孔铆接和自动检测铆接质量功能,能够实现多种型号座舱盖装配过程中的角材及托板螺母与座舱骨架的铆接。工装平台具备升举和翻转功能,便于调整工件的位姿。自动钻铆工位布局如图 5-33 所示。

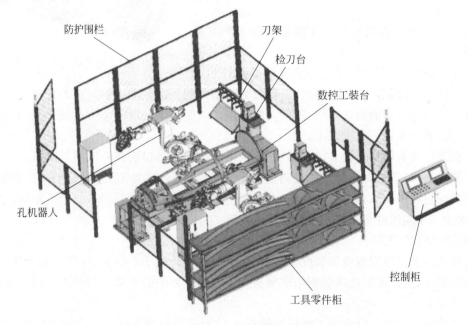

图 5-33　自动钻铆工位布局

如图 5-33 及图 5-34 所示,数控工装台是工件的自动夹紧设备,主要动作有顶升、回转和对接,依靠相应的机构对工件进行夹紧。工装台台面上配有 4 个自动找位的支撑机构,制孔时将起到支撑作用。该设备应能适应 4 种不同机型不同尺寸的工件,还应具有定位功能和防错功能等,使其既能精确定位又安全可靠。

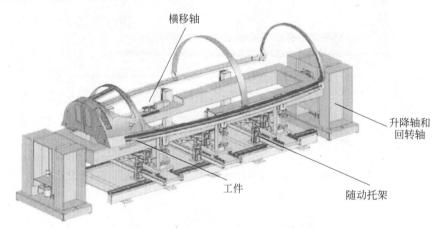

图 5-34　数控工装台和辅助夹紧机构

（4）补充装配铆接工位。

该工位布置在自动钻铆工位之后,补充进行座舱盖装配过程中的角材及托板螺母与座舱骨架的铆接。该工位的工装和辅助夹紧机构可以对工件进行定位,在完成上半部分装配铆接后，工装可以带动工件翻转 180°，能够对两侧角材进行辅助夹紧，使角材与骨架结合紧密，便于人工进行下半部分角材的装配，以便保证铆接质量。

（5）玻璃安装工位。

玻璃与涤丝带粘接并达到固化期后，骨架连接及相关铆接工作已完成，可以进行玻璃安装工作。玻璃安装工作分两步进行，首先进行玻璃预安装，确定涤丝带粘接位置的准确度和连接孔的位置，在涤丝带上制出连接孔；然后进行玻璃最终装配，对骨架进行清洗、涂底涂，放置一定时间后，涂密封胶，装配玻璃。玻璃安装的关键是在密封胶活性期内完成装配工作，并保证密封胶涂抹均匀。

该工位设有工作台和控制柜，工作台可根据不同型号的零件尺寸自动调整，并可根据不同的操作需求具有升降、翻转等功能。控制柜对工作台进行控制。工人可以在图 5-35 所示的工作台上方便地进行玻璃安装工作。

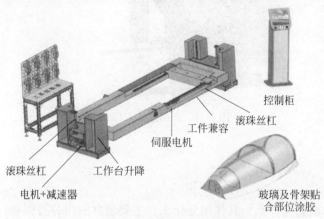

图 5-35 玻璃安装工装

（6）气密试验工位。

座舱盖装配过程中，需要在气密试验工位先进行工艺侧蒙皮安装，然后对整个座舱盖进行气密试验，对不合格部位进行排故，最后拆卸工艺侧蒙皮，完成座舱盖的装配工作。

气密试验工位由工作台、试验设备、控制台和保护罩组成，如图 5-36 所示。控制台对试验设备进行控制，可根据需要对试验压力、时间、流量等进行调节。保护罩防止玻璃崩裂对人员造成不必要的伤害。

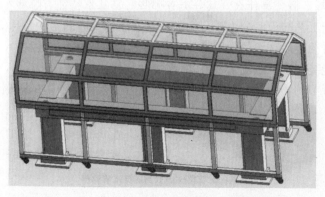

图 5-36 气密试验工位

（7）产品总检工位。

该工位对装配完成后的座舱盖进行最终检测，通过检测数据判断产品是否符合出厂条件。该工位工作量较少、工作周期较短，故与骨架测量安排在同一工位，如图 5-37 所示。在总检过程中，产品由吊运系统将装配完成的座舱盖产品送到自动测量工位。由自动测量工位完成整个检测过程。

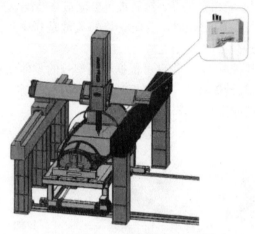

图 5-37　产品总检工位

习题

1. 装配工艺的概念是什么？其作用是什么？主要包含的内容有哪些？

2. 简述装配的发展趋势及意义。

3. 产品装配中常用的连接方法有哪些？其各自的特点是什么？

4. 装配容差分析的概念是什么？详述其流程步骤。

5. 智能装配工艺设计的核心内容有哪些？

6. 数字化三维装配工艺规划的主要内容包括哪几个方面？

7. 提高装配准确度的补偿方法有哪些？

8. 智能装配生产线系统典型的硬件设备一般包括哪些？

9. 尺寸链的基本概念是什么？其分类有哪些？其基本特征有哪些？

10. 智能装配工艺知识库分为哪几大类？建立该知识库的目的是什么？

11. 尺寸链自动生成技术的作用是什么？该技术主要包括哪几种？

12. 简述智能装配生产线的实现方式、流程及特征。

13. 通过本章节的学习，请举一实例简单阐述智能装配生产线的规划方案（装配工艺流程即可）。

第6章 数字孪生与智能化车间

数字孪生(digital twin)的概念最早由美国密歇根大学的 Grieves 于 2003 年提出,其主要思想包括:①应用数字化方式创建与物理实体多种属性一致的虚拟模型;②虚拟世界与物理世界之间彼此关联,可以高效地进行数据和信息的交互,达到虚实融合的效果;③物理对象不仅仅是某一产品,还可延伸到工厂、车间、生产线和各种生产要素。目前,数字孪生技术在制造企业的应用形式有数字孪生产品(digital twin product,DTP)和数字孪生车间(digital twin workshop,DTW)。前者用于产品体验、性能分析、维修维护、使用培训等,后者主要用于车间仿真优化与运行监控。

6.1 数字孪生的概念

6.1.1 数字孪生的定义及特征

1. 数字孪生的定义

Gartner 2017 年开始将数字孪生纳入其十大新兴技术专题,进行了深入研究,以下是不同年份 Gartner 对数字孪生的解释。

2017 年:数字孪生是实物或系统的动态软件模型,在 3~5 年,数十亿计实物将通过数字孪生进行表达。通过应用实物的零部件运行和对环境做出反应的物理数据,以及来自传感器的数据,数字孪生可用于分析和模拟实际运行状况,应对变化、改善运营并实现增值。数字孪生发挥的作用就像一个专业技师和传统的监控和控制器(如压力表)的结合体。推进数字孪生应用需要进行文化变革,结合设备维护专家、数据科学家和 IT 专家的优势,将设备的数字孪生模型与生产设施环境,以及人、业务和流程的数字表达结合起来,以实现对现实世界更精确的数字表达,从而实现仿真、分析和控制。

2018 年:数字孪生是现实世界实物或系统的数字化表达。随着物联网的广泛应用,数字孪生可以连接现实世界的对象,提供其状态信息,响应变化,改善运营并增加价值。到 2020 年,估计有 210 亿个传感器与末端接入点连接在一起,不久的将来,数十亿计物体将拥有数字孪生模型。

2019 年:数字孪生是现实生活中物体、流程或系统的数字镜像。大型系统如发电厂或城市也可以创建其数字孪生模型。数字孪生的想法并不新,可以回溯到用计算机辅助设计表述产品,或者建立客户的在线档案,但是如今的数字孪生有以下 4 点不同。

(1) 模型的鲁棒性,聚焦如何支持特定的业务成果。

(2) 与现实世界的连接,具有实现实时监控和控制的潜力。

(3) 应用高级大数据分析和人工智能技术获取新的商机。

(4) 数字孪生模型与实物模型的交互,并评估各种场景如何应对的能力。

学者对数字孪生的理解是一个不断演进的过程,数字孪生的应用主体也不局限于基于物联网洞察和提升产品的运行绩效,而可延伸到更广阔的领域,例如工厂的数字孪生、城市的数字孪生,甚至组织的数字孪生。

全球著名 PLM 研究机构的 CIMdata 认为,数字孪生模型不可能单独存在,可以存在多个针对不同用途的数字孪生模型,每个都有其特定的特征,例如数据分析数字孪生模型、MRO 数字孪生模型、财务数字孪生模型、工程孪生模型及工程仿真数据孪生模型;每个数字孪生模型必须有一个对应的物理实体,数字孪生模型可以而且应该先于物理实体存在;物理实体可以是工厂、船舶、基础设施、汽车或任何类型的产品;每个数字孪生模型必须与其对应物理实体有某些形式的数据交互,但不必是实时或电子形式。

GE Digital 认为,数字孪生是资产和流程的软件表示,用于理解、预测和优化绩效以改善业务成果。数字孪生由三部分组成:数据模型、一组分析工具或算法、知识。

西门子认为,数字孪生是物理产品或流的虚拟表示,用于理解和预测物理对象或产品的性能特征。数字孪生用于在产品的整个生命周期,在物理原型和资产投资之前模拟、预测和优化产品和生产系统。

SAP 认为,数字孪生是物理对象或系统的虚拟表示,但其远不只是一个高科技的外观。数字孪生使用数据、机器学习和物联网帮助企业优化、创新和提供新服务。

PTC 认为,数字孪生(PTC 翻译为数字映射)正在成为企业从数字化转型举措中获益的最佳途径。对于工业企业,数字孪生主要应用于产品的工程设计、运营和服务,带来重要的商业价值,并为整个企业的数字化转型奠定基础。

陶飞指出,当前对数字孪生存在多种不同的认识和理解,目前尚未形成统一共识的定义,但物理实体、虚拟模型、数据、连接和服务是数字孪生的核心要素。不同阶段(如产品的不同生命周期)的数字孪生呈现不同的特点,对数字孪生的认识与实践离不开具体对象、具体应用与具体需求。从应用和解决实际需求的角度出发,实际应用过程中不一定要求建立的"数字孪生"具备所有的理想特征,能满足用户的具体需求即可。

赵敏和宁振波所著的《铸魂:软件定义制造》一书中指出,数字孪生是实践先行,概念后成;数字孪生模型可以与实物模型高度相像,而不可能相等;数字孪生模型与实物模型也不是简单一对一的关系,而可能存在一对多、多对一、多对多,甚至一对少、一对零、零对一等多种对应关系。

结合学术界和工业界的实践,e-works(数字化企业网)认为,数字孪生并不是一种单元的数字化技术,而是在多种使能技术迅速发展和交叉融合的基础上,构建物理实体对应的数字孪生模型,并对数字孪生模型进行可视化、调试、体验、分析与优化,从而提升物理实体性能和运行绩效的综合性技术策略,是企业推进数字化转型的核心战略举措之一。

2. 数字孪生的基本特征

数字孪生的基本特征是虚实映射。通过对物理实体构建数字孪生模型,实现物理模型和数字孪生模型的双向映射。构建数字孪生模型不是目的,而是手段,需要对数字孪生模型进行分析与优化,以改善其对应物理实体的性能和运行绩效。

任何物理实体都可以创建数字孪生模型,一个零件、一个部件、一个产品、一台设备、一把加工刀具、一条生产线、一个车间、一座工厂、一个建筑、一座城市,乃至一颗心脏、一个人体等。对于不同的物理实体,其数字孪生模型的用途和侧重点差异很大。例如,达索系统帮助新加坡构建了数字城市,建立了一座城市的数字孪生模型,不仅包括地理信息的三维模型、各种建筑的三维模型,还包括各种地下管线的三维模型。该模型作为城市的数字化档案,可以用于优化城市交通,便于各种公共设施的维护。Biodigita 公司创建了生物数字人体模拟演示在线平台,可以帮助医生和科学家研究人体构造,进行模拟试验。在太空探索的过程中,科学家通过数字孪生模型对远在太空的航天器,如登陆火星的"好奇号"火星车进行远程控制、仿真与操控。显然,物理实体的结构越复杂,其对应的数字孪生模型就越复杂,实现数字孪生应用的难度也越大,如图 6-1 所示。

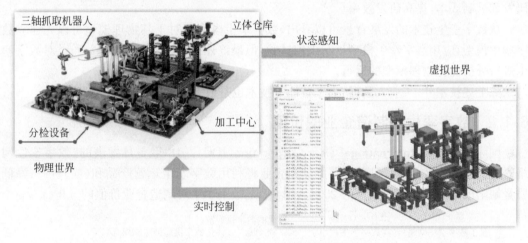

图 6-1　物理实体及其数字孪生模型

3. 数字孪生的相关支撑技术

数字孪生迅速成为热潮,源于数字化设计、虚拟仿真和工业互联网(工业物联网)等关键使能技术的蓬勃发展与交叉融合。

数字化设计技术从早期的二维设计发展到三维建模,从三维线框造型进化到三维实体造型、特征造型,产生了直接建模、同步建模、混合建模等技术,以及面向建筑与施工行业的建筑信息模型技术(building information modeling,BIM)。三维建模技术不仅用于产品设计阶段,还可实现三维工艺设计。产品的三维模型中不仅包括几何信息、装配关系,还包括产品制造信息(PMI,如尺寸、公差、形位公差、表面粗糙度和材料规格等信息),以及利用这些信息实现 MBD。为了支持产品三维模型的快速浏览,可以从包含三维工艺特征的完整三维特征模型中抽出仅包括几何信息的轻量化三维模型。基于三维造型和三维显示技术,虚拟现实技术得到了蓬勃发展,广泛用于汽车、飞机、工厂等复杂对象的虚拟体验,包括沉浸式虚拟现实系统 Cave、用于产品展示和市场推广的三维渲染技术,以及基于实景仿真的模拟驾驶技术等。近年来又发展起来增强现实技术,其特点是可以将实物模型和数字化模型融合在一个可视化环境中,从而实现传感器数据的可视化,还可以进行产品操作、装拆及维修过程的三维可视化,实现产品操作培训、维修维护等应用。

虚拟仿真技术从早期的有限元分析发展到对流场、热场、电磁场等多个物理场的仿真,多领域物理建模,对振动、碰撞、噪声、爆炸等各种物理现象的仿真,对产品的运动仿真,材料力学、弹性力学和动力学仿真,对长期产品使用的疲劳仿真,对整个产品系统的仿真,针对注塑、铸造、焊接、折弯和冲压等各种加工工艺的仿真,以及装配仿真,帮助产品实现整体性能最优的多学科仿真与优化,针对数控加工和工业机器人的运动仿真(其中数控仿真又可分为仅仿真刀具轨迹,以及仿真整个工件、刀具和数控装备的运动),还有面向工厂的设备布局、产线、物流和人因工程仿真。如果从仿真的对象来区分,虚拟仿真技术可以分为产品性能仿真、制造工艺仿真和数字化工厂仿真。

在数字化设计技术和虚拟仿真技术发展和集成应用的过程中,产生了数字原型、数字样机、虚拟样机、全功能虚拟样机等技术,主要用于实现复杂产品的运动仿真、装配仿真和性能仿真。通过对数字样机进行虚拟试验,可以减少物理样机和物理试验的数量,从而降低产品研发和试制成本,提高研发效率。

从数字孪生技术的发展背景可以看出,数字孪生模型相对于其物理模型可以先建立数字孪生模型,应用数字孪生模型进行虚拟试验,但最终还是要建立物理模型,通过对数字孪生进行分析优化物理模型的运行。

除上述技术外,工业大数据、人工智能等技术也是数字孪生的关键使能技术。

6.1.2 数字孪生对制造企业的价值

国际数据公司(International Data Corporation,IDC)2018年5月发表的《数字孪生网络》报告指出,到2020年年底,65%的制造企业将利用数字孪生运营产品和(或)资产,降低质量缺陷成本和服务交付成本的25%。图6-2是数字孪生对制造企业价值的分析。

图 6-2　数字孪生对制造企业价值的分析

例如,产品数字孪生应用的价值是通过虚实融合、虚实映射,持续改进产品的性能,为客户提供更好的体验,提高产品运行的安全性、可靠性、稳定性,提升产品运行的"健康度",并在此基础上提升产品的市场竞争力。同时,通过对产品结构、材料、制造工艺等各方面进行改进,降低产品成本,帮助企业提高盈利能力。而工厂数字孪生应用的价值主要体现在构建透明工厂、提升工厂的运营管理水平、提高整体设备综合效率、降低能耗、促进安全生产等方面。真正实现工厂数字孪生应用的价值,需要装备用户企业和装备制造企业进行深层次的合作。

实现产品数字孪生应用的重点在于复杂的机电软一体化装备,如发电设备、工程机械、机械加工中心、高端医疗设备、航空发动机、飞机、卫星、船舶、轨道交通装备、通信设备,以及能够实现智能互联的通信终端产品。数字孪生飞机产品如图 6-3 所示。

图 6-3 数字孪生飞机产品

在产品的设计制造生命周期,可以在实物样机上安装传感器,在样机测试过程中,将传感器采集的数据传递至产品的数字孪生模型,通过对数字孪生模型进行仿真和优化,改进和提升最终定型产品的性能;还可以通过半实物仿真的方式,即部分零部件采用数字孪生模型,部分零部件采用物理模型,进行实时仿真和试验,以验证和优化产品性能。另外,在进行产品创新设计时,大多数零部件会重用前代产品的零部件,如果前代产品已经建立关键零部件的数字孪生模型,同样应当进行重用,从而提升新产品的研发效率和质量。

产品服役的生命周期是产品数字孪生应用最核心的阶段。尤其是对于长寿命的复杂装备,通过工业物联网采集设备运行数据,并与其数字孪生模型在相同工况下的仿真结果进行比对,可以分析出该设备的运行是否正常、运行绩效如何、是否需要更换零部件,并可以结合人工智能技术分析设备的健康程度、进行故障预测等。对于高端装备产品,其数字孪生模型应当包括每个实物产品服役的全生命周期数字化档案。

在产品的报废回收再利用生命周期,可以根据产品的使用履历、维修 BOM 和更换备品备件的记录,结合数字孪生模型的仿真结果,判断哪些零部件可以进行再利用和再制造。例如,SpaceX 公司的一级火箭实现了复用,结合数字孪生技术可以更准确地判断哪些零部件可以复用,从而大大降低火箭发射的成本。

工厂的数字孪生应用也分为三个方面:在新工厂建设之前,可以通过数字化工厂仿真技术构建工厂的数字孪生模型,并对自动化控制系统和产线进行虚拟调试;在工厂建设期间,数字孪生模型可以作为现场施工的指南,还可以应用增强现实等技术在施工现场指导施工;而在工厂建成之后的正式运行期间,可以通过数字孪生模型对实体工厂的生产设备、物流设备、检测与试验设备、产线和仪表的运行状态与绩效,以及生产质量、产量、能耗、工业安全等关键数据进行可视化,在此基础上进行分析与优化,从而有助于工厂提高产能、提升质量、降低能耗,并消除安全隐患,避免安全事故。

目前,很多企业建立了生产监控与指挥系统,对车间进行视频监控,显示设备状态(停机、正常、预警和报警等），展示各种分析报表和图表等。构建数字孪生工厂可以进一步提升工厂运行的透明度。然而，构建工厂完整的高保真数字孪生模型，需要工厂的建筑、产线、设备和产品的数字孪生模型，难度很大。设备和产线的数字孪生模型构建有赖于厂商提供相关数据，仅仅通过立体相机拍照，通过逆向工程构建的车间三维模型精度很低，而且只包括外观的三维模型。但即便是基本的、示意性的、低精度的工厂数字孪生模型，对于工厂管理者实时洞察生产质量和能耗情况，尽早发现设备隐患，避免非计划停机，也具有实用价值。需要强调的是，对于一个已经建成投产的工厂，在工厂运行过程中，其数字孪生工厂显示的所有数据和状态信息均来自真实的物理工厂，而非仿真结果。毫无疑问，构建数字孪生工厂，需要实现设备数据采集和车间联网。图 6-4 是美的集团数字孪生工厂应用实例。

图 6-4　美的集团数字孪生工厂应用实例

产品数字孪生模型与工厂数字孪生模型在产品的制造过程中可以实现融合应用。在推进工厂的数字孪生应用时，如果有高保真的产品数字孪生模型，并且能够在此基础上构建产品的制造、装配、包装、测试等工艺的数字孪生模型，以及各种刀具和工装夹具的数字孪生模型，则可以在数字化工厂环境中，更精准地对产品制造过程进行分析和优化。

6.1.3　数字孪生与 CPS 的关联与区别

数字孪生是与 CPS 高度相关的概念。CPS 旨在将通信和计算机的运算能力嵌入物理实体，以实现由虚拟端对物理空间的实时监视、协调和控制，从而达到虚实紧密耦合的效果。数字孪生在信息世界中创建物理世界高度仿真的虚拟模型，以模拟物理世界中发生的行为，并向物理世界提供反馈模拟结果或控制信号。数字孪生这种双向动态映射过程与 CPS 核心概念非常相似。

从功能上看，数字孪生和 CPS 在制造业的应用目的一致，都是使企业能够更快、更准确地预测和检测现实工厂中的问题，优化制造过程，生产优质产品。CPS 被定义为计算过程和物理过程的集成。而数字孪生则要更多地考虑使用物理系统的数字模型进行模拟分析，执行实时优化。在制造业的情景中，CPS 和数字孪生都包括两个部分：物理世界部分和信息世界部分,真实的生产制造活动是由物理世界执行的,而智能化的数据管理、分析和计算,则是由虚拟信息世界中各种应用程序和服务完成的。物理世界感知和收集数据,并执行来自信息世界的决策指令;而信息世界分析和处理数据,并做出预测和决定。物理世界和信息世界之间无处不在的密集 IIOT 连接,实现两者之间的相互影响和迭代演进,而丰富的服务和应用程序功能,可使制造业的人员参与两者的交互影响与控制过程,从而提升企业的控制能力与经济效益。

从广义上看,CPS 和数字孪生具有类似的功能,并且都描述了信息物理融合。但是,CPS 和数字孪生并不完全相同,如表 6-1 所示。

表 6-1　CPS 与数字孪生的对比

类别	CPS	数字孪生
起源	由 Helen Gill 于 2006 年在美国国家科学基金会提出	由美国密歇根大学的 Grieves 于 2003 年提出
发展	工业 4.0 将 CPS 列为发展核心	直到 2012 年才得到广泛关注
范畴	偏科学范畴	偏工程范畴
组成	CPS 和数字孪生都由两个部分组成,分别是物理世界和信息世界	
	CPS 更注重强大的 3C 功能	数字孪生更注重虚拟模型
信息物理映射	一对多映射	一对一映射
核心要素	CPS 更强调传感器和执行器	数字孪生更强调模型和数据
控制	CPS 和数字孪生的控制包括两个部分,即物理资产或过程影响信息表达和信息表达控制物理资产或过程,以使系统维持在可接受的操作正常水平	
层次	CPS 和数字孪生均可分为 3 个级别,分别是单元级、系统级和复杂系统级(SoS)	

从时间上看,CPS 概念起源于 2006 年,并在之后作为美国与德国的智能制造国家战略核心概念而备受关注。数字孪生最初由 Grieves 教授在 2003 年提出,2011 年由 NASA 和美国空军正式命名为数字孪生。2014 年因为产品全生命周期管理的研究逐步在制造业得到关注,经过两年的发展后迅速成为热点。国内外大量的数字孪生理论研究成果开始发表是在 2017 年。

从架构上看,数字孪生和 CPS 都包括物理世界、信息世界,以及两者之间的数据交互,然而具体比较,两者各有侧重点。CPS 强调计算、通信和控制的 3C 功能,传感器和控制器是其核心组成部分,它面向的是 IIOT 基础下信息与物理世界融合的多对多连接关系。数字孪生则更多地关注虚拟模型,虚拟模型在数字孪生中扮演着重要角色,数字孪生根据模型的输入和输出,解释和预测物理世界的行为,强调虚拟模型和现实对象一对一的映射关系。相比之下,CPS 更像是一个基础理论框架,而数字孪生更像是对 CPS 的工程实践。

6.2　数字孪生车间

6.2.1　数字化车间的基础理论

数字化车间是进一步实现车间信息物理融合的技术基础。它利用数字化、网络化及智能化等手段,实现车间生产资源、生产过程、生产工艺等的数据感知与网络化接入,生产管理系统的构建与集成,以及车间数据流的汇总与共享,并且能够在计算机虚拟环境下对产品设计、工艺编制、生产加工、车间物流等环节进行建模仿真与可视化,支持各环节的设计规划、虚拟验证、分析评估、迭代优化等。下面从数字化车间制造物联、车间建模仿真、车间虚实交互、车间数据融合、车间智能服务等方面对相关研究现状进行分析。

1. 车间制造物联

通过数据感知装置实现对车间生产资源、生产过程、生产工艺等的数据感知与网络化接入,是实现数字化车间的基础。

现有研究主要围绕单个设备的智能感知与接入(包括接口、协议、模型)、状态和运行数据采集/传输/处理、运行状态监测与健康管理等开展研究,研制了相关装置,一定程度上实现了单一设备的网络化接入与智能化操作。为实现车间异构要素智能感知与互联,现有研究包括基于 RFID 无线传感网络、智能仪表的车间数据采集与过程监测,基于制造服务总线、PROFINET、OPC UA、AutomationML 的车间智能互联协议,基于物联网的感知与接入方法与装置等。

然而,当前对车间异构要素间(如设备与设备、人与设备、设备和环境、人-设备-环境等)的互联互通关注不足,尤其缺少综合考虑人-机-物-环境等车间多源异构要素的系统级全面互联互通方面的研究,即缺乏车间异构要素全互联与融合理论和通用装置支撑。

2. 车间建模仿真

车间运行过程的复杂性导致车间模型构建与模型功能应用存在较大差异,现有研究主要集中于以车间生产要素、产品、生产线及生产工艺或过程为对象的建模仿真。

针对车间设备、人员、工具等生产要素,现有工作构建了描述其三维尺寸、位置、结构、装配关系及约束的几何模型与运动行为模型,支持不同控制策略、参数配置、控制代码下的生产要素运动过程模拟,如机械臂控制逻辑验证与优化、机床加工精度仿真、机床进给驱动系统定位精度仿真、刀具加工路径与 G 代码仿真、操作人员工作姿势评估分析等。

针对产品的建模仿真,主要构建其几何模型、物理参数模型及运动模型等,以代替物理样机对产品性能进行仿真和测试,如预测产品在制造等阶段对环境的影响、仿真产品部件在加工过程中的三维动态演化过程、基于三维视觉实现工业产品设计,以及在概念设计、设计验证及生产阶段对产品零部件进行多维仿真分析与优化等。

针对生产线的建模,通常包括生产要素的几何建模与各要素交互的逻辑建模。模型仿真可为生产线设备布局优化、物流优化、产线平衡等提供支持。此外,部分研究针对特定的生产过程与工艺进行建模仿真,包括生产过程与工艺的几何与运动行为建模仿真,以及设备温度、应力、变形等物理参数的建模仿真。

从以上研究内容看,在数字化建模方面,当前的数字化车间模型对物理车间的刻画维度相对单一。①在生产要素多维模型构建方面,当前针对数字孪生要素建模的研究或应用主要集中在几何模型的构建,以支持车间状态的监控,包括利用三维软件直接建模、利用仪器设备测量方式建模、利用视频或图像进行建模等方法,但对车间的物理、行为、规则等多维度刻画不足。②在生产要素多时空尺度模型构建方面,在空间维度方面,当前建模大多关注关键零部件、设备或产线等单一层级对象,缺乏从"单元级-系统级-复杂系统级"多层次角度对模型组装与融合进行系统研究。在时间维度方面,虽然有关于设计阶段、制造阶段及运维阶段等不同阶段的研究,但对贯穿全生命周期模型的研究还有待进一步深入。③在生产要素模型一致性验证方面,目前绝大多数采用设计特定实验进行模型的正确性验证,但设计的实验验证结果并不能较全面地反映构建模型的准确性。

在生产系统仿真方面,存在仿真约束条件考虑不全、数据与模型融合不深、仿真模式功能单一等因素导致仿真结果与实际过程差距大,进而使生产运行决策不够精准等问题,具体包括以下几点:①在仿真约束条件设置方面,当前仿真大多关注工艺约束、资源约束、性能约束和时间约束等固定约束层面,缺乏对动态异常事件可能带来的被动约束的考虑,导致仿真过程模型对动态变化的生产运行环境适应性不足;②在仿真方法方面,一类方法是基于机理模型进行仿真,另一类方法是基于数据模型进行仿真,对于基于数据与机理模型之间融合的仿真方法研究不足,需进一步开展数据和模型融合的仿真过程模型研究,以克服单一模型或数据单驱动带来的不足;③在仿真模式方面,当前仿真大多是针对单个目的或功能,如车间布局仿真、车间调度仿真、车间物流仿真,对全要素协同的全局仿真考虑不足,导致仿真结果的片面性。

3. 车间虚实交互

虚实交互是连接车间物理与信息空间的桥梁,支持物理与信息空间的数据双空间交换。其中,物理车间的数据被源源不断地采集到数字化车间的信息空间,基于这些数据,信息空间对物理空间进行分析计算、建模仿真,测量评估、预测、优化列操作,生成的优化决策与控制指令再反馈至物理车间,形成闭环的虚实交互,并对数字化车间中基于三维数字模型的虚实交互、基于车间管理系统的虚实交互及基于现场控制器的虚实交互进行分析。

车间三维数字模型是对车间的三维可视化数字镜像,是数字化车间的主要特点之一。从物理车间生产资源、产品、生产线、生产过程及工艺采集的真实数据用于支持虚拟空间三维数字模型的构建,这些模型能够在虚拟环境下对物理车间的设备刀具运行轨迹、设备控制策略、操作人员姿态、产品性能、仓储物流、生产工艺等进行迭代仿真与评估分析。根据仿真结果,将优化策略转换为物理车间能执行的具体指令,实现对实际生产的改进与调控,从而实现虚实交互。

车间管理系统是数字化车间的重要组成部分,提供制造资源状态评估、故障检测、生产排程、过程参数选择决策等功能模块,常见的有制造执行系统、企业资源规划系统、高级生产规划及排程系统等。基于车间管理系统的虚实交互通过采集、传输物理车间数据,使信息空间的管理系统掌握车间订单、在制品、产品、车间物料库存、生产工具等的相关数据,在此基础上利用内部模型与算法模块产生库存控制、物流组织、计划制订、人员排班等生产决策,用于指导物理生产过程。

与传统的现场控制器相比,边缘控制器具有更强的数据处理与计算能力,能提升生产现场设备的协同与适应性。针对数字化车间,目前已有部分学者开展基于边缘控制器的虚实交互研究。

目前,基于三维数字模型的虚实交互与基于车间管理系统的虚实交互具有较强的建模仿真与数据分析能力,而基于边缘控制器的虚实交互具有较强的实时性,但是当前的虚实交互主要为了实现物理空间的优化运行,却对信息空间的进化及信息物理空间的一致性关注较少。

4. 车间数据融合

数字化车间数据多样,包括生产现场的实时运行数据、模型仿真数据、基于专家经验的规则知识,以及生产管理系统中的生产资源属性、生产订单、生产计划数据。这些数据可从不同维度对车间同一对象进行描述与刻画。为了提高数据量,对多源数据进行综合分析,从而挖掘更全面、准确的信息,现有研究对车间数据进行了融合操作,对来自多个数据源的数据进行分析、关联、综合,形成对车间某一实体、过程或环境的完整、统一指述,同时支持精准生产决策。数据融合一般可分为数据级融合、特征级融合及决策级融合。

数据级融合指将车间多个数据源的数据直接作为融合过程的输入,以期在输出端获得更精准、可靠的数据或特征。当前的数据融合主要集中在对物理车间数据(如传感器数据、操作数据、专家经验数据)的综合处理与分析上,却对信息空间的仿真数据,尤其是对真实数据与仿真数据的融合数据关注较少。然而,由于环境限制或传感器成本问题,有些数据是难以在物理空间直接测量收集的,这会导致支持车间运行优化的数据与信息不够全面等问题。

5. 车间智能服务

车间运行管理涉及生产要素信息管理、生产计划、设备故障预测与健康管理、生产过程参数选择、决策设备动态调度、工艺规划、能耗管理与优化、人机协作、物流规划、生产过程控制等多种关键技术。它们是保证生产过程中生产要素高效组织、生产流程合理规划、生产过程透明可控,从而满足生产任务完成时间、成本、质量等系列指标要求的重要手段。当前关于车间运行技术的相关研究很多,特别是近年来,随着物联网大数据、边缘计算、云模式等新兴信息技术的发展及其在制造领域的深入应用,实时数据分析处理能力、大数据挖掘能力、按需使用的服务模式等车间运行技术被不断优化增强。

尽管结合新一代信息技术实现了对生产过程的优化,但由于缺少车间信息空间与物理空间的进一步融合,导致车间模型、交互、数据融合不充分,使车间运行技术在预测、评估、动态事件监测等方面仍存在一些不足,从而影响其有效性、准确性、及时性等。

6.2.2 数字孪生车间的概念模型

车间是制造企业的最底层,也是制造的执行基础,包括生产要素(如人员、设备、物料、工具)管理、生产活动计划、生产过程控制等,能够对生产要素属性数据、生产活动计划数据、生产过程运行数据等进行采集、存储、处理及应用,在满足生产力、生产成本、生产时间、生产质量等系列指标要求和约束前提下,对生产活动进行组织安排,并对实际生产过程进行监测、分析及控制优化,从而实现产品生产制造与企业经济增长。

数字孪生车间(digital twin shop-floor,DTS)是在新一代信息技术和制造技术驱动下通过物理车间与虚拟车间的双向真实映射与实时交互,实现物理车间、虚拟车间、车间服务系统的全要素、全流程、全业务数据的集成和融合。在车间孪生数据的驱动下,实现车间生产要素管理、生产活动计划、生产过程控制等在物理车间、虚拟车间、车间服务系统间的迭代运行,从而在满足特定目标和约束的前提下,达到车间生产和管控最优的一种车间运行新模式。数字孪生车间主要由物理车间(PS)、虚拟车间(VS)、车间服务系统(SSS)、车间孪生数据(SDTD)四部分组成,如图 6-5 所示。

其中,物理车间是车间客观存在的实体集合,主要负责接收车间服务系统(SSS)下达的生产任务,并严格按照虚拟车间仿真优化后预定义的生产指令,执行生产活动并完成生产任务;虚拟车间是物理车间的完全数字化镜像,主要负责对生产计划/活动进行仿真、评估及优化,并对生产过程进行实时监测、预测与调控等;SSS 是数据驱动的各类服务系统功能的集合或总称,主要负责在车间孪生数据驱动下为车间智能化管控提供系统支持和服务,如对

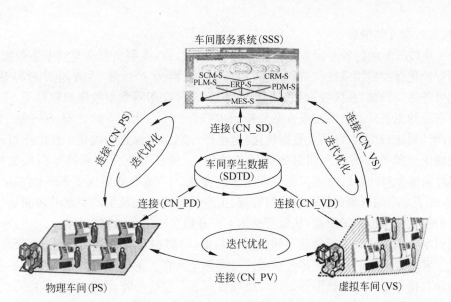

图 6-5　数字孪生车间的主要组成

生产要素、生产计划/活动、生产过程等的管控与优化服务等；车间孪生数据是物理车间、虚拟车间和 SSS 相关的数据，以及三者数据融合后产生的衍生数据的集合，是物理车间、虚拟车间和 SSS 运行及交互的驱动。

对于数字孪生车间来说，在实现异构源数据的感知接入与融合方面，需要一套标准的数据通信与转换装置，以实现对生产要素不同通信接口和通信协议的统一转换以及对数据的统一封装。在此基础上，采用基于服务的统一规范化协议，将车间实时数据上传至虚拟车间和 SSS。该转换装置对多类型、多尺度、多粒度的物理车间数据进行规划、清洗及封装等，实现数据可操作、可溯源的统一规范化处理，并通过数据的分类、关联、组合等操作，实现物理车间多源、多模态数据的集成与融合。此外，物理车间异构生产要素须实现共融，以适应复杂多变的环境。生产要素个体既可以根据生产计划数据、工艺数据和扰动数据等规划自身的反应机制，也可以根据其他个体的请求做出响应，或者请求其他个体做出响应，并在全局最优的目标下对各自的行为进行协同控制与优化。与传统的以人的决策为中心的车间相比，"人-物-环境"要素共融的物理车间具有更强的灵活性、适应性、鲁棒性与智能性。

虚拟车间本质上是模型的集合，这些模型包括要素、行为、规则三个层面。在要素层面，虚拟车间主要包括对人、机、物、环境等车间生产要素进行数字化/虚拟化的几何模型和对物理属性进行刻画的物理模型。在行为层面，主要包括在驱动（如生产计划）及扰动（如紧急插单）的作用下，对车间行为的顺序性、并发性、联动性等特征进行刻画的行为模型。在规则层面，主要包括依据车间繁多的运行及演化规律建立的评估、优化、预测、溯源等规则模型。在生产前，虚拟车间基于与物理车间实体高度逼近的模型，对 SSS 的生产计划进行迭代仿真分析，真实模拟生产的全过程，从而及时发现生产计划中可能存在的问题，进行实时调整和优化；在生产中，虚拟车间通过制造过程数据的实时交互，不断积累物理车间的实时数据与知识，在对物理车间高保真的前提下，对其运行过程进行连续的调控与优化。同时，虚拟车间逼真的三维可视化效果可使用户产生沉浸感与交互感，有利于激发灵感、提升效率；且虚拟车间模型及相关信息可与物理车间进行叠加与实时交互，实现虚拟车间与物理车间的无缝集成、实时交互与融合。

SSS 是数据驱动的各类服务系统功能的集合或总称,主要负责在车间孪生数据驱动下为车间智能化管控提供系统支持和服务,如对生产要素、生产计划/活动、生产过程等的管控与优化服务等。例如,在接收到某个生产任务后,SSS 在车间孪生数据的驱动下,生成满足任务需求及约束条件的资源配置方案和初始生产计划。在生产开始之前,SSS 基于虚拟车间对生产计划进行仿真、评估及数据优化,对生产计划做出修正和优化。在生产过程中,物理车间的生产状态和虚拟车间对生产任务的仿真、验证与优化结果被不断反馈到 SSS。SSS 实时调整生产计划以适应实际生产需求的变化。DTS 有效集成了 SSS 的多层次管理功能,实现了对车间资源的优化配置与管理、生产计划的优化及生产要素的协同运行,能够以最少的耗费创造最大的效益,从而在整体上提高数字孪生车间的效率。

车间孪生数据主要由与物理车间相关的数据、与虚拟车间相关的数据、与 SSS 相关的数据及三者融合产生的数据四部分构成。与物理车间相关的数据主要包括生产要素数据、生产活动数据和生产过程数据等。生产过程数据主要包括人员、设备、物料等协同作用完成产品生产的过程数据,如工况数据、工艺数据、生产进度数据等。与虚拟车间相关的数据主要包括虚拟车间运行的数据以及运行过程中实时获取的生产制造过程的数据,如模型数据、仿真数据与评估、优化、预测及不断积累的物理车间实时数据等。与 SSS 相关的数据包括从企业顶层管理到底层生产控制的数据,如供应链管理数据、企业资源管理数据、销售/服务管理数据、生产管理数据、产品管理数据等。以上三者融合产生的数据是指对物理车间、虚拟车间及 SSS 进行综合、统计、关联、聚类、演化、回归及泛化等操作时的衍生数据。车间孪生数据可为 DTS 提供全要素、全流程、全业务的数据集成与共享平台,消除信息孤岛。在集成的基础上,车间孪生数据进行深度的数据融合,并不断对自身数据进行更新与扩充,实现物理车间、虚拟车间、SSS 的运行及两两交互的驱动。

6.2.3　数字孪生车间的运行机制

数字孪生车间(DTS)的迭代优化机制从生产要素管理、生产活动计划、生产过程控制 3 个方面进行阐述,如图 6-6 所示。其中,基于 PS 与 SSS 的交互,可实现对生产要素管理的迭代优化;基于 SSS 与 VS 的交互,可实现对生产计划的迭代优化;基于 PS 与 VS 的交互,可实现对生产过程控制的迭代优化。

图 6-6 中,阶段①是对生产要素管理的迭代优化过程,反映了 DTS 中 PS 与 SSS 的交互过程,其中 SSS 起主导作用。当 DTS 接到一个输入(如生产任务)时,SSS 中的各类服务在 SDTD 中的生产要素管理数据及其他关联数据的驱动下,根据生产任务对生产要素进行管理及配置,得到满足任务需求及约束条件的初始资源配置方案。SSS 获取 PS 的人员、设备、物料等生产要素的实时数据,对要素的状态进行分析、评估及预测,并据此对初始资源配置方案进行修正与优化,将方案以管控指令的形式下达至 PS。PS 在管控指令的作用下,将各生产要素调整至适合的状态,并在此过程中不断将实时数据发送至 SSS 进行评估及预测,当实时数据与方案冲突时,SSS 再次对方案进行修正,并下达相应的管控指令。如此反复迭代,直至对生产要素的管理最优。基于以上过程,阶段①最终得到初始的生产计划/活动。阶段①产生的数据全部存入 SDTD,并与现有的数据融合,作为后续阶段的数据基础与驱动。

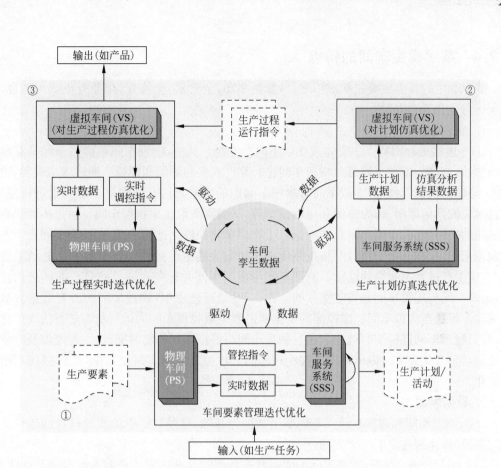

图 6-6 数字孪生车间运行机制

图 6-6 中,阶段②是对生产计划的迭代优化过程,反映了 DTS 中 SSS 与 VS 的交互过程,其中 VS 起主导作用。VS 接收阶段①生成的初始生产计划/活动,在 SDTD 中的生产计划及仿真分析结果数据、生产的实时数据及其他关联数据的驱动下,基于几何、物理、行为及规则模型等对生产计划进行仿真、分析及优化。VS 将以上过程中产生的仿真分析结果反馈至 SSS,SSS 基于这些数据对生产计划做出修正及优化,并再次传至 VS。如此反复迭代,直至生产计划最优。基于以上过程,阶段②得到优化后的预定义的生产计划,并基于该计划生成生产过程运行指令。阶段②产生的数据全部存入 SDTD,与现有数据融合后作为后续阶段的驱动。

图 6-6 中,阶段③是对生产过程的实时迭代优化过程,反映了 DTS 中 PS 与 VS 的交互过程,其中 PS 起主导作用。PS 接收阶段②的生产过程运行指令,按照指令组织生产。在实际生产过程中,PS 将实时数据传至 VS,VS 根据 PS 的实时状态对自身进行状态更新,并将 PS 的实际运行数据与预定义的生产计划数据进行对比。若两者数据不一致,VS 对 PS 的扰动因素进行辨识,并通过模型校正与 PS 保持一致。VS 基于实时仿真数据、实时生产数据、历史生产数据等从全要素、全流程、全业务的角度对生产过程进行评估、优化及预测等,以实时调控指令的形式作用于 PS,对生产过程进行优化控制。如此反复迭代,实现生产过程最优。该阶段产生的数据存入 SDTD,与现有数据融合后作为后续阶段的驱动。

通过阶段①②③的迭代优化,SDTD 被不断更新与扩充,DTS 也在不断进化和完善。

6.2.4 数字孪生车间的特点

数字孪生的特点主要包括虚拟融合,数据驱动,全要素、全流程、全业务集成与融合,迭代运行与优化4个方面。

1. 虚实融合

DTS虚实融合的特点主要体现在以下两个方面。其一,物理车间与虚拟车间是双向真实映射的。首先,虚拟车间是对物理车间进行高度真实的刻画和模拟。通过虚拟现实、增强现实、建模与仿真等技术,虚拟车间对物理车间中的要素、行为、规则等多维元素进行建模,得到对应的几何模型、行为模型和规则模型等,从而真实地还原物理车间。通过不断积累物理车间的实时数据,虚拟车间真实地记录了物理车间的进化过程。反之,物理车间真实地再现虚拟车间定义的生产过程,严格按照虚拟车间定义的生产过程及仿真和优化的结果进行生产,使生产过程不断得到优化。物理车间与虚拟车间并行存在,一一对应,共同进化。其二,物理车间与虚拟车间是实时交互的。在DTS运行过程中,物理车间的所有数据会被实时感知并传送至虚拟车间。虚拟车间根据实时数据对物理车间的运行状态进行仿真优化分析,并对物理车间进行实时调控。通过物理车间与虚拟车间的实时交互,二者能够及时掌握彼此的动态变化并实时做出响应。在物理车间与虚拟车间的实时交互中,生产过程不断得到优化。

2. 数据驱动

SSS、物理车间和虚拟车间以车间孪生数据为基础,通过数据驱动实现自身的运行及两两交互,具体体现在以下三个方面。

(1)对于SSS。首先,物理车间的实时状态数据驱动SSS对生产要素配置进行优化,并生成初始生产计划。随后,初始的生产计划被传送至虚拟车间进行仿真和验证,在虚拟车间仿真数据的驱动下,SSS反复地调整、优化生产计划,直至最优。

(2)对于物理车间。SSS生成最优生产计划后,将计划以生产过程运行指令的形式下达至物理车间。物理车间的各要素在指令数据的驱动下,将各自的参数调整至适合的状态并开始生产。在生产过程中,虚拟车间实时监控物理车间的运行状态,并将状态数据经过快速处理后反馈至生产过程。在虚拟车间反馈数据的驱动下,物理车间及时动作,优化生产过程。

(3)对于虚拟车间。在产前阶段,虚拟车间接收来自SSS的生产计划数据,在生产计划数据的驱动下仿真并优化整个生产过程,实现对资源的最优利用。生产过程中,在物理车间实时运行数据的驱动下,虚拟车间通过实时的仿真分析与关联、预测及调控等,使生产高效进行。DTS在车间孪生数据的驱动下,被不断完善和优化。

3. 全要素、全流程、全业务集成与融合

DTS的集成与融合主要体现在以下三个方面。

(1)车间全要素的集成与融合。在DTS中,通过物联网、互联网、务联网等信息手段,物理车间中的人、机、物、环境等各种生产要素被全面接入信息世界,实现彼此间的互联互通和数据共享。由于生产要素的集成和融合,可实现对各要素合理的配置和优化组合,保证生产的顺利进行。

(2)车间全流程的集成与融合。在生产过程中,虚拟车间实时监控生产过程的所有环节。在 DTS 的机制下,通过关联、组合等作用,物理车间的实时生产状态数据在一定准则下被自动分析、综合,从而及时挖掘潜在的规律规则,最大化地发挥车间的性能和优势。

(3) 车间全业务的集成与融合。由于 DTS 中 SSS 虚拟车间和物理车间之间通过数据交互形成一个整体,车间中的各种业务(如物料配给与跟踪、工艺分析与优化、能耗分析与管理等)被有效集成,实现数据共享,消除信息孤岛,从而在整体上提高 DTS 的效率。全要素、全流程、全业务集成与融合可为 DTS 的运行提供全面的数据支持与高质量的信息服务。

4. 迭代运行与优化

在 DTS 中,物理车间、虚拟车间及 SSS 之间不断交互、迭代优化。

(1) SSS 与物理车间之间通过数据双向驱动、迭代运行,使生产要素管理最优。SSS 根据生产任务生成资源配置方案,并根据物理车间生产要素的实时状态对其进行优化与调整。在此迭代过程中,生产要素得到最优的管理及配置,并生成初始生产计划。

(2) SSS 与虚拟车间之间通过循环验证、迭代优化,实现生产计划最优。在生产执行之前 SSS 将生产任务和生产计划交给虚拟车间进行仿真和优化。然后,虚拟车间将仿真和优化的结果反馈至 SSS,SSS 对生产计划进行修正及优化,此过程不断迭代,直至生产计划最优。

(3) 物理车间与虚拟车间之间通过虚实映射、实时交互使生产过程最优。在生产过程中,虚拟车间实时监控物理车间的运行,根据物理车间的实时状态生成优化方案,并反馈指导物理车间的生产。在此迭代优化中,生产过程以最优方案进行,直至生产结束。

DTS 在以上三种迭代优化中得到持续的优化与完善。

6.3 数字孪生与智能化车间及案例

6.3.1 智能化车间的基本特征

数字化车间建成后,其典型应用场景是生产流程按照计划指令和工艺开展,设备依据预先设定的数字指令执行操作与控制,生产执行信息实现自动采集和可视化,各业务流程及产品档案等资料均实现了数字化管理,生产过程总体上显得透明且有序。然而,数字化车间模式仍然只适用于变化较少的制造环境,如果变化较多,还是需要大量人力介入调整,系统表现出来的自适应能力较弱。随着车间数据的积累,人们也意识到需要更充分地分析并利用这些数据,建立车间运行或设备执行的优化决策模型,并将这些决策模型或规则固化在系统中,从而实现数据驱动的自主决策支持,具备这种能力的制造车间实质上就是智能化车间。数字化车间与智能化车间的区别如表 6-2 所示。

表 6-2 数字化车间与智能化车间的区别

数字化车间	智能化车间
制造装备/生产线/车间基本被动执行外部计划或指令	制造装备/生产线/车间自身在权限分派范围内具备自决策、自执行和自修复能力
人机交互主要基于感知或指令,非实时数据较多	基于感知的实时数据交互成为基本配置,基于决策过程的智能交互越来越多

续表

数字化车间	智能化车间
决策主体主要是人	决策主体发生转移,软件可自发要求人协助完成某些高级识别或推理,从而辅助车间进行决策
适用于变化较少的制造环境	自适应能力较强,即使环境动态多变,也能通过感知、分析、预测与动态响应机制实现高效高质生产

一般认为,智能化车间的目标是将大数据智能等新一代人工智能技术应用于车间运行优化。智能化车间是自动化与信息化深度融合的制造车间。它继承了自动化车间、数字化车间的基本特征。与数字化车间和数字孪生车间相比,智能化车间更强调能够在关键环节具备自主性的感知、学习、分析、决策、通信与协调控制能力,能够动态适应环境的变化,实现数据驱动的智能决策,且决策结果能够通过在线或离线方式优化车间活动的运行。下面从3个角度归纳智能化车间的基本特征,如图 6-7 所示。

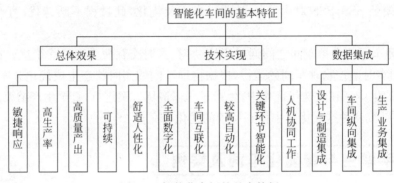

图 6-7 智能化车间的基本特征

1. 总体效果

从总体效果看,智能化车间应具备如下五大特征。

(1)敏捷响应:所谓敏捷,指车间能够对个性化需求和市场变化进行快速响应,显然,柔性制造、自动化生产、分散控制、协同制造、智能决策等都是实现敏捷制造的具体技术手段。

(2)高生产率:以经济的手段,高效率实现多品种、变批量生产甚至单件生产。

(3)高质量产出:接近零缺陷生产。

(4)可持续:环境友好、清洁生产。

(5)舒适人性化:车间环境舒适整洁,安全生产,机器取代人从事高强度、不安全、烦琐、单调、易出错的工作。

2. 技术实现

从技术实现角度看,智能化车间应具备如下五大特征。

(1)全面数字化:智能化车间首先是数字化车间。

(2)车间互联化:智能化车间也必然是互联车间。

(3)较高自动化:智能化车间不一定是全自动化的,自动化的目标是低成本、高效率、高质量、高柔性地完成产品生产,如果不能实现这些目标,自动化是没有意义的。另外,从精益生产和约束理论的角度看,如果工序不是瓶颈,对其盲目进行自动化改造也往往意义不大。因此,在哪些关键环节实现自动化、实现"机器换人",需要进行分析及仿真验证。

(4) 关键环节智能化:与自动驾驶汽车运行过程中存在大量突发状况相比,车间的运行过程通常没有那么不可预测,从简化生产管控的角度看,也希望大部分决策工作都可以按照预先定义的规则开展。但在车间运行的一些关键环节,数据驱动的动态智能决策(在线决策或离线决策)还是很有价值的。比如通过在线监测,实现设备的自适应控制,从而提升制造质量。再如在自动化车间,当一台设备突发故障后,计划系统能自动重排生产计划,将分配给该设备的任务转给其他冗余设备,从而避免车间停线等场景。

(5) 人机协同工作:智能化车间并非无人车间,仍然需要机器与人协同工作。随着人机协同机器人、可穿戴设备、VR/AR/MR 的发展,人与机器的融合在制造车间中会有越来越多的应用,机器是人的体力、感官和脑力的延伸,但人依然是智能化车间中的关键因素。

图 6-8 给出了数据驱动的智能化车间实现示意图,它以数字孪生车间为基础,通过数据的感知、接入、存储、分析、可视化、控制与决策的闭环实现智能制造。对于实时性要求较高的环节(如设备工艺参数优化),数据的操作处理在边缘端完成;而对于计算量大、实时性不高的环节(如质量分析与优化),数据可以接入云端,进行处理后再进行离线决策执行。

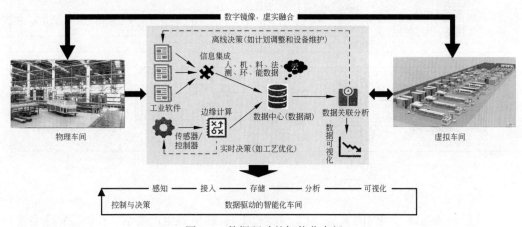

图 6-8　数据驱动的智能化车间

3. 数据集成

从数据集成的角度看,智能化车间应具备以下三大特征。

(1) 设计与制造集成:车间生产依赖设计与工艺数据,同时设计的变更也会对生产过程造成很大影响。数据不一致是导致制造错误的重要原因,应基于模型定义,打通设计与制造之间的数据流,并实现虚拟制造与物理制造的融合。

(2) 车间纵向集成:构建信息物理生产系统,实现信息层(管理决策+现场管控)与物理层(设备+控制)的深度融合。

(3) 生产业务集成:车间生产过程需要计划、工艺、生产工段、物流、检测等多环节的协同工作,各环节的数据应能实现自动流动。

6.3.2　数字孪生车间原型系统及应用

本节主要对数字孪生车间原型系统的架构、各组成部分的功能以及系统的实施流程进行设计与阐述。

1. 系统架构设计

数字孪生车间原型系统的实现架构如图 6-9 所示,包括物理层、模型层、连接层、数据层和服务层。

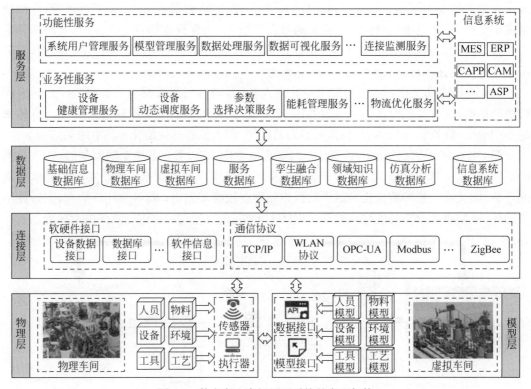

图 6-9　数字孪生车间原型系统的实现架构

1）物理层

物理层包括物理车间内的人员、设备、物料、工具、环境等生产要素。在该层部署各类传感器采集生产要素实时数据,采集的数据一方面支持对生产要素状态的实时监测,另一方面支持虚拟车间模型、仿真条件、服务参数等的更新。此外,可在该层部署边缘端处理器,提高设备对动态事件的分析处理能力。

2）模型层

模型层包括利用不同建模仿真工具（如 SolidWorks、ANSYS、MATLAB、Flexsim 等）构建的描述车间要素几何属性、物理参数、行为活动、规律规则的多维多尺度模型;基于构建的模型,能够在车间产前、产中、产后阶段对不同的业务活动（如生产要素关键参数、生产流程、生产调度计划等）进行仿真分析。

3）连接层

连接层需根据连接对象配置相应的软硬件接口与通信协议,实现系统各组成部分间的互联互通以及系统与现有信息系统的集成。

4）数据层

数据层提供系统所需的各类数据,包括传感器采集的物理车间动态数据、虚拟车间模型仿真过程数据、结果数据、仿真条件数据、服务系统数据、领域知识,从 MES、ERP 等中读取的信息系统数据,以及基于上述两种或两种以上数据的融合数据等。

5) 服务层

服务层以应用软件、移动端 App 等形式向用户提供简单明了的输入/输出,屏蔽原型系统内部的异构性与复杂性,对用户专业能力与知识的要求较低。服务层提供的服务包括业务性服务与功能性服务两大类:前者提供设备健康管理、设备动态调度、参数选择决策、能耗管理等面向车间生产管控的业务性服务;后者提供用户管理、模型管理、数据处理、连接监测等基本功能性服务,这些服务为业务性服务提供支持。无论是功能性服务还是业务性服务,实际上都是由更小粒度的子服务组合而成的,这些子服务由孪生数据、模型、算法等统一封装而成。同时,企业现有信息系统,包括 MES、ERP、计算机辅助工艺规划等,与数字孪生车间原型系统集成,其功能与数据可用于数字孪生车间原型系统。

2. 系统功能设计

对数字孪生车间原型系统的物理层、模型层、数据层、连接层、服务层的功能划分如图 6-10 所示。

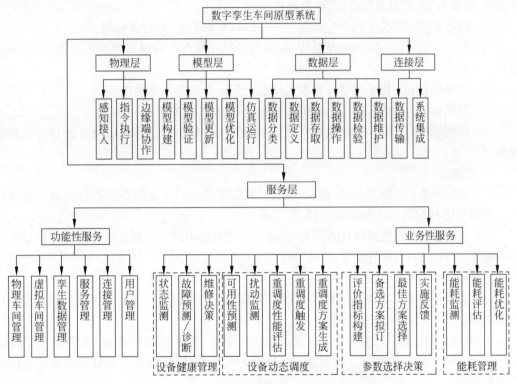

图 6-10　数字孪生车间原型系统的功能划分

1) 物理层

(1) 感知接入:在设备、物料、工具等生产要素上部署温度传感器、压力传感器、振动传感器、RFID 等数据采集装置,实时采集生产数据,掌握车间全局状态。

(2) 边缘端协作:在靠近设备端部署边缘处理器,提高设备对数据的实时处理能力与对动态事件的响应速度,提高设备灵活性,从而更好地支持设备间、设备与工作人员间相同时间与空间下的协作能力。

（3）指令执行：物理车间生产要素接收边缘处理器、服务系统或虚拟车间的指令，按照指令完成生产任务。

2）模型层

（1）模型构建：利用不同建模工具构建描述车间生产要素几何、物理、行为、规则的多维多尺度模型；将模型分为通用模型与专有模型，通用模型针对通用件/标准件构建，可重复使用。

（2）模型验证：对模型的输入/输出、准确性、敏感度、一致性等进行验证。

（3）模型优化：多次实验构建模型，根据实验结果对模型进行简化、轻量化、参数调整等。

（4）模型更新：根据物理车间实时数据更新模型与仿真参数，使模型与物理实际保持一致。

（5）仿真运行：配置仿真参数，基于模型对车间产前、产中、产后相关业务活动进行仿真，如生产计划仿真、设备物理参数仿真、设备能耗行为仿真、车间物流仿真、车间布局仿真等。

3）数据层

（1）数据分类：对车间孪生数据进行分类，包括物理车间数据、虚拟车间数据、服务系统数据、领域知识、信息系统数据、融合数据。

（2）数据定义：定义车间孪生数据类型、结构、数据关系、约束条件等。

（3）数据存取：以一定的存储结构、存取路径及存取方式等对车间孪生数据进行存取，提高数据存取效率。

（4）数据操作：支持车间孪生数据的增加、删除、修改及查询操作。

（5）数据检验：检验车间孪生数据的完整性、一致性及安全性。

（6）数据维护：支持车间孪生数据的更新、转换、转储、备份、还原以及事务日志管理等操作。

4）连接层

（1）数据传输：对物理车间、虚拟车间、车间服务系统以及车间孪生数据库的数据接口与通信协议进行配置，支持两两间的数据传输。

（2）系统集成：根据用户具体需求，通过对原型系统不同组成部分以及现有信息系统使用的软件、硬件、接口等进行配置，实现不同程度的数据集成、应用功能集成、软件界面集成等。

5）服务层

（1）功能性服务。功能性服务主要对原型系统 5 个组成部分的信息、模型、数据等进行管理，为业务性服务的实现提供支持。

① 物理车间管理：对生产要素相关信息进行增加、删除、修改及查询；对要素的工作状态、生产指令、工作环境进行实时监测；对部署的传感器、边缘处理器等数据采集与处理设备进行管理。

② 虚拟车间管理：对虚拟车间的模型信息进行管理，并支持模型信息的增加、删除、修改及查询操作；对模型准确性、一致性、敏感度等的检验结果进行查看；监测模型运行状态；根据用户需求自动选择与匹配可用模型。

③ 孪生数据管理：对车间孪生数据进行增加、删除、修改及查询操作；支持清洗、转换、关联、分类、融合等一系列数据处理操作；支持数据集成；对数据可视化方法进行管理与维护；根据用户需求自动选择与匹配可用数据。

④ 连接管理：对不同连接进行描述，对各连接的信息进行增加、删除、修改及查询操作，并监测各连接的实时状态。

⑤ 服务管理：对功能性服务、业务性服务，以及支持各种服务的数据、模型、算法等子服务进行统一封装；支持服务搜索、匹配、优选、组合、评估等操作。

⑥ 用户管理：对系统用户进行管理与维护，基本功能包括用户注册、用户登录、用户基本信息修改、密码修改、用户权限申请、系统日志管理等。

（2）业务性服务。业务性服务主要面向车间生产活动的管理与优化，包括设备健康管理、设备动态调度、生产过程参数选择决策、能耗管理等。

① 设备健康管理：对设备健康状态进行监测与评估，预测设备故障并安排相应的维修活动。具体包括设备状态监测、设备故障预测/诊断、设备维修决策等子模块。

② 设备动态调度：预测/监测设备调度过程中出现的动态事件（如设备不可用、工件加工时间变化、工件延迟等），及时触发重调度，使调度计划更好地用于实际生产。具体包括设备可用性预测、扰动监测、重调度性能评估、重调度触发、重调度方案生成等子模块。

③ 生产过程参数选择决策：根据构建的评价指标体系，在不同的生产过程参数组合方案中评选最优方案，并在最优方案执行中对参数进行动态调整。具体包括评价指标构建、备选方案拟订、最佳方案选择、实施反馈等模块。

④ 能耗管理：对设备能耗进行管理，具体包括能耗监测、能耗评估及能耗优化等子模块。

除上述服务外，针对车间生产活动，还提供生产过程控制服务、车间物流优化服务、精准装配服务、工艺过程仿真服务等。在原型系统运行过程中，业务性服务的功能可不断扩充。

3. 系统实施流程设计

数字孪生车间原型系统的实施流程包括现状与需求分析、系统设计、系统开发、系统调试与验证、系统运行与维护 5 个阶段，如图 6-11 所示。

在现状与需求分析阶段，需对车间现有的硬件与软件设施进行梳理，分析车间在数据采集、数据接口、数据处理融合、模型构建、模型仿真、生产管控服务、系统集成等方面的需求。针对上述需求，对数字孪生车间原型系统进行总体架构、功能规划、约束等方面的概念设计，以及运行环境、车间孪生数据库、虚拟车间模型、车间服务系统界面等方面的详细规划。在此基础上，系统开发围绕数字孪生车间原型系统的 5 个组成部分进行，包括物理车间传感器、边缘处理器部署，虚拟车间模型描述、构建、细化、美化与模型仿真运行，车间孪生数据分类、存储、数据处理与融合算法设计，服务系统开发、部署、运行及连接数据接口配置等系列工作。在调试与验证阶段，数字孪生车间原型系统试运行，对系统的传感器、边缘处理器等硬件装置进行调试，对虚拟车间模型进行验证与校正，并对开发的服务进行性能评估等。当系统的软硬件均满足其性能要求后，系统可上线运行。在此阶段，需对系统运行状态进行实时监测，必要时开展系统维护。

案例 6-1：数字孪生卫星总装车间

数字孪生卫星是将数字孪生技术与卫星工程中的关键环节、关键场景、关键对象紧密结合，基于模型与数据对物理空间的卫星工程进行实时模拟、监控、反映，并借助算法、管理方法、专家知识、软件等对卫星工程进行分析、评估、预测、管理、优化，实现功能既包含空间维度上对各场景及对象的服务应用，又实现时间维度的系统工程管理。本案例以低轨卫星通信系统为例，介绍数字孪生卫星的总体设计、详细设计、卫星智能制造以及车间总装系统。

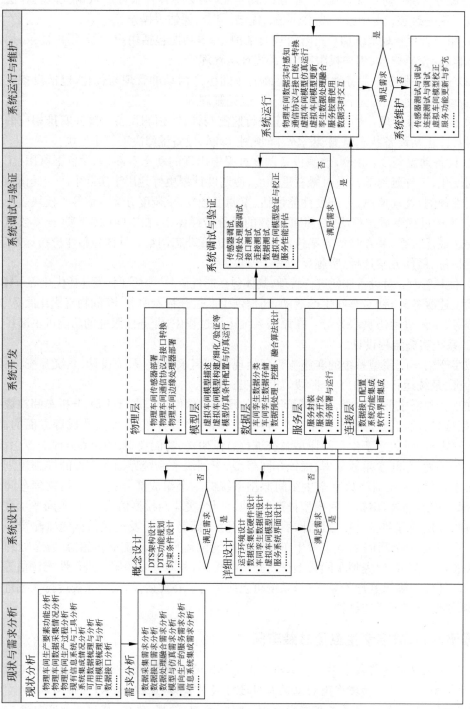

图 6-11 系统实施流程

1) 数字孪生卫星总体设计

数字孪生卫星总体设计可实现更高效、可靠、智能的需求分析优化、系统设计管理、设计仿真验证等应用,如图 6-12 所示。①需求分析优化,借助模型线程和数据线程,充分利用已有的数字孪生卫星星座或数字孪生卫星产品的模型与数据,结合实际使用不断迭代并从中发掘总体设计中的设计缺陷、漏洞、更优方案,并对虚拟模型进行修正、优化、改进以形成总体设计概念方案模型。②系统设计管理,借助数字孪生实现以模型为核心、以数据为驱动的总体协同设计,通过模型线程形成的标准化模型与数据线程形成的结构化数据进行设计定义、交流、协作,不同系统间的设计协同、设计约束、设计优化将通过模型定义、管理、优化和约束实现,同时已有的数字孪生卫星产品和数字孪生卫星星座将提供高拟真模型与精准可靠数据的支持。③设计仿真验证,以模型和数据为驱动的总体设计更易于实现系统仿真验证,通过对数字孪生卫星试验验证系统、设计模型和反映全生命周期的孪生数据等进行结合,对各种空间环境中的任务设计、轨道设计、星座设计、网络设计等进行快速仿真验证,大大提升总体设计的效率与可靠性。

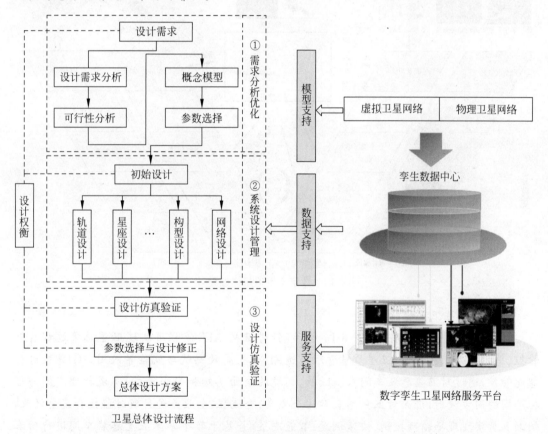

图 6-12　数字孪生卫星总体设计

2) 数字孪生卫星详细设计

数字孪生卫星详细设计如图 6-13 所示,包括概念设计、方案设计、分系统详细设计、总系统详细设计与工艺设计等各个阶段。每个阶段存在设计优化与迭代、协同设计管理、卫星详细设计验证等潜在应用。①设计优化与迭代,借助数据线程实现对卫星工程全生命周期数据的充分利用,借助数据挖掘等实现卫星详细设计中型号结构的优化、系统功能的升级、部件组件的改进等,同时借助数字孪生卫星试验验证系统进行快速准确验证,减少迭代次数。②协同设计管理,与数字孪生卫星总体设计类似,以模型线程形成的标准化模型作为卫星详细设计的核心,借助模型更新、模型迭代、模型版本管理实现各阶段各分系统的设计流程管理,借助模块化模型、模型交互、模型组合、模型协同实现各分系统的设计协同管理。同时通过模型线程,设计模型将对卫星制造过程进行指导,制造过程也会对设计模型进行反馈修正,最终通过模型校核、验证与确认,将设计模型实例化为数字孪生卫星产品的虚拟模型。③卫星详细设计验证,借助数字孪生卫星试验验证系统,结合数据线程中的空间环境数据、物理卫星在轨运行数据、虚拟卫星在轨分析数据等数据,基于卫星设计模型实现对卫星详细设计的精确仿真分析,对卫星的功能、性能及在轨任务执行进行有效验证,如图 6-13 左侧所示。

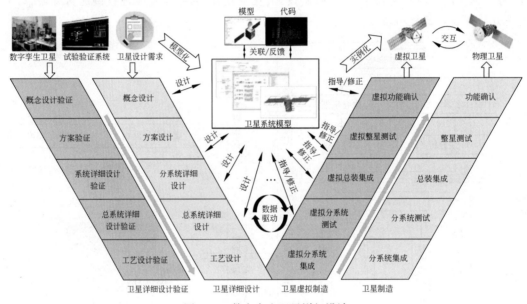

图 6-13　数字孪生卫星详细设计

3) 数字孪生卫星智能制造

数字孪生卫星智能制造如图 6-14 所示,针对卫星 AIT 流程可实现卫星总装过程智能管控、总装要素精准管理、卫星质量管理与追溯、卫星高效测试与试验等应用。①总装过程智能管控,通过对卫星总装车间人、机、物、环境的全面感知和安全集成,实现物理车间与虚拟车间的同步映射,进而对卫星总装车间全要素、全流程、全业务进行实时监控和完全记录,辅助人员实现现场精确控制、快速调度、智能决策,并基于数字孪生卫星总装车间进行仿真预测,实现故障问题的预测预警和事前处理。②总装要素精准管理,结合人、机、物、环境各要素的感知集成数据及其虚拟模型实现总装各要素的管理、控制、协同,并借助服务线程实现对总装设备、测试设备、物流设备等的故障预测与健康管理。③卫星质量管理与追溯,通过对总装过程工艺操作的完全记录,结合数字孪生卫星总装车间与数字孪生卫星产品的交互协同与仿真分析,实现卫星产品质量实时管理和质量完全可追溯,进而实现卫星质量问题的快速诊断定位和分析预测,并可以在设计存在缺陷等情况下借助服务线程对总体设计和详细设计进行反馈。④卫星高效测试与试验,基于伴随总装过程不断演化的数字孪生卫星产品模型与数据,结合各类虚拟环境开展电测、检漏、热试验、力学试验等虚拟测试与试验,对物理测试试验进行补充,以提高关键试验效率。

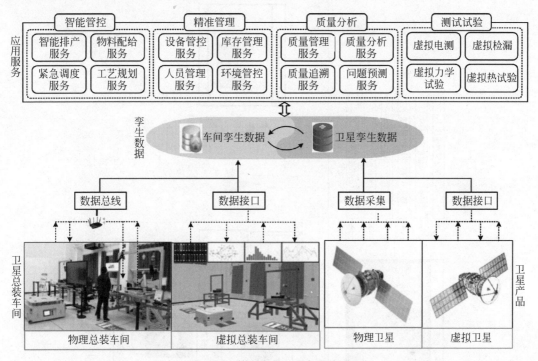

图 6-14 数字孪生卫星智能制造

4) 数字孪生卫星总装车间

卫星总装车间主要负责卫星的装配、集成及测试,包括人员、设备、环境、型号产品,工具等诸多生产要素,是卫星制造的重要部门。为了实现对卫星总装车间的实时监控,建立基于模型与数据驱动的集成化管控平台,本案例以卫星总装为背景,结合开展的"基于数字孪生的型号 AIT 生产线控制系统研制"项目,介绍数字孪生卫星总装车间原型系统。

(1) 物理层。

物理层包括卫星总装车间内的机械臂、AGV、智能工具、型号产品、车间环境等生产要素,主要负责完成舱板转运、涂覆导热硅脂、紧固件依序安装、光学扫描检验等工序。为了实现对物理层的数据采集,设计了分布式采集网络结构,如图 6-15 所示。整个采集系统分为工位单元级、车间系统级、总装平台级 3 层架构。在工位单元,通过扫码枪、RFID、温湿度传感器、智能工具等采集机械臂、AGV 等设备的状态数据与工作环境数据;工位单元的上位机通过工业 Hub、路由器相连,统一将数据传输至车间系统级数据库;系统级数据库通过交换机等设备相连,再将数据传输至总装平台。

(2) 模型层。

模型层包括映射物理车间的三维模型、数据模型、运行规则模型及系统逻辑模型等。如图 6-16 所示,首先构建机械臂、AGV 等设备的几何模型与运动模型,实现对设备几何属性

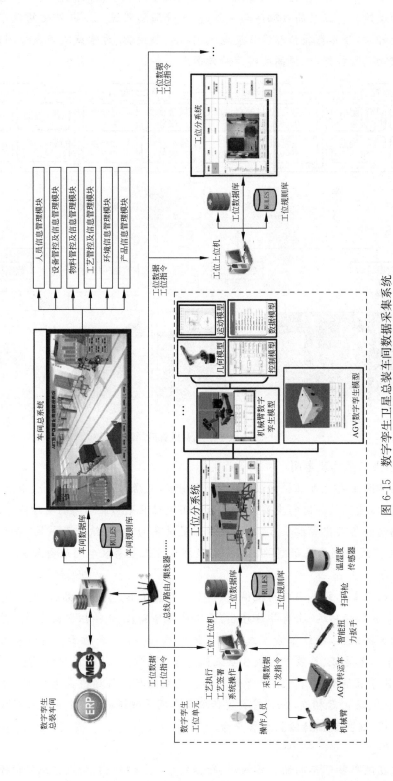

图 6-15　数字孪生卫星总装车间数据采集系统

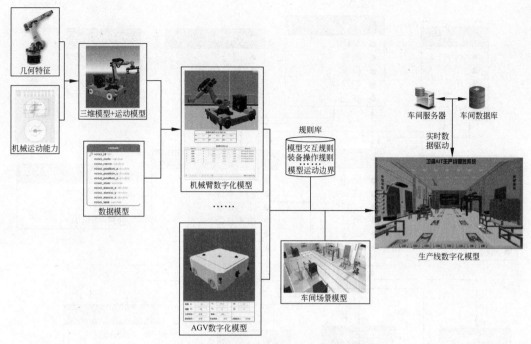

图 6-16　数字孪生卫星总装车间模型构建

与运动过程的刻画；利用统一建模语言（UML）对不同对象数据进行结构化定义与快速建模；将设备的几何、运动模型与构建的数据模型结合，使其能够随实时数据改变位置、动作、方向等状态；接着，将设备模型导入车间场景模型，并添加模型交互、设备操作、模型运动边界等规则；最后，依据物理车间真实数据对模型进行校正与验证。构建的虚拟模型能够基于实时数据不断更新，并且与物理车间对应实体进行实时交互与同步运行。

（3）数据层。

数据层包括物理车间的设备运行数据、环境数据、工艺数据、质量数据，虚拟车间的模型参数、生产流程仿真中间数据、结果数据，车间服务系统的工艺控制数据方案验证数据，以及车间现有的 MES、ERP 系统数据等。结合加权平均、小波分析、神经网络等算法可对孪生数据进行预处理、特征提取、融合等操作，从而实现对车间装配过程的多维度分析。部分数据字段展示如图 6-17 所示。

（4）连接层。

通过开发配置 OPC-UA、API、ODBC、WebSocket 等数据接口，实现物理车间、虚拟车间、车间服务系统、孪生数据库以及车间现有信息系统的数据交互与集成，如图 6-18 所示。

（5）服务层。

基于虚拟车间模型与孪生数据，实现对车间装配过程的可视化监测与实时仿真，开发面向总装过程有效管控的系列智能服务，包括生产进度、物料、产品质量、设备状态等信息的动态监测服务、工单下发与管理服务、工位可视化管理服务、工艺过程控制服务、虚拟验证服务，界面如图 6-19 所示。这些服务按需下发至各工位的上位机，用于指导现场操作人员高效完成装配任务。

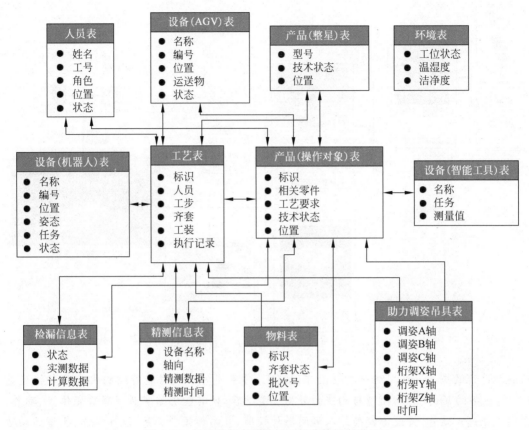

图 6-17 卫星总装车间数据层部分数据字段展示

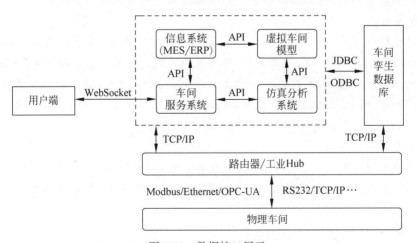

图 6-18 数据接口展示

基于数字孪生数据与模型构建总装车间管理与控制系统,实现设备状态实时监测、信息管理、工位可视化监测、工艺控制等功能,是数字孪生车间原型系统典型案例之一。

图 6-19　数字孪生卫星总装车间集成管控系统搭建与验证

6.3.3　数字孪生在智能生产系统中的应用

数字孪生技术支持智能生产系统的设计、建设及运营管理。与产品生命周期类似,生产制造系统也有其生命周期。智能生产系统的典型代表是智能车间或智能工厂,其设计和建造是为了完成某一产品或某类产品的生产制造,因此,生产系统的设计首先满足工艺要求,其次是在各类约束(空间约束、投资约束、生产周期约束)下完成其设计和建造。

1. 生产系统规划设计过程的数字孪生应用

生产系统的规划设计存在一个协同优化问题:产品工艺设计,需要生产系统作为约束,而生产系统的设计,需要产品工艺要求为指导。传统的生产系统建造方法,是在产品工艺初步确定的情况下进行设计和建造,带来的问题是:产品工艺变化会带来生产系统设计方案的变化,但是这一变化不一定同步完成,会造成部分返工,或者最终实现的工艺设计方案不是最优的妥协方案。利用数字孪生技术可以解决这一问题。

在数字孪生技术出现之前,数字化工厂是解决产品设计和工厂设计的协同问题。一方面,通过构建工厂虚拟模型可对产品可制造性进行分析;另一方面,利用产品数字模型和加工需求,对工厂设计方案进行完善。数字孪生技术通过实时数据的引入可进一步提升数字化工厂的效率和准确性。这表现在工厂布局规划,工艺规划和生产过程仿真,物流优化几个方面。

1) 工厂布局规划

基于数字孪生的生产布局规划相比传统布局规划具有巨大的优势。相比传统的利用二维图纸或者静态模型进行布局规划的方法,基于数字孪生模型的车间布局规划的设计优势主要体现在:①车间数字孪生设计模型包含所有细节信息,包括机械、自动化、资源及车间人员等,并且与制造生态系统中的产品设计无缝连接;②专用模型库可实现车间的快速规划设计;③方便维护和重构,与实际车间同步更新;④支持各类虚拟试验仿真,更好地支持车间的迭代更新。

2）工艺规划和生产过程仿真

利用工厂数字孪生体积累的数据和模型,对产品的工艺设计方案进行验证和仿真,以缩短加工过程、系统规划以及生产设备设计所需的时间。具体包括:①制造过程模型:形成对应如何生产相关产品的精确描述;②生产设施模型:以全数字化方式展现产品生产所需的生产线和装配线;③生产设施自动化模型:描述自动化系统(SCADA、PLC、HMI 等)如何支持产品生产系统。数字孪生为整个生产系统的虚拟仿真、验证和优化提供支持。利用工厂数字孪生模型,用户可以对产品整个制造过程进行验证,包括所有相关生产线和自动化系统生产产品及其全部主要零部件和子配件的工艺方法。

利用过程仿真能够对制造过程进行单元级仿真,包括机器人运动仿真与编程、人因工程分析、装配过程仿真等。利用数字孪生支持的 3R(VR/AR/MR)技术,可以使仿真分析过程虚实融合,更加精确和直观。

3）物流优化

生产物流规划包括企业内部物流(工厂或车间物流)和企业外部物流(供应链物流),合理的物流规划路线对于保证企业的正常生产、生产效率的提高及产品成本的降低具有重要作用。传统模式下的物流规划是离线进行的,但这种模式下的物流规划无法适应实际运行过程中的实时状态化,导致规划结果不能真正适应物理世界的实际环境,不能起到指导实际物流运行的作用。利用工厂数字孪生体和供应链企业的数字孪生体模型,可优化工厂的物流方案,包括物流设施的配置、物流路线设计、物流节拍和生产节拍的协同等。相关数字孪生体的运作模型随着对应物理实体的不断运行也在不断完善,与实际情况一致,保证在虚拟模型上优化结果的可行和可信。

2. 生产系统运行过程的数字孪生应用

生产过程的核心是制造运行管理(manufacturing operation management,MOM),IEC/ISO 62264 标准对其定义是,通过协调管理企业的人员、设备、物料和能源等资源,把原材料或零件转化为产品的活动。图 6-20 中 NIST(美国国家标准与技术研究院)的生产金字塔的核心是 MOM,它的概念相比传统的制造执行系统(MES)更广泛,包括与制造相关的资源状况信息。

数字孪生在 MOM 中的应用场景如下。

1）三维可视化实时监控

传统的数字化车间主要通过现场看板、手持设备、触摸屏等二维可视化平台完成系统监测,无法完整展示系统的全方位信息与运行过程,可视化程度较低。基于机理模型和数据驱动的方式建立的数字孪生车间具有高保真度、高拟实性的特点,结合 3R(VR/AR/MR)技术能将可视化模型从传统的二维平面过渡到三维实体,车间的生产管理、设备管理、人员管理、质量数据、能源管理、安防信息等均能以更直观、更完整的方式呈现给用户。这部分应用可以看作是“三维版组态软件”,但是相比传统组态软件多用于流程行业,这种可视化实时监控对离散制造行业也十分有用。同时,传统组态软件更多的是对传感器采集的数据进行展示,而数字孪生模型能更多地展示统计分析、智能计算的结果,可以是一些系统运行的隐含状态数据,能让用户对生产现状有更直观的了解。利用移动互联技术,这种实时监控不限于计算机和大屏幕监控,手机、平板电脑也是常用的展示终端。

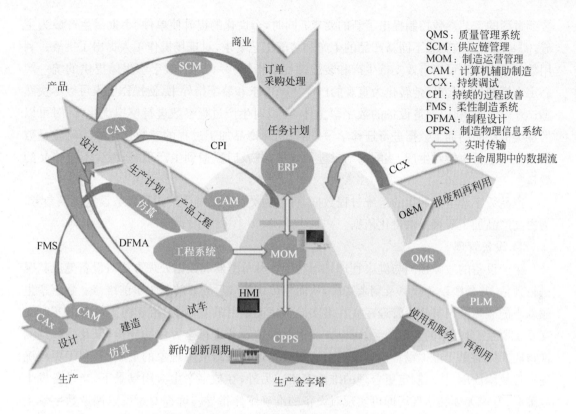

图 6-20 NIST 的制造系统生态

2）生产调度

传统生产制造模式中生产计划的制订、调整等以工作人员根据生产要求及车间生产资源现状手动操作为主，如果生产车间缺乏实时数据的采集、传输与分析系统，很难对生产计划执行过程中的实时状态数据进行分析，无法实时获取即时生产状态，导致对生产的管理和控制缺乏实际数据的支撑，无法及时发现扰动情况并制定合理的资源调度和生产规划策略，导致生产效率下降。

而数字孪生驱动下的生产调度基于全要素的精准虚实映射，生产计划的制订、仿真、实时优化调整等均基于实际车间数据，使生产调整具有更高的准确性与可执行性。数字孪生驱动下的生产调度主要包括：①初始生产计划的制订。结合车间的实际生产资源情况及生产调度相关模型，制订初步的生产计划，并将生产计划传送给虚拟车间进行仿真验证。②生产计划的调整优化。虚拟车间对制订的初步生产计划进行仿真，并在仿真过程中加入一些干扰因素，保证生产计划有一定的抗干扰性。结合相关生产调度模型、数据及算法对生产计划进行调整，多次仿真迭代后，确定最终的生产计划并下发给车间投入生产。③生产过程的实时优化。在实际生产过程中，将实时生产状态数据与仿真过程数据进行对比，如果存在较大的不一致性，那么基于历史数据、实时数据与相关算法模型进行分析预测、诊断，确定干扰因素，在线调整生产计划。

3）生产和装配指导

随着产品复杂程度越来越高，产品设计方案越来越复杂，对生产过程的参数优化，以及装配过程的工艺参数控制提出了新的要求；同时，个性化的提升使单件、小批量生产成为主流，需要在制造前熟悉不同新产品的生产和装配工艺要求，对现场操作工人提出了挑战。利用数字孪生技术可以有效支持生产和装配过程的指导。一方面，数字孪生体提供的统一产品定义模型，可以方便地转化为直观的产品生产需求和装配指导书，使操作工人可以尽快熟悉；另一方面，利用制造设备的数字孪生体，可以对生产过程参数进行模拟优化，同时可以借鉴类似产品的加工数据进行迁移学习，推广到新产品加工过程的参数优化中。对质量数据的在线分析也能对生产、装配的结果进行评估，并及时反馈到生产现场，减少不合格品的数量。

产品数字孪生体产生的运维过程数据，可以为类似产品的生产过程参数设定提供参考，为提高产品加工质量提供量化依据。

4）设备管理

生产设备的故障预测与健康管理是指利用各种传感器和数据处理方法对设备健康状况进行评估，并预测设备故障及剩余寿命，从而将传统的事后维修转变为事前维修。数字孪生驱动下的故障预测与健康管理建立在虚实设备精准映射的基础上，由于虚实设备的实时交互及全要素、全数据的映射关系，可以方便地对相关设备进行全方位的分析，以及故障预测性诊断。同时基于虚拟设备模型及历史运行数据可以进行故障现象的重放，有利于更准确地定位故障原因，从而制定更合理的维修策略。另外，在数字孪生应用场景下，当设备发生故障时，专家无须到达现场即可实现对设备的准确维修指导。远程专家可以调取数字孪生模型的报警信息、日志文件等相关数据，在虚拟空间内进行设备故障的预演推测，实现远程故障诊断和维修指导，从而缩短设备停机时间并降低维修成本。

5）物流优化

数字孪生生产系统改变了传统的物流管理模式，能够做到物流的实时规划及配送指导。数字孪生建立在实时数据的基础上，通过物理实体与虚拟实体的精准映射、实时交互、闭环控制，基于智能物流规划算法模型，结合实际情况做出即时物流规划调整和最优决策，同时通过增强现实等方式对配送人员做出精准的配送指导。

6）能耗管控

"碳达峰、碳中和"已成为新时代制造的一个核心话题，越来越多的制造企业开始关注制造过程的碳排放问题，需要实现节能减排。数字孪生驱动下的能耗智能管控是指通过传感器技术对能耗相关信息、生产要素信息和生产行为状态等进行感知，利用感知得到的实时能耗信息对生产过程的参数进行调整和优化。一方面利用能耗模型指导产品设计过程，采用低碳环保的方案；另一方面通过调整生产计划、降低不必要的能耗等方法减少加工过程的能源消耗。通过数字孪生系统，能耗管理由传统的凭经验、凭直觉的定性方法转向能耗模型量化的方法，并且具备持续优化的能力。

7）安全防护

在智能车间中，相对于装备、产品等生产要素而言，人员在产品设计、制造运维等过程中的主观活动更为重要，在复杂机电产品生产车间中，其生产规模大、活动空间广、工位错综多样、工序繁杂、关键生产流程或具有一定的危险性，人员行为的主观能动性和不可替代性表现得尤为突出,完善人员行为识别对于规范和保障车间的安全生产、消除隐患、防患于未然具有重大意义。目前而言,车间人员行为分析仍然通过分布于车间中的摄像机和人工监控的方式实现。近年来,随着计算机视觉、深度学习等智能算法的推广和计算机算力的提升,车间人员行为的观测正逐步从"机械式"的人工观测方式向基于深度视觉的智能人员行为理解的模式转变。车间人员行为智能识别的本质在于进行人员行为特征的提取并进行分类与深层次分析,深度学习算法有助于人员行为特征的自动、多层次提取,数字孪生技术则为智能人员行为理解模式的实现提供实现框架,能进一步促进车间乃至智能工厂环境下的人机共融和 HCPS 的构建。

生产制造系统的数字孪生应用也在逐步普及。虚拟调试技术在数字化环境中建立生产线的三维布局,包括工业机器人、自动化设备、PLC 和传感器等设备。在现场调试之前,可以直接在虚拟环境下对生产线的数字孪生模型进行机械运动、工艺仿真和电气调试,使设备在未安装之前完成调试。西门子公司的 MindSphere 将来自智能传感器的温度、加速度、压力和电磁场等信号和数据,以及来自数字孪生模型中的多物理场模型与电磁场仿真和温度场仿真结果传递至 MindSphere 平台,通过对比和评估,判断产品的可用性、运行绩效及是否需要更换备件,如图 6-21 所示。MindSphere 平台使设备和产品走下生产线之后仍然能够与虚拟世界保持联系,使"数字孪生"的寿命得以从产品设计和生产阶段延伸至产品的整个生命周期。通过安装于工厂各能源环节的传感器,以及其他信息系统,MindSphere 能实时采集设备、产线和厂房的能耗数据,构建生产和产品及性能的数字孪生,实现对实际生产的分析与评估。此外,通过物理世界可持续反馈至产品和生产的数字孪生,可实现现实世界生产和产品的不断改进,缩短产品设计优化的周期。MindSphere 更加开放的生态系统如图 6-22 所示。

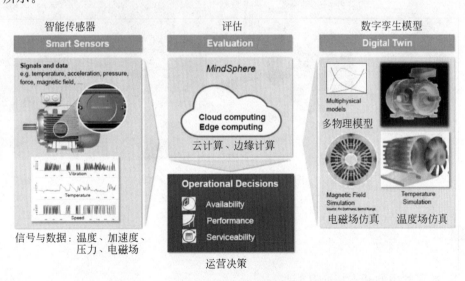

图 6-21　MindSphere 平台实现数字孪生应用

美的在工厂的数字孪生应用方面也开展了卓有成效的实践,如图 6-23 所示。

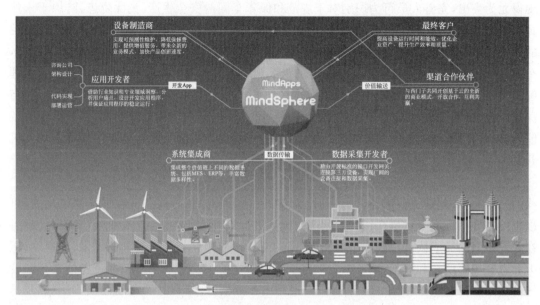

图 6-22　MindSphere 更加开放的生态系统

图 6-23　美的工厂的数字化产线

习题

1. 数字孪生的基本特征有哪些？
2. 数字孪生技术有哪些应用形式？
3. 数字孪生车间是由哪四部分组成的？
4. 数字孪生车间的运行机制包含哪三个阶段？

5. Gartner 是如何定义数字孪生,并随时间变化的?

6. 智能化车间与数字化车间的主要区别是什么?

7. 数字孪生技术在生产系统规划设计过程中如何帮助解决协同优化问题?

8. 数字孪生技术在智能制造中有哪些作用?

9. 数字孪生和 CPS 在制造业中的集成应用展示了哪些优势和挑战?

7.1　海尔智能生产系统实验

海尔智能生产系统是一条集 SCADA 系统、PLC 系统、MES 系统的离散化装配产线，采用机器人、视觉、伺服等多种先进的工业设备，可实现从用户下单到产品装配、个性化打标、检测、包装、直达用户手中的全流程场景。产品选择来自海尔的智能插座零部件产品（图 7-1 为 USB 智能 Wi-Fi 插座，图 7-2 为蓝牙插座），通过对两种产品的大规模定制生产，展现现今工厂的生产模式，以此为模型制作适合教学实训、科技研究、创新实践为一体的智能制造生产。

图 7-1　USB智能 Wi-Fi 插座　　　　　　　　　图 7-2　蓝牙插座

7.1.1　海尔智能生产实训产线介绍

智能生产实训产线：产品为智能插座，主要包括立体仓储单元、智能组装单元、个性化定制单元、智能检测单元、智能包装单元、输送线模块，各工位之间采用无线通信方式，空托盘通过 AGV 运输回仓储单元，根据教学需求进行模块化拆分，不受空间场地限制，具有可快速换产、柔性化生产及单元位置可重构的能力。同时产线具备一定的科研及教学平台功能，可在其软硬件基础上进行新产品、新技术、新应用的融合集成测试工作。

海尔智能生产系统由立体仓储单元、智能组装单元、个性化定制单元、智能检测单元、智能包装与贴标单元和 AGV 智能物流单元组成。海尔智能生产系统架构如图 7-3 所示。

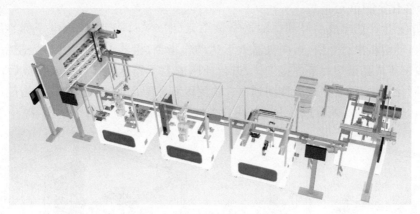

图 7-3 海尔智能生产系统架构

智能制造技术是一种技术融合和系统集成创新技术，可广泛应用于产品创新、生产创新、服务创新等制造价值链全过程创新及其集成创新和优化。智能制造的三大功能系统优化及其系统集成优化是发展智能制造的重点任务，都要以自身制造技术为主体，深度融合数字化、网络化、智能化技术这一赋能技术，形成各自系统的发展目标和创新技术路线。

下面针对海尔产线组成单元进行结构和流程分析。

1. 立体仓储单元

将 USB 智能 Wi-Fi 插座、蓝牙插座组件按照作业指导系统顺序，人工放置于输送线托盘内，并进行检测，将信息写入托盘 TAG；三轴伺服模组根据人脸识别下发的订单，抓取相应的产品物料到输送线，完成物料托盘的下发。如图 7-4 所示。

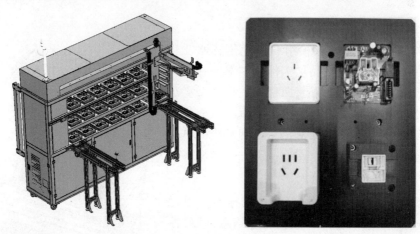

图 7-4 立体仓储单元图及托盘

2. 智能组装单元

原材料库的物料经线体送至该组装单元(图 7-5)，RFID 读取移动载具中电子标签信息，PLC 控制系统通过基于 RFID 物联网技术自动解析出的订单信息，向机器人下达动作指令，机器人根据 PLC 控制系统下达的指令，通过相互协作以及定位和辅助装配机构的配合完成整个插座的装配。装配完成后,机器人将半成品抓回载具中。同时 PLC 控制系统将订单信息和生产信息由 RFID 写入载具的电子标签,半成品随载具经线体运输至下个单元。

3. 个性化定制单元

组装单元生产的半成品经线体输送至该单元(图 7-6),RFID 读取电子标签信息,PLC 控制系统自动解析出订单信息,向机器人下达动作指令,机器人根据 PLC 控制系统下达的指令,抓取该半成品至超声笔焊接工位,进行插座的上下壳体焊接。焊接完成后,进行激光雕刻机定制化打标,雕刻完成后移动到视觉检测区域并配合智能摄像机完成智能检测任务。打印内容:激光雕刻的内容包括 Logo、用户个性签名、用户个性照片、星座等。

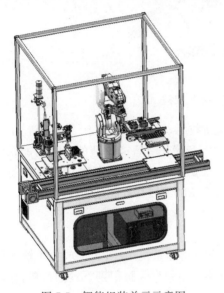

图 7-5 智能组装单元示意图

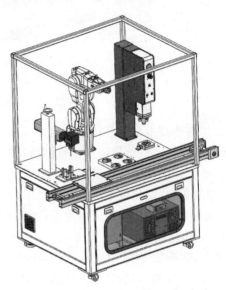

图 7-6 个性化定制单元示意图

4. 智能检测单元

智能检测单元包括三轴模组和视觉传感器及其配套辅助装置等,实现对产品加工件及零部件三维尺寸、外观缺陷(划痕、裂缝、碎屑、凹痕、孔、污迹)、复杂装配工艺准确度等问题的检测、分类、追踪,并配备相应软硬件设备,检测精度不低于 96%。智能检测单元示意图如图 7-7 所示。

5. 智能包装与贴标单元

智能检测单元生产的成品经线体输送至该单元指定位置,RFID 读取载具中的电子标签信息,PLC 控制系统通过基于 RFID 物联网技术自动解析出的订单信息,向三轴模组下达动作指令,机械手根据 PLC 控制系统下达的指令,抓取该成品并由包装机构配合完成成品的智能包装任务。包装纸盒选择天地盖形式,如图 7-8 所示。

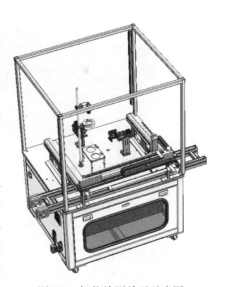

图 7-7 智能检测单元示意图

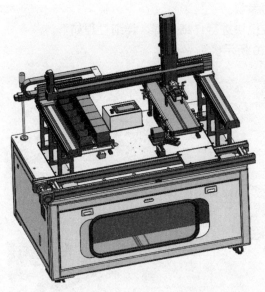

图 7-8　智能包装与贴标单元示意图

6. AGV 智能物流单元

AGV 智能物流单元用于完成空托盘到仓储单元之间的流转。后期可增加复合 AGV 以及调度系统,用于智能组装、个性化定制、检测单元、包装单元之间的物料输送。如图 7-9 所示。

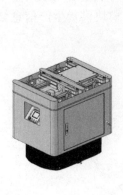
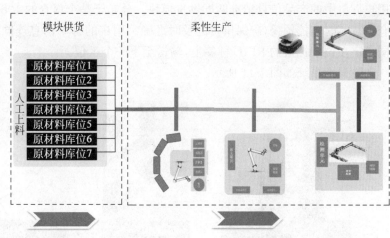

图 7-9　AGV 智能物流单元示意图

7.1.2　海尔智能生产系统实验步骤

(1) 介绍海尔智能生产系统的相关知识,包括用户定制产品(可选择产品、颜色、图案),生成订单,MES 系统接收订单,将订单转换成任务单,通过工业物联网网关将 APS 排产计划发布到机台,控制立体仓库自动出入库,控制智能 AGV 自动配送物料,控制物料的加工,实现自动装配、检测,通过 RFID 全程采集设备的状态信息和产品的工艺参数信息。

（2）启动海尔生产系统，进行整体的参观。

（3）在整体运行过程中，对逐个组成模块进行详细讲解。详细过程如下。

① 首先，启动界面的认识。如图 7-10 所示。

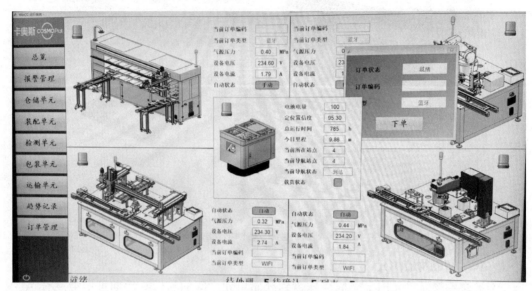

图 7-10　启动界面

② 用户交互-人脸识别：用户的个性化订单通过智能排产系统下单至模块供货工位，根据用户订单中的产品信息精准匹配供货模块。分布于整个料仓的 108 个传感器可以对整个料仓进行实时监控预警，确保供货的及时准确。用户的订单信息连同模块供货生产信息会一同绑定在位于托盘的 RFID 标签上，输送至下一个工位。

人脸识别系统如图 7-11 所示。

人群中识别出人脸信息

提取用户头像

图像二值化处理

人脸识别优化：
App→ 网页版；各种终端不同长宽比适配
◆ 支持图片上传
◆ 支持图片美化（抠除背景、头像轮廓加黑）
◆ 支持网络下单（版本兼容）

◆ 下单终端重新选型
　　与摄像头兼容性；
　　签名流畅（签字笔）；
　　摄像头像素；
◆ 加入语音互动（对焦完成后，声控拍照……）

图 7-11　人脸识别系统

③ 个性化方案选择：包括类型定制、颜色定制和照片定制三种模式，如图 7-12 所示。用户进行信息注册，并根据个人喜好进行产品个性化定制。

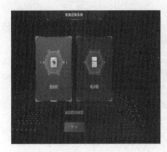

图 7-12　类型定制、颜色定制、照片定制选择界面

④ 软件功能规划：分为人脸识别系统、SCADA 系统、MES、一系列可扩展系统（图 7-13）的离散化智能装配产线。

图 7-13　功能规划示意图

⑤ SCADA 系统：SCADA（supervisory control and data acquisition）系统即数据采集与监视控制系统。具体功能如图 7-14 所示。

⑥ MES：MES（manufacturing execution system）即面向制造企业车间执行层的生产信息化管理系统。它可以为企业提供制造数据管理、计划排程管理、生产调度管理、库存管理、质量管理、人力资源管理、工作中心/设备管理、工具工装管理、采购管理、成本管理、项目看板管理、生产过程控制、底层数据集成分析、上层数据集成分解等管理模块，为企业打造一个扎实、可靠、全面、可行的制造协同管理平台。MES 架构如图 7-15 所示。图 7-16、图 7-17 为 MES 数据可视化看板，可方便、及时了解系统运行状况。

⑦ 注意事项如下。

- 参加实验的学生在示教操作前一定要站在工作区域之外的安全地带，实验过程中不要随意走动，以防发生意外。
- 智能产线设备运动不应超越其极限位置，实验操作中注意系统的警示，并使该轴脱离报警位置。
- 在发生意外或运行不正常等情况下，可使用急停键，停止设备运行。

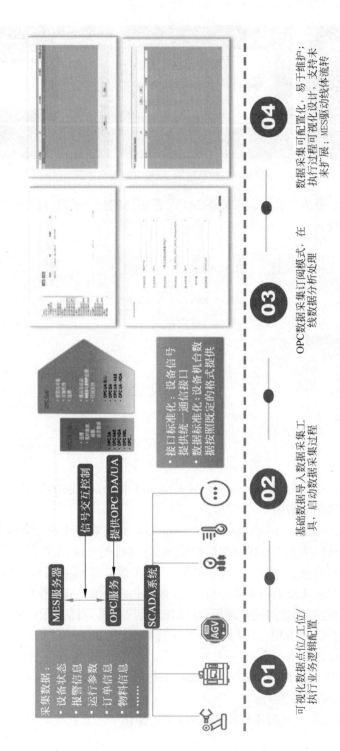

图 7-14　SCADA 系统功能示意图

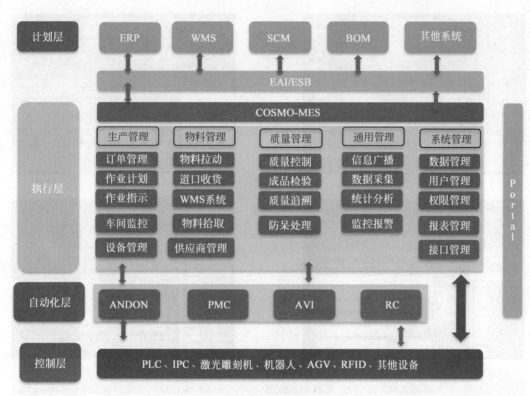

图 7-15 MES 架构

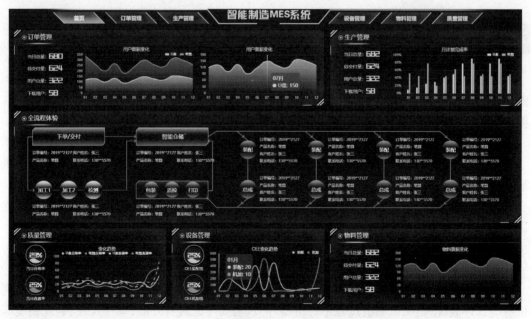

图 7-16 MES 数据可视化看板(1)

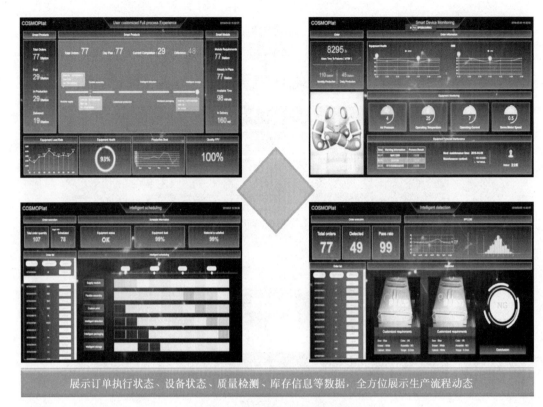

展示订单执行状态、设备状态、质量检测、库存信息等数据，全方位展示生产流程动态

图 7-17　MES 数据可视化看板(2)

7.2　飞机蒙皮数字化装配虚拟仿真实验

本实验以飞机蒙皮自动化装配为场景，引入蒙皮钻铆自动化工艺参数分析、双机器人协同钻铆接，以动画形式展现飞机机身蒙皮装配工艺流程，在有限的实验课时内，帮助学生掌握最新的智能制造理念和应用模式。

(1) 学生通过本实验能充分理解数字化装配的含义、原理与系统组成。

(2) 在线实验使学生能根据机身的不同装配对象选择合适的装配工艺参数；掌握飞机数字化装配过程中数据传递及装配准确性的方法。

(3) 培养学生的综合分析能力和判断决策能力，拓展学生的创造式思维，培养学生独立思考与求实创新的科学精神。

7.2.1　飞机蒙皮数字化装配虚拟仿真实验原理

飞机机身蒙皮装配(指基于飞机骨架进行蒙皮的装配，或骨架蒙皮同时进行装配，实现机身等部件装配)是飞机制造过程中的重要环节，需要考虑机身外形、零件尺寸、装配精度等因素。

铆接是飞机装配中的主要连接方式，作为飞机装配关键技术之一的钻铆技术越来越受重视。高效、高质量的钻孔与铆接技术是提高飞机装配质量与装配效率的关键。机器人钻

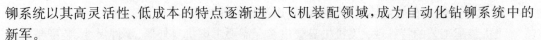

铆系统以其高灵活性、低成本的特点逐渐进入飞机装配领域,成为自动化钻铆系统中的新军。

本虚拟仿真实验项目以飞机机身蒙皮机器人协同钻铆实验为主线,通过蒙皮骨架等工艺认知、钻铆工艺分析及机器人协同钻铆虚拟仿真实验,采用 3D 建模、动画、人机交互等技术,将飞机自动钻铆工艺相关基本理论、智能制造数字化装配技术理论、机器人技术在航空装配过程的应用和关键技术等知识贯穿于实验全过程。通过自动化钻铆技术和机器人协同作业,实现高效、精确的飞机机身蒙皮钻铆操作。实验可以帮助学生了解并评估不同钻铆工艺参数和机器人的工作性能,选择合适的装配工艺参数;掌握飞机数字化装配过程中的数据传递及装配准确性的方法,为实际应用提供参考和优化方向。同时,实验有助于提高飞机制造的效率和质量,降低制造成本和风险。虚拟仿真技术还可用于研究和开发新的钻铆方法和工艺,为未来的飞机制造提供更多的可能性。

7.2.2 飞机蒙皮数字化装配虚拟仿真实验内容

1. 飞机自动钻铆工艺

自动化钻铆工艺技术要求机器人自主完成吸尘、钻孔、锪孔、放铆、铆接等工序操作,对机器人的运动控制、工具选择、质量检测等方面提出了较高的要求。此外,不同材料的物理和机械性质也会对钻铆操作产生影响,需要根据实际情况进行优化。

将骨架(大梁、长桁、隔框)按一定布局形式与蒙皮铆接在一起,骨架的截面形状、数量、布局形式,以及蒙皮材料、厚度等多种因素组合影响着装配工艺参数的设计与选择。机身蒙皮自动钻铆实验,首先确定蒙皮材料和厚度,根据功能要求选择骨架形式、截面及布局形式;其次,依次设定铆接孔的排列布置方式,如排距、孔径,并选择制孔刀具的直径、铆钉型号,确定压铆力;最后规划机器人钻铆路径轨迹,完成蒙皮与骨架的钻孔和铆接。不同的工艺参数设计得到不同的装配铆接质量,不合适的装配工艺导致不合格的铆接质量,对应不同的装配工艺方案。学生通过计算工艺参数、分析铆接质量,熟悉工艺参数对装配质量的影响规律,以进一步改进工艺,实现高质量且可行的铆接,实现装配工艺知识的巩固,工艺设计与分析能力的提高。

学生根据选择的不同装配对象进行各类工艺参数设置,完成装配实验。系统自动记录实验过程,并根据工艺参数设置生成装配质量检测报告。学生可及时掌握所设计工艺的可行性。通过这种自主的体验式装配操作,训练学生的装配工艺设计能力。

2. 智能制造数字化装配技术理论

飞机装配是采用工装设备将众多零部件组装成一个整体大部件的工艺过程,包括工艺装备、装配顺序、加工技术和连接方法等。对于需要综合协调零部件、工艺装备、工艺人员的飞机部件数字化装配,熟练掌握和正确运用飞机装配原理与工艺方法,对建立数字化装配的制造理念、保障高可行的装配质量、提升装配工艺规划能力具有重要意义。

数字化装配是应用计算机信息技术、数字控制技术,采用各种数控装配工具,实现自动化夹持、制孔、铆接和无缝校准对接,完成组件、部件和机身的装配连接等的综合性系统工程。智能制造数字化装配技术能适应飞机部件品种规格、批量、装配工艺、场地和时间的变化要求,在有限的场地内快速完成装配任务,实现优质、高效、低成本、节省时间的目标。先进的飞机柔性装配技术是保证飞机部件和飞机整体性能的关键技术之一。

3. 机器人技术在航空装配过程中的应用及其关键技术

飞机装配工艺的特殊性：飞机机身蒙皮装配需要考虑机身外形、零件尺寸、装配精度等因素，这要求机器人在进行钻铆操作时具备高精度的定位和姿态控制能力。实验中使用的传感器和执行器能够提供精确的位置和姿态信息，有助于机器人进行高精度的定位和操作。同时，机器视觉技术也可用于识别和跟踪目标对象，提高钻铆操作的精度和效率。

机器人自动钻铆系统：主要由机器人、多功能末端执行器、柔性工装等组成。其中，机器人可在地轨上移动，实现多站点工作，扩大工作范围；多功能末端执行器安装在机器人法兰盘上，具有制孔、涂胶、铆接等功能单元，各项自动检测单元也集成于末端执行器，分布在必要的位置；柔性工装能满足多种飞机大型零部件的装夹、定位和快速更换。如图 7-18 所示。

图 7-18　机器人自动钻铆系统

双机器人协同自动钻铆系统：该系统的装配对象为大型飞机机身壁板的蒙皮、长桁、钣金框，以及用于连接钣金框与蒙皮的补偿角片。该钻铆机通过协同机器人对机身壁板进行定位，利用全自动钻铆系统实现壁板钻孔和铆接。同时系统配备铆钉自动筛选装置，可识别和传送不同规格的铆钉，辅助配置涂胶枪，实现不同连接工艺涂胶，可应用于飞机机翼壁板、机身壁板、舱口与尾翼等铆接装配。将 3D 摄像机置于末端执行器上方，在进行铆接加工时，对蒙皮进行实时扫描拍摄，得出加工深度、蒙皮表面三维信息等参数。如图 7-19 所示。

图 7-19　双机器人协同自动钻铆系统

双目视觉 3D 摄像机系统包含两个摄像头，分别放置在两个独立的位置，形成一个立体视觉系统。两个摄像头分别拍摄不同的视角，所以它们画面中物体的位置是不同的，这样就可以获得物体的三维信息。由于两个摄像头的位置和视角确定，所以可通过计算两个摄像头的图像获得物体的三维信息，即深度信息。

7.2.3　飞机蒙皮数字化装配虚拟仿真实验步骤

1. 交互性步骤详细说明

（1）实验准备。单击虚拟仿真实验系统，如图 7-20 所示，进入实验界面，观察熟悉实验环境。

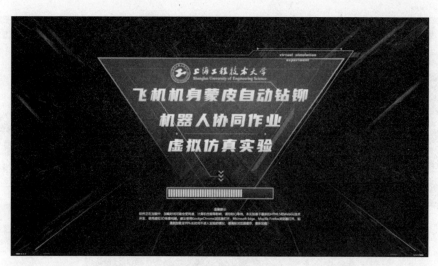

图 7-20 实验界面

单击"实验介绍"按钮,弹出实验介绍文档,如图 7-21 所示。通过查看实验简介,了解仿真实验系统的实验内容、理解实验目的、实验环境和实验要求,并准备好资料手册进行预习,为实验做好充分的准备,以保证良好的实验效果。

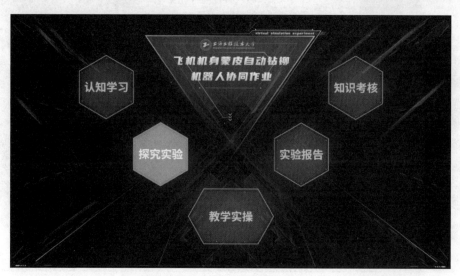

图 7-21 实验简介

(2) 工艺认知。单击"工艺认知"按钮,进入装配车间,如图 7-22 所示。通过沉浸式巡游查看车间布局、装配设备、工装构型、待装配零部件,以及装备零部件的空间位置关系,体验数字化装配车间、自动钻铆系统,对各种装备建立感性认识,通过操作面板进行简单动作操控。

(3) 装备认知。包括对机器人模型及刀具种类、铆接工装(定位、夹紧)、双机器人钻铆系统的认知,如图 7-23 所示。

(4) 引导实验。确定蒙皮材料厚度和骨架截面形状,选择蒙皮类型(图 7-24),确定蒙皮覆盖方式,将蒙皮覆盖在桁架上。

图 7-22　工艺认知

图 7-23　装备认知

（5）铆接制孔工艺规划。铆接制孔工艺规划如图 7-25 所示。

（6）铆接钻孔位置规划：制孔孔位计算。

（7）虚拟装配：双机器人数字化钻铆系统，初始化机器人钻铆系统。

① 位置调整：根据孔法向结果调整机器人制孔、钻铆单元的轴向，根据点云信息对机器人进行调整。

② 确定铆接单元的轴向调整方法。

③ 从两侧压紧长桁与蒙皮，将机器人刀头换为吸尘工具，精准定位，开始吸尘。

④ 从两侧压紧长桁与蒙皮，将机器人刀头换为制孔刀具，精准定位，开始制孔。

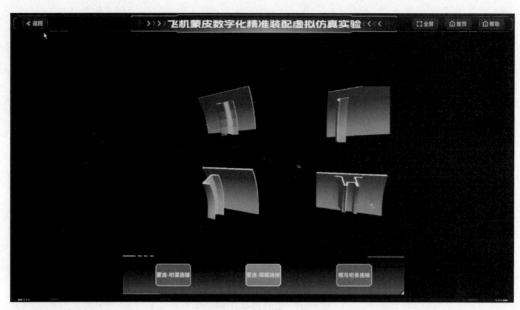

图 7-24　蒙皮类型选择

图 7-25　铆接制孔工艺规划

⑤ 从两侧压紧长桁与蒙皮,确认送钉系统,将机器人刀头连接送钉系统,精准定位,开始送钉和铆接。

⑥ 将末端执行器归零。

(8) 结果检测和质量分析:对整个实验结果进行分析和质量检测。

学生根据选择的不同装配对象进行各类工艺参数设置,完成装配实验,系统自动记录实验过程,并根据工艺参数设置生成装配质量检测报告。

(9) 撰写和提交实验报告,学生进行反思总结,实验报告评分结果如图 7-26 所示。

图 7-26　实验报告评分结果

2. 实验结果

（1）在规定时间完成蒙皮制孔参数选择、机器人加工参数选择、装配工艺规划与虚拟装配过程仿真，参数选择正确，虚拟加工过程清晰。

（2）实验允许试错，若学生参数选择错误，则根据参数生成错误的装配工艺，并展现加工流程与结果。谈谈对飞机机身数字化装配过程的理解和思考。

习题

1. 阐述海尔智能产线中 MES 的系统架构及功能。

2. 分析企业生产管理为什么要实施 MES？

3. 指出海尔智能产线使用的关键技术有哪些？并简要叙述其功能。

4. 在海尔智能生产系统中，AGV 的主要功能是什么？

5. 个性化定制单元如何工作？

6. 简述海尔智能产线中 SCADA 系统的功能。

7. 智能组装单元中机器人如何接收和执行任务？

8. 智能检测单元的主要功能是什么？

9. 谈谈对海尔智能生产系统的理解和思考。

10. 通过实验简述飞机自动化钻铆的工艺流程。

11. 机器人制孔技术的机械系统组成包含哪些工装设备？

12. 调研飞机钻孔刀具的孔径范围，自动化制孔执行器主轴的最高转速、扭矩。

13. 调研飞机蒙皮的一般厚度。机身蒙皮与骨架采用什么连接方式？

14. 简述飞机数字化装配的意义。

15. 简述飞机数字化装配虚拟仿真实验的步骤。

参 考 文 献

[1] 国家制造强国建设战略咨询委员会,中国工程院战略咨询中心.智能制造[M].北京:电子工业出版社,2016.

[2] 制造强国战略研究项目组.制造强国战略研究:智能制造专题卷[M].北京:电子工业出版社,2015.

[3] 周济,李培根.智能制造导论[M].北京:高等教育出版社,2021.

[4] 李培根,高亮.智能制造概论[M].北京:清华大学出版社,2021.

[5] 工业和信息化部,国家发展和改革委员会,教育部,等."十四五"智能制造发展规划[EB/OL].(2022-07-06)[2023-08-30]. http://big5. www. gov. cn/gate/big5/www. gov. cn/zhengce/zhengceku/2021-12/28/5664996/files/a22270cdb0504e518a7630fa318dbcd8. pdf.

[6] 陈明,梁乃明.智能制造之路:数字化工厂[M].北京:机械工业出版社,2017.

[7] 周俊.先进制造技术[M].2版.北京:清华大学出版社,2021.

[8] ANDREW K. Intelligent manufacturing systems[M]. New York:Prentice-Hall,1990.

[9] WRIGHT P K,BOURNE D A. Manufacturing intelligence[M]. New York:Addison-Wesley,1988.

[10] 刘敏,严隽敏.智能制造理念、系统与建模方法[M].北京:清华大学出版社,2019.

[11] FUCHS E R H. Global manufacturing and the future of technology[J]. Science,2014,345(6196),519-520.

[12] 李培根.制造系统性能分析建模-理论与方法[M].武汉:华中科技大学出版社,1998.

[13] 张洁,吕佑龙,汪俊亮,等.智能制造系统模型、技术与运行[M].北京:机械工业出版社,2023.

[14] 顾启泰.离散事件系统建模与仿真[M].北京:清华大学出版社,1999.

[15] 苏春.制造系统建模与仿真[M].3版.北京:机械工业出版社,2019.

[16] 周俊.智能制造系统建模与仿真[M].北京:化学工业出版社,2024.

[17] 孙巍伟,卓奕君,唐凯,等.面向工业4.0的智能制造技术与应用[M].北京:化学工业出版社,2022.

[18] 王焱,王湘念,王晓丽,等.智能生产系统构建方法及其关键技术研究[J].航空制造技术,2018,61:16-23.

[19] 杨青海,祁国宁.大批量定制原理[J].机械工程学报,2007,43(11):89-97.

[20] 李末军.智能制造领域研究现状及未来发展探讨[J].工程技术与应用,2017(3).

[21] 饶运清.制造执行系统技术及应用[M].北京:清华大学出版社,2022.

[22] 彭振云,高毅,唐昭琳.MES基础与应用[M].北京:机械工业出版社,2023.

[23] 程控,革扬.MRPⅡ/ERP原理与应用[M].北京:清华大学出版社,2012.

[24] 张腾飞.基于APS的生产排程系统的设计与实现[D].沈阳:中国科学院沈阳计算技术研究所,2016.

[25] 郑德星,陆志强.基于精益生产的产线布局改善[J].精密制造与自动化,2022,(1):33-36,64.

[26] 朱文海,郭丽琴.智能制造系统中的建模与仿真[M].北京:清华大学出版社,2021.

[27] 赖朝安.智能制造:模型体系与实施路径[M].北京:机械工业出版社,2020.

[28] 谭建荣,刘振宇.智能制造关键技术与企业应用[M].北京:机械工业出版社,2017.

[29] 葛英飞.智能制造技术基础[M].北京:机械工业出版社,2019.

[30] 张根宝.自动化制造系统[M].北京:机械工业出版社,2019.

[31] 王爱民.制造系统工程[M].北京:北京理工大学出版社,2017.

[32] 党争奇.智能生产管理实战手册[M].北京:化学工业出版社,2020.

[33] 徐峰悦.飞机装配工艺[M].北京:北京航空航天大学出版社,2021.

[34] 冯子明.飞机数字化装配技术[M].北京：航空工业出版社,2015.

[35] 陈继文,杨红娟,张进生.机电产品智能化装配技术[M].北京：化学工业出版社,2020.

[36] 李培根,张洁.敏捷化智能制造系统的重构与控制[M].北京：机械工业出版社,2002.

[37] 刘飞,张晓东,杨丹.制造系统工程[M].北京：国防工业出版社,2000.

[38] 郑永前,等.生产系统工程[M].北京：机械工业出版社,2011.

[39] 陶飞,戚庆林,张萌,等.数字孪生及车间实践[M].北京：清华大学出版社,2023.

[40] 陶飞,张贺,戚庆林,等.数字孪生模型构建理论及应用[J].计算机集成制造系统,2021,27(1)：1-15.

[41] 刘蔚然,陶飞,程江峰,等.数字孪生卫星：概念、关键技术及应用[J].计算机集成制造系统,2020,26(3)：565-588.

[42] SOUZA L,SPIESS P,GUINARD D,et al. Socrades：A web service based shop floor integration infrastructure[C]//The Internet of Things：First International Conference, IOT 2008, Zurich, March 26-28, 2008. Berlin：Springer Berlin Heidelberg, 2008：50-67.

[43] 江志斌,李娜,王丽亚,等.服务型制造运作管理[M].北京：科学出版社,2016.

[44] 朱海平.数字化与智能化车间[M].北京：清华大学出版社,2023.

[45] 王立平,张根保,张开富.智能制造装备及系统[M].北京：清华大学出版社,2020.

[46] 吴爱华,赵馨智.生产计划与控制[M].北京：机械工业出版社,2019.

[47] 张开富,程晖,骆彬.智能装配工艺与装备[M].北京：清华大学出版社,2023.

[48] 河南省工业和信息化厅.智能制造31例[M].北京：机械工业出版社,2020.

[49] 黄培,许之颖,张荷芳.智能制造实践[M].北京：清华大学出版社,2021.

[50] 李迪,唐浩,周楠,等.基于信息物理融合的个性化定制智能生产线[M].北京：机械工业出版社,2022.

[51] 于秀明,孔宪光,王程安.信息物理系统(CPS)导论[M].武汉：华中科技大学出版社,2022.

[52] 朱海平.生产系统建模与仿真[M].北京：清华大学出版社,2022.

[53] 陈录城,鲁效平,盛国军,等.大规模个性化定制研究综述[J].新型工业化,2023,13(10)：11-21.

[54] 陈丽娜,王小乐,邓苏.CPS体系结构设计[J].计算机科学,2011,38(5)：295-300.

[55] 薛伟,蒋祖华.工业工程概论[M].北京：机械工业出版社,2015.

[56] 付宜利,孙建勋,代勇,等.机电产品数字化装配技术[M].哈尔滨：哈尔滨工业大学出版社,2012.

[57] 吴迪.精益生产[M].北京：清华大学出版社,2016.

[58] 赵勇.精益生产实践之旅[M].北京：机械工业出版社,2017.

[59] 齐学忠.企业ERP理论与实践[M].北京：中国石化出版社,2016.

[60] 王爱民.制造执行系统(MES)实现原理与技术[M].北京：北京理工大学出版社,2014.

[61] 朱文海,郭丽琴.智能制造系统中的建模与仿真[M].北京：清华大学出版社,2021.

[62] 李鸿儒,庞哈利.智能制造系统基础[M].北京：机械工业出版社,2024.

[63] 刘怀兰,孙海亮.智能制造生产线运营与维护[M].北京：机械工业出版社,2020.

[64] 中国电子技术标准化研究院.智能制造标准化[M].北京：清华大学出版社,2019.

[65] 葛英飞.智能制造技术基础[M].北京：机械工业出版社,2019.

[66] 王红岩,蔡卫东,史锦屏.智能制造系统的关键技术[J].锻压机械,2001(6)：3-5.

[67] 敖志刚.人工智能与专家系统导论[M].合肥：中国科学技术大学出版社,2002.

[68] 王万森.人工智能原理及其应用[M].北京：电子工业出版社,2018.

[69] 卢秉恒,邵新宇,张俊,等.离散型制造智能工厂发展战略[J].中国工程科学,2018(4)：44-50.

[70] 萨日娜.智能制造产品布局设计[M].北京：化学工业出版社,2022.